"十二五"国家重点图书出版规划项目
航空航天精品系列

自动控制原理 480 题

李友善　梅晓榕　王　彤　编

U0223473

哈尔滨工业大学出版社

内 容 提 要

全书由两篇组成,其中选编了在线性、非线性、离散系统理论领域内典型性与概念性均较强的 480 个例题与习题。重点阐述了与上述内容有关的几个方面的基本概念,并通过具有代表性的例题较全面地介绍了解题的思路与步骤,说明分析问题与解决问题的基本方法。本书是高等院校"自动控制原理"课程的辅助教材,还是研究生考试的必备用书。

图书在版编目(CIP)数据

自动控制原理 480 题/李友善,梅晓榕,王彤编.
—哈尔滨:哈尔滨工业大学出版社,2014.11(2023.5 重印)
ISBN 978 - 7 - 5603 - 4973 - 2

Ⅰ.①自…　Ⅱ.①李…　②梅…　③王…　Ⅲ.①自动控
制理论－高等学校－习题集　Ⅳ.①TP13－44

中国版本图书馆 CIP 数据核字(2014)第 257365 号

责任编辑　张秀华
封面设计　卞秉利
出版发行　哈尔滨工业大学出版社
社　　址　哈尔滨市南岗区复华四道街 10 号　邮编 150006
传　　真　0451 - 86414749
网　　址　http://hitpress.hit.edu.cn
印　　刷　哈尔滨久利印刷有限公司
开　　本　787mm×1092mm　1/16　印张 19.25　字数 450 千字
版　　次　2015 年 1 月第 1 版　2023 年 5 月第 4 次印刷
书　　号　ISBN 978-7-5603-4973-2
定　　价　38.00 元

前　言

　　本书是高等院校控制理论与应用、过程控制、工业电气自动化、工业仪表自动化、液压控制、计算机控制与应用等专业"自动控制原理"课程的辅助教材,全书共分8章,其中选编了在线性、非线性、离散系统理论领域内典型性与概念性均较强的480个例题与习题。在每一章里,重点阐述了与该章内容有关的几个方面的基本概念,并通过具有代表性的例题较全面地介绍了解题的思路与步骤,说明分析问题与解决问题的基本方法。使读者通过阅读例题的解题与习题的演算,深入掌握反馈控制的基本概念与基本分析方法。

　　本书是李友善教授主编的《自动控制原理》(国防工业出版社,修订版)、鄢景华教授主编的《自动控制原理》(哈尔滨工业大学出版社,修订版)和梅晓榕教授主编的《自动控制原理》(科学出版社)等经典畅销教材配套使用的辅助教材,也是硕士研究生考试的必备用书。

　　书后附录给出了哈尔滨工业大学控制理论与应用专业多年攻读硕士学位研究生入学考试《自动控制原理》试题汇编,供报考硕士研究生的读者应试复习之用;附录中还给出了书中部分习题的参考答案,供读者解题时参考。

　　书中的不足之处,恳请读者批评指正。

编　者

2014 年 11 月

目　　录

第 1 篇

第 2 篇

第1章 关于传递函数的基本概念

例 题

一、根据传递函数定义求取二变量间的传递函数时,首先应明确二变量间的关系必须符合线性规律,其次要明确在零初始条件下取变量的拉普拉斯变换。

例1 求取图 1.1(a)所示电路的传递函数 $I(s)/U(s)$。图中 ψ 为铁心线圈磁链,R 为线圈电阻。

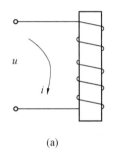
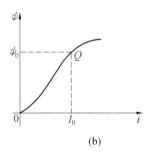

(a)　　　　　　　　　　　　(b)

图 1.1

解 描述铁心线圈特性的微分方程式为

$$\frac{\mathrm{d}\psi(i)}{\mathrm{d}t} + Ri = u$$

或

$$\frac{\mathrm{d}\psi(i)}{\mathrm{d}i} \cdot \frac{\mathrm{d}i}{\mathrm{d}t} + Ri = u \tag{1.1}$$

其中磁链 $\psi(i)$ 是流经线圈电流 i 的函数,如图 1.1(b) 所示,而 $\mathrm{d}\psi(i)/\mathrm{d}i$ 代表 $\psi(i)$ 曲线上各点的斜率。

从图 1.1(b)可见,磁链 ψ 是电流 i 的非线性函数,因此 $\mathrm{d}\psi(i)/\mathrm{d}i$ 是与变量 i 有关的变系数。这样,方程(1.1)便不是线性微分方程式,当然也就不能对它取拉普拉斯变换,从而变量 i 与 u 之间也就不存在传递函数。

假若,在某一工作点 $Q(\psi_0, I_0)$ 上,电流 $i = I_0 \pm \Delta i$ 的变化甚微,即增量 Δi 很小,从而对应的磁链增量 $\Delta\psi$ 也很小,则在工作点 $Q(\psi_0, I_0)$ 两侧的微小区域内便可视 $\mathrm{d}\psi(i)/\mathrm{d}i$ 为常值。因而方程(1.1)变成小偏差线性化意义下的线性微分方程式,具备了进行拉普拉斯变换的条件,其变换后的形式为

$$\frac{\mathrm{d}\psi(i)}{\mathrm{d}i}\Big|_{i=I_0} \cdot [sI(s) - i(0)] + RI(s) = U(s)$$

$$\left(\frac{\mathrm{d}\psi(i)}{\mathrm{d}i}\Big|_{i=I_0} \cdot s + R\right)I(s) - \frac{\mathrm{d}\psi(i)}{\mathrm{d}i}\Big|_{i=I_0} \cdot I_0 = U(s)$$

$$(1.2)$$

其中 $I_0 = i(0)$——工作点电流；

$\dfrac{\mathrm{d}\psi(i)}{\mathrm{d}i}\Big|_{i=I_0}$ ——在工作点 Q 两侧微小区域内的常值。

基于传递函数定义，欲由式(1.2)写出 $I(s)/U(s)$ 形式，必须令 $I_0 = 0$。由此求得传递函数 $I(s)/U(s)$ 为

$$\frac{I(s)}{U(s)} = \frac{1/R}{Ts+1} \tag{1.3}$$

式中 $T = \dfrac{\mathrm{d}\psi(i)}{\mathrm{d}i}\Big|_{i=I_0} /R$ 称为时间常数。

式(1.3)说明，传递函数必须在零初始条件下求取。否则，例如从式(1.2)便无法写出变量 i 与 u 间的传递函数 $I(s)/U(s)$。

例2   试求取图 1.2(a)所示无源电路的传递函数 $U_0(s)/U_i(s)$。

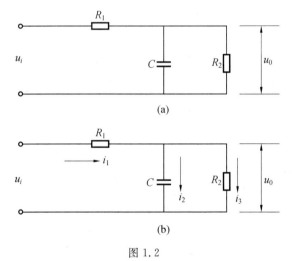

图 1.2

解   本例题有两种解法。

(1)基于电路的基本定律，写出图 1.2(b)所示电路中电压、电流间的关系式如下

$$R_1 i_1 + \frac{1}{C}\int i_2 \mathrm{d}t = u_i \tag{1.4}$$

$$\frac{1}{C}\int i_2 \mathrm{d}t = R_2 i_3 \tag{1.5}$$

$$R_2 i_3 = u_0 \tag{1.6}$$

$$i_1 = i_2 + i_3 \tag{1.7}$$

设初始条件为零，分别对式(1.4)~(1.7)取拉普拉斯变换，得

$$R_1 I_1(s) + \frac{1}{Cs}I_2(s) = U_i(s) \tag{1.8}$$

$$\frac{1}{Cs}I_2(s) = R_2 I_3(s) \tag{1.9}$$

$$R_2 I_3(s) = U_0(s) \tag{1.10}$$

$$I_1(s) = I_2(s) + I_3(s) \tag{1.11}$$

在式(1.8)～(1.11)中消去中间变量 $I_1(s)$、$I_2(s)$ 及 $I_3(s)$，可得传递函数

$$\frac{U_0(s)}{U_i(s)} = \frac{\dfrac{R_2}{R_1 + R_2}}{\left(\dfrac{R_1 R_2}{R_1 + R_2}\right)Cs + 1} \tag{1.12}$$

（2）可应用电路中的阻抗概念来求取电路的传递函数。此时，通过拉普拉斯变换，电感 L 与电容 C 的阻抗形式分别表示为 Ls 与 $\dfrac{1}{Cs}$。

基于阻抗的概念，图1.2(a)所示电路的输出、输入电压比可写成如下形式

$$\frac{U_0(s)}{U_i(s)} = \frac{\dfrac{1}{Cs} \parallel R_2}{R_1 + \dfrac{1}{Cs} \parallel R_2} \tag{1.13}$$

式中，$\dfrac{1}{Cs} \parallel R_2$ 代表电容 C 与电阻 R_2 的并联阻抗，其值为 $R_2/(R_2 Cs + 1)$。

最后求得图1.2(a)所示电路的传递函数 $U_0(s)/U_i(s)$ 为

$$\frac{U_0(s)}{U_i(s)} = \frac{\dfrac{R_2}{R_1 + R_2}}{\left(\dfrac{R_1 R_2}{R_1 + R_2}\right)Cs + 1} \tag{1.14}$$

式(1.14)的结果与第一种解法所得结果相同，但其计算量远较第一种解法为小。因此，在求取电路的传递函数时，宜采用第二种解法。

例3 求取图1.3所示有源网络的传递函数 $U_0(s)/U_i(s)$。

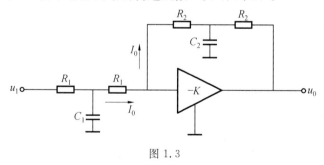

图 1.3

解

$$I_i(s) = \frac{U_i(s)}{R_1 + \dfrac{R_1 \dfrac{1}{C_1 s}}{R_1 + \dfrac{1}{C_1 s}}} \cdot \frac{\dfrac{1}{C_1 s}}{R_1 + \dfrac{1}{C_1 s}} =$$

$$\frac{1}{\frac{1}{2}R_1 C_1 s + 1} \cdot \frac{U_1(s)}{2R_1} = \frac{\frac{1}{2R_1}}{\frac{1}{2}T_1 s + 1}U_i(s) \tag{1.15}$$

式中 $\quad T_1 = R_1 C_1$。

同理

$$I_0(s) = -\frac{\frac{1}{2R_2}}{\frac{1}{2}T_2 s + 1}U_0(s) \tag{1.16}$$

式中 $\quad T_2 = R_2 C_2$。

因为 $I_0(s) = I_i(s)$，故得传递函数为

$$\frac{U_0(s)}{U_i(s)} = -\frac{R_2\left(\frac{1}{2}T_2 s + 1\right)}{R_1\left(\frac{1}{2}T_1 s + 1\right)} \tag{1.17}$$

例 4　图 1.4 所示为机械平移系统,其中 m、k、f 分别代表物体质量、线性弹簧的弹性系数、阻尼器的粘性摩擦系数。设输入信号为作用力 $f_i(t)$,输出信号为物体位移 $y(t)$,试求取该系统的传递函数 $Y(s)/F_i(s)$。

解　按牛顿定律 $ma = \Sigma F$,图 1.4 所示平移运动方程式为

$$m\frac{\mathrm{d}^2 y}{\mathrm{d}t^2} = f_i - f\frac{\mathrm{d}y}{\mathrm{d}t} - ky \tag{1.18}$$

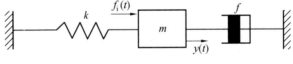

图 1.4

式中 $\quad \dfrac{\mathrm{d}^2 y}{\mathrm{d}t^2}$ ——物体 m 运动的加速度,即 $a = \mathrm{d}^2 y/\mathrm{d}t^2$;

$\quad f\dfrac{\mathrm{d}y}{\mathrm{d}t}$ ——阻尼器的粘滞阻力;

$\quad ky$ ——线性弹簧的弹性阻力。

设初始条件为零,对式(1.18)取拉普拉斯变换,得

$$ms^2 Y(s) = F_i(s) - fsY(s) - kY(s)$$

由上式最终求得图 1.4 所示机械平移系统的传递函数 $Y(s)/F_i(s)$ 为

$$\frac{Y(s)}{F_i(s)} = \frac{\frac{1}{k}}{\frac{m}{k}s^2 + \frac{f}{k}s + 1} \tag{1.19}$$

例 5　图 1.5 所示为机械转动系统,其中 J 表示转动惯量,f 表示粘性摩擦系数。设输入信号为外作用力矩 $m_i(t)$,输出信号为轴角位移 $\theta(t)$,试求取该系统的传递函数 $\theta(s)/M_i(s)$。

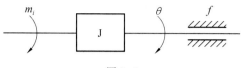

图 1.5

解 按牛顿定律，机械转动系统的力矩方程式为

$$J \frac{\mathrm{d}^2 \theta}{\mathrm{d}t^2} = m_i - f \frac{\mathrm{d}\theta}{\mathrm{d}t} \tag{1.20}$$

式中 $\dfrac{\mathrm{d}^2 \theta}{\mathrm{d}t^2}$ ——轴角加速度；

$\dfrac{\mathrm{d}\theta}{\mathrm{d}t}$ ——轴角速度；

$f \dfrac{\mathrm{d}\theta}{\mathrm{d}t}$ ——旋转物体的粘性摩擦阻力矩。

设初始条件为零，对式(1.20)取拉普拉斯变换，得

$$J s^2 \theta(s) = M_i(s) - f s \theta(s)$$

由上式求得图 1.5 所示机械转动系统的传递函数 $\theta(s)/M_i(s)$ 为

$$\frac{\theta(s)}{M_i(s)} = \frac{\dfrac{1}{f}}{s\left(\dfrac{J}{f}s + 1\right)} \tag{1.21}$$

若以轴角速度 $\omega = \mathrm{d}\theta/\mathrm{d}t$ 为输出，则传递函数为

$$\frac{\Omega(s)}{M_i(s)} = \frac{\dfrac{1}{f}}{\dfrac{J}{f}s + 1} \tag{1.22}$$

例 6 图 1.6 所示为齿轮传动系统，其中 M_i 为主动轴上的外作用力矩，M_1 为齿轮 1 承受的阻力矩，M_2 为齿轮 2 的传动力矩。试求取传递函数 $\theta_2(s)/M_i(s)$。

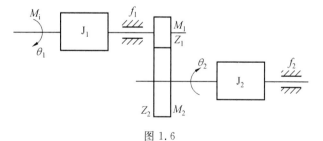

图 1.6

解 主动轴 1 上的力矩方程式为

$$J_1 \frac{\mathrm{d}^2 \theta_1}{\mathrm{d}t^2} + f_1 \frac{\mathrm{d}\theta_1}{\mathrm{d}t} + M_1 = M_i \tag{1.23}$$

从动轴 2 上的力矩方程式为

$$J_2 \frac{\mathrm{d}^2 \theta_2}{\mathrm{d}t^2} + f_2 \frac{\mathrm{d}\theta_2}{\mathrm{d}t} = M_2 \tag{1.24}$$

设初始条件为零，分别对式(1.23)、(1.24)取拉普拉斯变换，得

$$J_1 s^2 \theta_1(s) + f_1 s \theta_1(s) + M_1(s) = M_i(s) \tag{1.25}$$

$$J_2 s^2 \theta_2(s) + f_2 s \theta_2(s) = M_2(s) \tag{1.26}$$

根据齿轮 1,2 做功相等,有

$$M_1 \theta_1 = M_2 \theta_2 \tag{1.27}$$

从式(1.27)得

$$M_2 = M_1 \frac{\theta_1}{\theta_2} = M_1 \frac{Z_2}{Z_1} \tag{1.28}$$

式中,Z_1,Z_2 分别表示齿轮 1、2 的齿数。

将式(1.28)代入式(1.25)及式(1.26),得

$$\left[J_1 s^2 + \left(\frac{Z_1}{Z_2} \right)^2 J_2 s^2 + f_1 s + \left(\frac{Z_1}{Z_2} \right)^2 f_2 s \right] \theta_2(s) = \frac{Z_1}{Z_2} M_i(s)$$

$$\tag{1.29}$$

最后,由式(1.29)求得传递函数 $\theta_2(s)/M_i(s)$ 为

$$\frac{\theta_2(s)}{M_i(s)} = \frac{\dfrac{Z_1}{Z_2}}{\left[J_1 + \left(\dfrac{Z_1}{Z_2} \right)^2 J_2 \right] s^2 + \left[f_1 + \left(\dfrac{Z_1}{Z_2} \right)^2 f_2 \right] s} =$$

$$\frac{\dfrac{1}{i}}{s \left[\left(J_1 + \dfrac{J_2}{i^2} \right) s + \left(f_1 + \dfrac{f_2}{i^2} \right) \right]} \tag{1.30}$$

式中　$J_1 + \left(\dfrac{Z_1}{Z_2} \right)^2 J_2 = J_1 + \dfrac{J_2}{i^2}$ ——折算到主动轴 1 上的转动惯量;

$f_1 + \left(\dfrac{Z_1}{Z_2} \right)^2 f_2 = f_1 + \dfrac{f_2}{i^2}$ ——折算到主动轴 1 上的粘性摩擦系数;

$i = \dfrac{Z_2}{Z_1}$ ——齿轮传动系统的速比。

二、传递函数是描述元部件或系统中两个变量(输入与输出变量)间固有特性的一种数学模型,其与输入量的变化(输入信号)形式及相应的输出量的变化(输出信号)形式均无关。但需注意,传递函数与输入信号在元部件或系统中的作用点以及输出信号的取出点有关。不明确输入信号的作用点及输出信号的取出点,将无法计算元部件或系统的传递函数。

例 7　已知系统方框图如图 1.7(a)所示。试计算传递函数

$C_1(s)/R_1(s)$、$C_2(s)/R_1(s)$、$C_1(s)/R_2(s)$ 及 $C_2(s)/R_2(s)$

解　计算传递函数 $C_1(s)/R_1(s)$ 时,在方框图中需设 $R_2(s) = 0$,画出如图 1.7(b)所示的以 $R_1(s)$ 为输入、$C_1(s)$ 为输出的系统方框图。

由图 1.7(b)求得传递函数 $C_1(s)/R_1(s)$ 为

$$\frac{C_1(s)}{R_1(s)} = \frac{G_1(s)}{1 - G_1(s) G_2(s) G_3(s) G_4(s)} \tag{1.31}$$

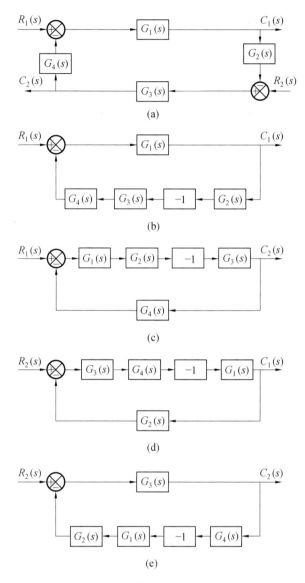

图 1.7

计算传递函数 $C_2(s)/R_1(s)$ 时，设 $R_2(s)=0$，画出以 $R_1(s)$ 为输入、以 $C_2(s)$ 为输出的方框图，见图 1.7(c)。

由图 1.7(c) 求得传递函数 $C_2(s)/R_1(s)$ 为

$$\frac{C_2(s)}{R_1(s)} = -\frac{G_1(s)G_2(s)G_3(s)}{1-G_1(s)G_2(s)G_3(s)G_4(s)} \qquad (1.32)$$

计算传递函数 $C_1(s)/R_2(s)$ 时，在图 1.7(a) 中需设 $R_1(s)=0$，并画出以 $R_2(s)$ 为输入，以 $C_1(s)$ 为输出的方框图，见图 1.7(d)。

由图 1.7(d) 求得传递函数 $C_1(s)/R_2(s)$ 为

$$\frac{C_1(s)}{R_2(s)} = -\frac{G_1(s)G_3(s)G_4(s)}{1-G_1(s)G_2(s)G_3(s)G_4(s)} \qquad (1.33)$$

计算传递函数 $C_2(s)/R_2(s)$ 时,设 $R_1(s) = 0$ 的同时,画出以 $R_2(s)$ 为输入以 $C_2(s)$ 为输出的方框图,见图 1.7(e)。

由图 1.7(e) 求得传递函数 $C_2(s)/R_2(s)$ 为

$$\frac{C_2(s)}{R_2(s)} = \frac{G_3(s)}{1 - G_1(s)G_2(s)G_3(s)G_4(s)} \tag{1.34}$$

从式(1.31)~(1.34)可见,在同一个系统中,由于所取的输入信号作用点及输出信号取出点不同,所得传递函数是不一样的,但它们都有相同的分母,即 $1 - G_1(s)G_2(s)G_3(s)G_4(s)$。

如令传递函数的分母 $1 - G_1(s)G_2(s)G_3(s)G_4(s)$ 等于零,便得到描述整个系统固有特性的特征方程式 $D(s) = 0$,即

$$D(s) = 1 - G_1(s)G_2(s)G_3(s)G_4(s) = 0$$

因为一个系统的固有特性只能由一个特征方程式来描述,所以由同一个系统针对不同输入与输出求得的传递函数均具有相同的分母部分。

例 8 设已知描述某控制系统的运动方程组如下

$$x_1(t) = r(t) - c(t) + n_1(t) \tag{1.35}$$

$$x_2(t) = K_1 x_1(t) \tag{1.36}$$

$$x_3(t) = x_2(t) - x_5(t) \tag{1.37}$$

$$T\frac{\mathrm{d}x_4(t)}{\mathrm{d}t} = x_3(t) \tag{1.38}$$

$$x_5(t) = x_4(t) - K_2 n_2(t) \tag{1.39}$$

$$K_0 x_5(t) = \frac{\mathrm{d}^2 c(t)}{\mathrm{d}t^2} + \frac{\mathrm{d}c(t)}{\mathrm{d}t} \tag{1.40}$$

式中　$r(t)$—— 系统的控制信号(输入变量);

$n_1(t), n_2(t)$—— 系统的扰动信号(输入变量);

$c(t)$—— 系统的被控制信号(输出变量);

$x_1(t) \sim x_5(t)$—— 中间变量;

K_0, K_1, K_2—— 常值增益;

T—— 时间常数。

试绘制控制系统方框图,并由方框图求取闭环传递函数 $C(s)/R(s)$,$C(s)/N_1(s)$ 及 $C(s)/N_2(s)$。

解

(1)绘制系统方框图

对式(1.35)~(1.40)取拉普拉斯变换。设初始条件为零,得

$$X_1(s) = R(s) - C(s) + N_1(s) \tag{1.41}$$

$$X_2(s) = K_1 X_1(s) \tag{1.42}$$

$$X_3(s) = X_2(s) - X_5(s) \tag{1.43}$$

$$TsX_4(s) = X_3(s) \tag{1.44}$$

$$X_5(s) = X_4(s) - K_2 N_2(s) \tag{1.45}$$

$$K_0 X_5(s) = s^2 C(s) + s C(s) \tag{1.46}$$

一般情况下,绘制系统方框图时,由系统的控制信号与主反馈信号进行叠加的比较环节开始,沿信号流通方向,通过函数方框将所有中间变量间的关系(包括系统内的局部反馈回路)一一画出,直至画出系统的被控制信号与主反馈信号。

对本例来说,首先根据式(1.41)画出系统的控制信号 $R(s)$、扰动信号 $N_1(s)$ 与被控制信号 $C(s)$ 叠加后与中间变量 $X_1(s)$ 间的关系,见图1.8(a)。

其次,沿中间变量信号 $X_1(s) \sim X_5(s)$ 的流通方向,按式(1.42)~(1.45)通过函数方框画出此等信号彼此间的关系(包括在它们之间存在的局部反馈关系)以及与外部扰动信号间的关系,见图1.8(b)。

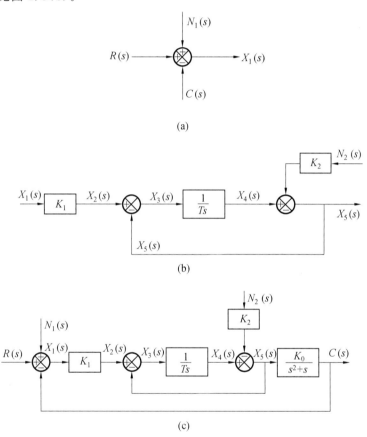

图 1.8

最后,按式(1.46)画出中间变量信号 $X_5(s)$ 与被控制信号 $C(s)$ 间的动态关系,并在图1.8(a)、(b)基础上完成主反馈通道的绘制,这样便得到了系统的完整方框图,见图1.8(c)。

(2)求取闭环传递函数 $C(s)/R(s)$、$C(s)/N_1(s)$ 及 $C(s)/N_2(s)$。

求取闭环传递函数 $C(s)/R(s)$ 时,需令 $N_1(s) = 0$ 及 $N_2(s) = 0$,这时,由图1.8(c)得

$$\frac{C(s)}{R(s)} = \frac{K_1 \dfrac{\frac{1}{Ts}}{1+\frac{1}{Ts}} \cdot \dfrac{K_0}{s^2+s}}{1+K_1 \dfrac{\frac{1}{Ts}}{1+\frac{1}{Ts}} \cdot \dfrac{K_0}{s^2+s}} =$$

$$\frac{K_0 K_1}{Ts^3 + (1+T)s^2 + s + K_0 K_1} \qquad (1.47)$$

由于扰动信号 $n_1(t)$ 与控制信号 $r(t)$ 在系统中的作用点相同,所以有

$$\frac{C(s)}{N_1(s)} = \frac{C(s)}{R(s)} = \frac{K_0 K_1}{Ts^3 + (1+T)s^2 + s + K_0 K_1} \qquad (1.48)$$

求取闭环传递函数 $C(s)/N_2(s)$ 时,需令 $R(s)=0$ 及 $N_1(s)=0$,这时,图 1.8(c)可改画成图 1.9(a),而图 1.9(a)又可等效地画成图 1.9(b)。

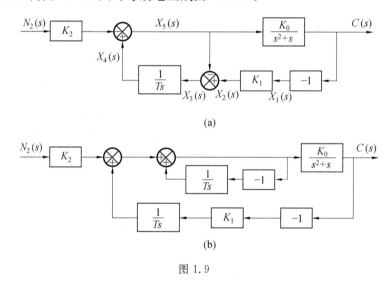

图 1.9

由图 1.9(b)得

$$\frac{C(s)}{N_2(s)} = -K_2 \frac{\dfrac{1}{1-\frac{1}{Ts}(-1)} \cdot \dfrac{K_0}{s(s+1)}}{1-\dfrac{1}{1-\frac{1}{Ts}(-1)} \cdot \dfrac{K_0}{s(s+1)} \cdot \dfrac{1}{Ts} \cdot K_1(-1)} =$$

$$-\frac{K_0 K_2 Ts}{Ts^3 + (1+T)s^2 + s + K_0 K_1} \qquad (1.49)$$

三、求取元部件的传递函数时,要特别注意与该元部件串接的下一个元部件对该元部件的负载效应。

例 9 求取图 1.10 所示电路的传递函数 $U_2(s)/U_1(s)$。图中 K 为放大器的增益。

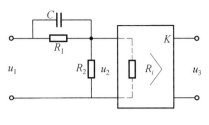

图 1.10

解 由于放大器是与 RC 电路串接的下一个元件,其输入电阻 R_i 是 RC 电路的负载,因此求取 RC 电路的传递函数 $U_2(s)/U_1(s)$ 时,需要考虑放大器对 RC 电路的负载效应。

当输入电阻 $R_i = \infty$ 时,即 RC 电路与放大器间无负载效应存在时,RC 电路与放大器串接时的传递函数 $U_2(s)/U_1(s)$ 与 RC 电路单独存在时的相同,即

$$\frac{U_2(s)}{U_1(s)} = \frac{R_2}{R_1+R_2} \cdot \frac{R_1Cs+1}{\dfrac{R_1R_2}{R_1+R_2}Cs+1} \qquad (1.50)$$

若输入电阻 R_i 为有限值,求取 RC 电路的传递函数 $U_2(s)/U_1(s)$ 时必须考虑串接放大器的负载效应,也就是 RC 电路的输出端电阻应取 R_2 与 R_i 的并联值 R'_2。这时,RC 电路的传递函数 $U_2(s)/U_1(s)$ 的形式与式(1.50)所示相同,只是其中的电阻 R_2 应换写为 R'_2,即

$$\frac{U_2(s)}{U_1(s)} = \frac{R'_2}{R_1+R_2} \cdot \frac{R_1Cs+1}{\dfrac{R_1R'_2}{R_1+R'_2}Cs+1} \qquad (1.51)$$

RC 电路与放大器串接后的传递函数 $U_3(s)/U_1(s)$ 为

$$\frac{U_3(s)}{U_1(s)} = \frac{U_2(s)}{U_1(s)} \cdot \frac{U_3(s)}{U_2(s)} =$$

$$\frac{R'_2}{R_1+R'_2} \cdot \frac{R_1Cs+1}{\dfrac{R_1R'_2}{R_1+R'_2}Cs+1} \cdot K \qquad (1.52)$$

从式(1.52)可见,由于在 RC 电路与串接放大器间有负载效应存在,所以传递函数 $U_3(s)/U_1(s)$ 不简单等于 RC 电路空载($R_i = \infty$)时的传递函数(式(1.50))与放大器增益 K 的乘积。对于这一点应予以特别注意。

例 10 求取图 1.11 所示电路的传递函数 $U_2(s)/U_1(s)$。

解 图 1.11 所示电路可以认为是 R_1C 与 LR_2 两电路的串接。当 LR_2 电路的阻抗为有限值时,求取传递函数 $U_2(s)/U_1(s)$ 时必须考虑 LR_2 电路对 R_1C 电路所构成的负载效应。

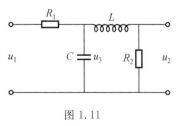

图 1.11

求取传递函数 $U_2(s)/U_1(s)$ 的步骤是:首先计算传递函数 $U_3(s)/U_1(s)$,此刻需将 LR_2 电路看做是与电容 C 并联的负载,应用复阻抗法写出传递函数 $U_3(s)/U_1(s)$ 为

$$\frac{U_3(s)}{U_1(s)} = \frac{\frac{1}{Cs} \parallel (Ls + R_2)}{R_1 + \frac{1}{Cs} \parallel (Ls + R_2)} \tag{1.53}$$

式中，$\frac{1}{Cs}$，Ls 分别为电容器 C 及电感线圈 L 的复阻抗；$\frac{1}{Cs} \parallel (Ls + R_2)$ 表示复阻抗 $\frac{1}{Cs}$ 与复阻抗 $(Ls + R_2)$ 的并联值。

其次再计算传递函数 $U_2(s)/U_3(s)$，即通过复阻抗 Ls 与电阻 R_2 的分压求得

$$\frac{U_2(s)}{U_3(s)} = \frac{R_2}{Ls + R_2} \tag{1.54}$$

最后由式(1.53)及式(1.54)求取整个电路的传递函数 $U_2(s)/U_1(s)$，得

$$\frac{U_2(s)}{U_1(s)} = \frac{U_3(s)}{U_1(s)} \cdot \frac{U_2(s)}{U_3(s)} =$$

$$\frac{\dfrac{R_2}{R_1 + R_2}}{\dfrac{R_1}{R_1 + R_2}LCs^2 + \dfrac{R_1R_2C + L}{R_1 + R_2}s + 1} \tag{1.55}$$

若不考虑 LR_2 电路对 R_1C 电路构成的负载效应，则得传递函数 $U_2(s)/U_1(s)$ 为

$$\frac{U_2(s)}{U_1(s)} = \frac{U_3(s)}{U_1(s)} \cdot \frac{U_2(s)}{U_3(s)} =$$

$$\frac{1}{\dfrac{R_1}{R_2}LCs^2 + \dfrac{R_1R_2C + L}{R_2}s + 1} \tag{1.56}$$

从式(1.55)及式(1.56)可见，是否考虑负载效应，求得的串接元件整体传递函数是不同的。因此，在求取串接元件的传递函数之前，首先要分析串接元件之间是否存在负载效应，其次才是在上述分析基础上计算其传递函数。

四、通过方框图的等效变换求取传递函数的关键是严格遵守等效原则。

例 11 通过方框图的等效变换，求取图 1.12(a)所示系统的传递函数 $C(s)/R(s)$。

解 设方框 $G_3(s)$ 的输出为 $Y(s)$，则方框 $G_2(s)$ 的输出为

$$[R(s) - Y(s)]G_2(s) = G_2(s)R(s) - G_2(s)Y(s) \tag{1.57}$$

基于式(1.57)，图 1.12(a)可等效变换为图 1.12(b)，而图 1.12(b)还可进一步等效变换成图 1.12(c)。

由图 1.12(c)求得传递函数

$$\frac{C(s)}{[G_1(s) - G_2(s)]R(s)} = \frac{1}{1 - G_2(s)G_3(s)}$$

由上式最终求得系统传递函数 $C(s)/R(s)$ 为

$$\frac{C(s)}{R(s)} = \frac{G_1(s) - G_2(s)}{1 - G_2(s)G_3(s)} \tag{1.58}$$

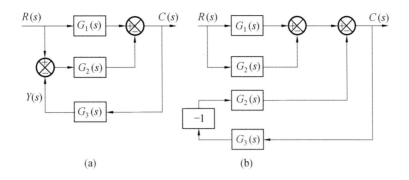

(a)   (b)

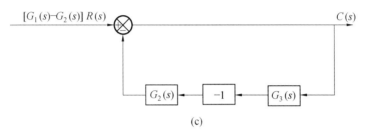

(c)

图 1.12

例 12 通过方框图的等效变换求取图 1.13 所示系统的传递函数 $C(s)/R(s)$。

解 将方框图 1.13 作如图 1.14 所示等效变换,并由图 1.14 求得传递函数

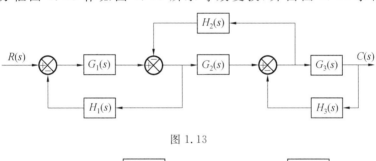

图 1.13

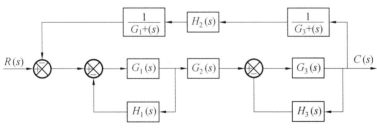

图 1.14

$C(s)/R(s)$ 为

$$\frac{C(s)}{R(s)} = \frac{\dfrac{G_1(s)}{1+G_1(s)H_1C(s)}G_2(s)\dfrac{G_3(s)}{1+G_3(s)H_3(s)}}{1+\dfrac{G_1(s)}{1+G_1(s)H_1(s)}G_2(s)\dfrac{G_3(s)}{1+G_3(s)H_3(s)}\cdot\dfrac{H_2(s)}{G_1(s)G_3(s)}} =$$

$$\dfrac{G_1(s)G_2(s)G_3(s)}{\begin{array}{c}1+G_1(s)H_1(s)+G_2(s)H_2(s)+G_3(s)H_3(s)+\\ G_1(s)H_1(s)G_3(s)H_3(s)\end{array}}$$

$$(1.59)$$

例 13 通过方框图的等效变换,求取图 1.15 所示系统的传递函数 $C(s)/N(s)$。

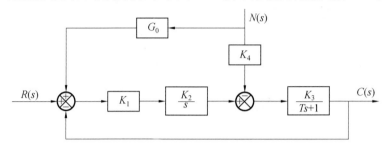

图 1.15

解 因为是求取闭环传递函数 $C(s)/N(s)$,所以需令 $R(s)=0$。 在此基础上,将图 1.15 等效变换成如图 1.16 所示的方框图,这样更便于确定 $C(s)$ 与 $N(s)$ 之间的关系。

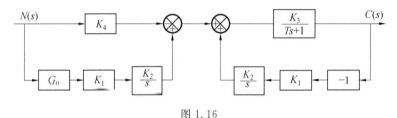

图 1.16

由图 1.16 得

$$\frac{C(s)}{N(s)}=\left(\frac{K_1K_2}{s}G_0(s)-K_4\right)\frac{\dfrac{K_3}{Ts+1}}{1-\dfrac{K_3}{Ts+1}\cdot\dfrac{K_1K_2}{s}(-1)}=$$

$$\frac{K_3(K_1K_2G_0(s)-K_4s)}{Ts^2+s+K_1K_2K_3}$$

$$(1.60)$$

例 14 通过方框图等效变换,求取图 1.17(a)所示系统的传递函数 $C(s)/R(s)$。

解 设方框 $G_1(s),G_2(s)$ 的输出分别为 $Y_1(s)$ 及 $Y_2(s)$,以及 $R(s)-C(s)=E(s)$,由方框图 1.17(a)可写出下列方程组

$$\left.\begin{array}{c}Y_1(s)=[Y_2(s)-E(s)]G_1(s)\\ Y_2(s)=[E(s)-Y_1(s)]G_2(s)\end{array}\right\}$$

$$(1.61)$$

由方程组(1.61)分别解出传递函数 $Y_1(s)/E(s)$ 及 $Y_2(s)/E(s)$ 为

$$\frac{Y_1(s)}{E(s)}=\frac{[G_2(s)-1]G_1(s)}{1+G_1(s)G_2(s)}$$

$$(1.62)$$

$$\frac{Y_2(s)}{E(s)}=\frac{[G_1(s)+1]G_2(s)}{1+G_1(s)G_2(s)}$$

$$(1.63)$$

遵守式(1.61)所示等效原则,式(1.62)及式(1.63)所示 $Y_1(s)$ 与 $E(s)$ 及 $Y_2(s)$ 与 $E(s)$ 的关系表示为图 1.17(b),其中 $Y_1(s)+Y_2(s)=C(s)$。 由图 1.17(b)求得传递函数

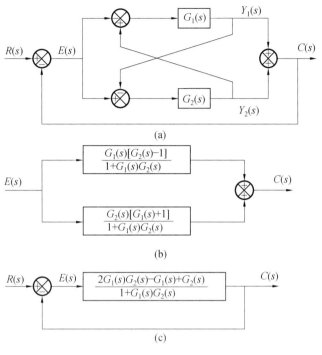

图 1.17

$C(s)/E(s)$ 为

$$\frac{C(s)}{E(s)} = \frac{Y_1(s)}{E(s)} + \frac{Y_2(s)}{E(s)} = \frac{2G_1(s)G_2(s) - G_1(s) + G_2(s)}{1 + G_1(s)G_2(s)} \tag{1.64}$$

考虑到 $E(s) = R(s) - C(s)$，基于式(1.64)，方框图 1.17(a)可等效变换为图 1.17(c)。由图 1.17(c)最终求得系统传递函数 $C(s)/R(s)$ 为

$$\frac{C(s)}{R(s)} = \frac{2G_1(s)G_2(s) - G_1(s) + G_2(s)}{1 - G_1(s) + G_2(s) + 3G_1(s)G_2(s)} \tag{1.65}$$

五、由系统方框图应用 Mason 公式求取传递函数，除要求准确无误地确定出所有前向通路外，关键是要无一遗漏地找出所有反馈回路、两两互不接触的回路以及每三个互不接触的回路等等，其中尤以正确地找出单反馈回路及两两互不接触的回路最为重要。

例 15 试绘制图 1.18 所示电路的方框图，并应用 Mason 公式求取传递函数 $U_2(s)/U_1(s)$。

解 图 1.18 所示电路中各变量间的动态关系可通过下列方程组来表示。

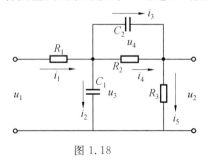

图 1.18

$$I_1(s) = \frac{U_1(s) - U_3(s)}{R_1}$$

$$I_1(s) = I_2(s) + I_3(s) + I_4(s)$$

$$U_3(s) = \frac{1}{C_1 s} I_2(s)$$

$$U_3(s) = U_2(s) + U_4(s)$$ (1.66)

$$U_4(s) = \frac{1}{C_2 s} I_3(s)$$

$$I_4(s) = \frac{U_4(s)}{R_2}$$

$$I_5(s) = I_3(s) + I_4(s)$$

$$U_2(s) = R_3 I_5(s)$$

根据方程组(1.66)绘制出图 1.18 所示电路的方框图,如图 1.19 所示。

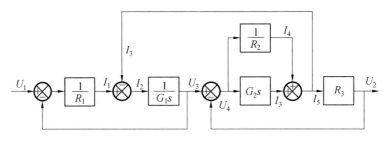

图 1.19

从图 1.19 可见,方框图中有两条前向通路,它们的传递函数 P_1, P_2 分别为

$$P_1 = \frac{1}{R_1} \cdot \frac{1}{C_1 s} \cdot C_2 s \cdot R_3 = \frac{R_3 C_2}{R_1 C_1} \tag{1.67}$$

$$P_2 = \frac{1}{R_1} \cdot \frac{1}{C_1 s} \cdot \frac{1}{R_2} \cdot R_3 = \frac{R_3}{R_1 R_2 C_1 s} \tag{1.68}$$

方框图 1.19 共有单反馈回路五个,它们的传递函数分别是

$$L_1 = -\frac{1}{R_1 C_1 s} \tag{1.69}$$

$$L_2 = -R_3 C_2 s \tag{1.70}$$

$$L_3 = -\frac{1}{C_1 s} \cdot C_2 s = -\frac{C_2}{C_1} \tag{1.71}$$

$$L_4 = -\frac{1}{R_2} \cdot R_3 = -\frac{R_3}{R_2} \tag{1.72}$$

$$L_5 = -\frac{1}{C_1 s} \cdot \frac{1}{R_2} = -\frac{1}{R_2 C_1 s} \tag{1.73}$$

方框图 1.19 中两两互不接触的回路有 $L_1 L_2$ 及 $L_1 L_4$,不存在三个以上互不接触的回路。

根据式(1.69)~(1.73)求得特征式 Δ 为

$$\Delta = 1 - (L_1 + L_2 + L_3 + L_4 + L_5) + L_1 L_2 + L_1 L_4 =$$
$$\frac{R_1 R_2 R_3 C_1 C_2 s^2 + (R_1 R_2 C_1 + R_1 R_2 C_2 + R_1 R_3 C_1 + R_2 R_3 C_2)s}{R_1 R_2 C_1 s} +$$
$$\frac{(R_1 + R_2 + R_3)}{R_1 R_2 C_1 s} \tag{1.74}$$

从方框图 1.19 可见,两条前向通路与每个回路均有接触,故特征式 Δ 的余子式

$$\Delta_1 = \Delta_2 = 1 \tag{1.75}$$

应用 Mason 公式由式(1.67),(1.68),(1.74)及(1.75)求得传递函数 $U_2(s)/U_1(s)$ 为

$$\frac{U_2(s)}{U_1(s)} = \frac{1}{\Delta}(P_1\Delta_1 + P_2\Delta_2) =$$

$$\left[\left(\frac{R_3}{R_1+R_2+R_3}\right)(R_2C_2s+1)\right] \Bigg/$$

$$\left[\frac{R_3}{R_1+R_2+R_3}(R_1C_1R_2C_2)s^2 + \right.$$

$$\left.\frac{R_1R_2C_1+R_1R_2C_2+R_1R_3C_1+R_2R_3C_2}{R_1+R_2+R_3}s+1\right] \tag{1.76}$$

应用 Mason 公式求取传递函数的优点在于不必进行方框图等效变换,而可直接按公式计算传递函数。对复杂而又不易进行等效变换的方框图来说,上述优点表现得尤为突出。但应用 Mason 公式时,一定要仔细、认真、准确无误地找出前向通路、单反馈回路及所有可能的互不接触的回路,这是求得正确结果的关键。

习　题

1.1　试求取图 1.20、1.21 及 1.22 所示电路的传递函数 $U_0(s)/U_i(s)$。

1.2　试求取图 1.23、1.24 及 1.25 所示有源网络的传递函数 $U_0(s)/U_i(s)$。

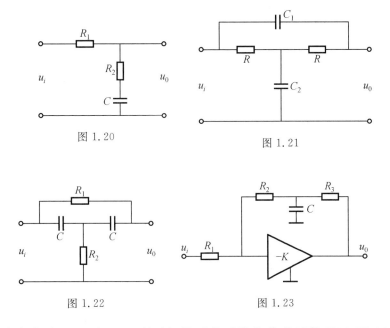

图 1.20

图 1.21

图 1.22

图 1.23

1.3　试求取图 1.26 及 1.27 所示机械平移系统的传递函数 $Y(s)/F_i(s)$,其中 $y(t)$ 为输出位移,$f_i(t)$ 为系统的外作用力,k 为线性弹簧的弹性系数,f 为阻尼器的粘性摩擦系数。

1.4　已知某控制系统由下列方程组描述,试绘制该系统的方框图,并由方框图求取

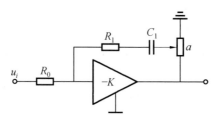

图 1.24

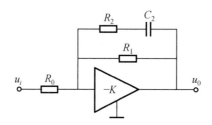

图 1.25

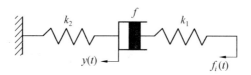

图 1.26

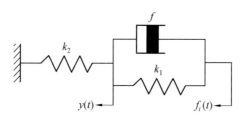

图 1.27

传递函数 $C(s)/R(s)$。

$$X_1(s) = G_1(s)R(s) - G_1(s)[G_7(s) - G_8(s)]C(s)$$

$$X_2(s) = G_2(s)[X_1(s) - G_6(s)X_3(s)]$$

$$X_3(s) = [X_2(s) - G_5(s)C(s)]G_3(s)$$

$$C(s) = G_4(s)X_3(s)$$

1.5 试分别化简图 1.28 和 1.29 所示方框图,并求取传递函数 $C(s)/R(s)$。

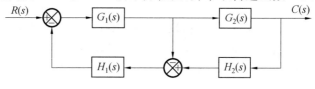

图 1.28

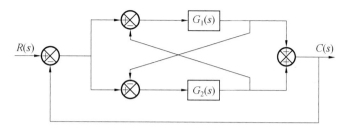

图 1.29

1.6　试通过方框图等效变换,求取图 1.30 所示系统的传递函数 $C(s)/N(s)$。

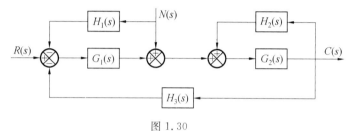

图 1.30

1.7　试化简方框图 1.29,并求取图 1.18 所示电路的传递函数 $U_2(s)/U_1(s)$。

1.8　试应用 Mason 公式求取方框图 1.31 所示系统的传递函数 $C(s)/R(s)$。

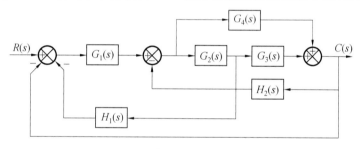

图 1.31

1.9　试应用 Mason 公式求取方框图 1.30 所示系统的传递函数 $C(s)/N(s)$。

1.10　试应用 Mason 公式求取方框图 1.32 所示系统的传递函数 $C(s)/R(s)$。

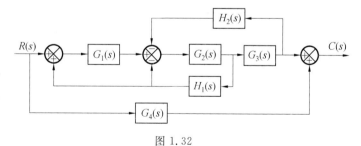

图 1.32

第2章　关于时域分析的基本概念

例　　题

一、在控制系统的时域分析中，以二阶系统的欠阻尼单位阶跃响应分析最为重要。其中最基本的概念集中表现在系统参数，即阻尼比 ζ、无阻尼自振频率 ω_n 与时域性能指标——超调量 $\sigma\%$、峰值时间 t_p、调整时间 t_s 之间的关系上。

例 1　设有二阶系统方框图如图 2.1 所示，其中符号"+"、"—"分别表示取正反馈与负反馈，"0"表示无反馈；K_1 与 K_2 为常值增益，且 $K_1 > 0$ 及 $K_2 > 0$。图 2.2 所示为在该系统中可能出现的单位阶跃响应曲线。试确定与每种单位阶跃响应相对应的主反馈及内反馈的极性，并说明理由。

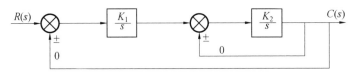

图 2.1

解　图 2.2(a) 所示单位阶跃响应具有等幅振荡特性，说明系统的阻尼比 $\zeta = 0$。这与系统主反馈取"—"及内反馈取"0"相对应，因为在这种情况下该二阶系统的传递函数为

$$\frac{C(s)}{R(s)} = \frac{K_1 K_2}{s^2 + K_1 K_2} \tag{2.1}$$

图 2.2(b) 所示单位阶跃响应具有发散特性，说明系统不稳定。这与系统主反馈取"—"及内反馈取"+"相对应，因为在这种情况下，该二阶系统的传递函数为

$$\frac{C(s)}{R(s)} = \frac{K_1 K_2}{s^2 - K_2 s + K_1 K_2} \tag{2.2}$$

由式(2.2)求得的特征方程式 $s^2 - K_2 s + K_1 K_2 = 0$ 可见，其中有二个特征根 $(K_2 \pm \sqrt{K_2^2 - 4K_1 K_2})/2$ 位于 s 平面右半部。

图 2.2(c) 所示单位阶跃响应在时间 t 较大时具有与 t 成正比增长的特性，这与系统主反馈取"0"、内反馈取"—"相对应，因为在这种情况下该二阶系统的传递函数为

$$\frac{C(s)}{R(s)} = \frac{K_1}{s\left(\dfrac{1}{K_2} s + 1\right)} \tag{2.3}$$

其单位阶跃响应的稳态分量为 $K_1 t - \dfrac{K_1}{K_2}$。

图 2.2(d) 所示为具有传递函数的系统的单位阶跃响应，这与主、内反馈均取"0"相对应，即系统只是两个串接积分器的开环控制。

$$\frac{C(s)}{R(s)} = \frac{K_1 K_2}{s^2} \tag{2.4}$$

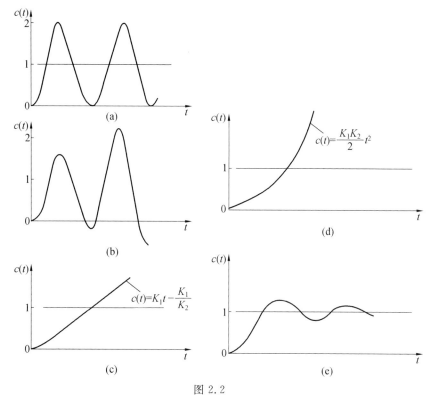

图 2.2

图 2.2(e) 所示单位阶跃响应具有衰减振荡特性,说明该二阶系统的阻尼比 ζ 介于 0 与 1 之间,即系统处于欠阻尼工作状态,这与主、内反馈均取"一"相对应。这时的系统传递函数为

$$\frac{C(s)}{R(s)} = \frac{K_1 K_2}{s^2 + K_2 s + K_1 K_2} \tag{2.5}$$

由式(2.5)求得该二阶系统的阻尼比 ζ 为

$$\zeta = \frac{1}{2}\sqrt{\frac{K_2}{K_1}} \tag{2.6}$$

由式(2.6)可见,当 $0 < K_2 < 4K_1$ 时,有 $0 < \zeta < 1$。

例 2 由实验测得二阶系统的单位阶跃响应 $c(t)$ 如图 2.3 所示,试根据已知的单位阶跃响应 $c(t)$ 计算系统参数 ζ 及 ω_n 之值。

解 由图 2.3 所示单位阶跃响应 $c(t)$,根据超调量 $\sigma\%$ 及峰值时间 t_p 的定义分别求得

$$\left.\begin{array}{l} \sigma\% = 30\% \\ t_p = 0.1\ \text{s} \end{array}\right\} \tag{2.7}$$

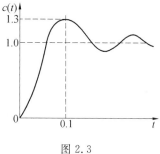

图 2.3

又由 $\sigma\%$ 及 t_p 与系统参数 ζ、ω_n 的关系

$$\sigma\% = \text{e}^{-\frac{\zeta\pi}{\sqrt{1-\zeta^2}}} \times 100\%$$

$$t_p = \frac{\pi}{\omega_n \sqrt{1-\zeta^2}}$$

考虑到式(2.7)给出的数据,计算出系统参数 ζ 及 ω_n 之值分别为

$$\zeta = 0.36$$

$$\omega_n = 33.7 \text{rad/s}$$

例 3 已知某控制系统方框图如图 2.4 所示,要求该系统的单位阶跃响应 $c(t)$ 具有超调量 $\sigma\% = 16.3\%$ 和峰值时间 $t_p = 1\text{s}$,试确定前置放大器的增益 K 及内反馈系数 τ 之值。

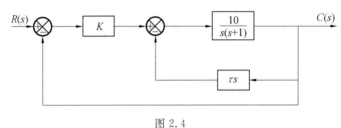

图 2.4

解

(1) 由已知的 $\sigma\%$ 及 t_p 计算二阶系统参数 ζ 及 ω_n 之值。 由

$$\sigma\% = e^{-\frac{\zeta\pi}{\sqrt{1-\zeta^2}}} \times 100\% = 16.3\%$$

$$t_p = \frac{\pi}{\omega_n \sqrt{1-\zeta^2}} = 1$$

分别计算出

$$\zeta = 0.5$$

$$\omega_n = 3.63 \text{rad/s}$$

(2)求取闭环传递函数 $C(s)/R(s)$,并将其化成标准形式

$$\frac{C(s)}{R(s)} = \frac{\omega_n^2}{s^2 + 2\zeta\omega_n s + \omega_n^2} \tag{2.8}$$

由图 2.4 求得给定系统的开环传递函数 $G(s)$ 为

$$G(s) = K \frac{\dfrac{10}{s(s+1)}}{1 + \dfrac{10\tau s}{s(s+1)}} = \frac{10K}{s^2 + (1+10\tau)s} \tag{2.9}$$

从图 2.4 及式(2.9)计算给定系统的闭环传递函数,得

$$\frac{C(s)}{R(s)} = \frac{10K}{s^2 + (1+10\tau)s + 10K} \tag{2.10}$$

(3)将式(2.10)与式(2.8)所示标准形式进行比较,得

$$\left. \begin{array}{l} 10K = \omega_n^2 = (3.63)^2 \\ 1 + 10\tau = 2\zeta\omega_n = 2 \times 0.5 \times 3.63 \end{array} \right\} \tag{2.11}$$

由式(2.11)解出参数值

$$K = 1.32$$

$$\tau = 0.263$$

例 4 设某单位负反馈系统的开环传递函数为

$$G(s) = \frac{0.4s + 1}{s(s + 0.6)} \tag{2.12}$$

试计算该系统单位阶跃响应的超调量、上升时间、峰值时间及调整时间。

解

（1）传递函数为

$$\frac{C(s)}{R(s)} = \frac{\omega_n^2 (s + z)}{z(s^2 + 2\zeta \omega_n s + \omega_n^2)} \tag{2.13}$$

即为具有负实零点 $(-z)$ 的二阶系统，其单位阶跃响应的各项性能指标与参数 ζ, ω_n 及负实零点 $(-z)$ 的绝对值 z 间的关系为

$$\sigma\% = \frac{1}{\zeta} \sqrt{\zeta^2 - 2\gamma \zeta^2 + \gamma^2} \cdot e^{-\frac{\zeta(\pi - \varphi)}{\sqrt{1 - \zeta^2}}} \times 100\% \tag{2.14}$$

$$t_r = \frac{\pi - \varphi - \theta}{\omega_n \sqrt{1 - \zeta^2}} \tag{2.15}$$

$$t_p = \frac{\pi - \varphi}{\omega_n \sqrt{1 - \zeta^2}} \tag{2.16}$$

$$t_s(5\%) = \left(3 + \ln \frac{l}{z}\right) \frac{1}{\zeta \omega_n} \tag{2.17}$$

$$t_s(2\%) = \left(4 + \ln \frac{l}{z}\right) \frac{1}{\zeta \omega_n} \tag{2.18}$$

式中 t_r, t_s 分别为系统单位阶跃响应的上升时间与调整时间。

$$\gamma = \frac{\zeta \omega_n}{z} \tag{2.19}$$

$$\varphi = \arctan \frac{\omega_n \sqrt{1 - \zeta^2}}{z - \zeta \omega_n} （取弧度） \tag{2.20}$$

$$\theta = \arctan \frac{\sqrt{1 - \zeta^2}}{\zeta} \quad （取弧度） \tag{2.21}$$

$$l = \sqrt{(z - \zeta \omega_n)^2 + (\omega_n \sqrt{1 - \zeta^2})^2} \tag{2.22}$$

（2）根据式（2.12）计算给定系统的闭环传递函数，得

$$\frac{C(s)}{R(s)} = \frac{0.4s + 1}{s^2 + s + 1} \tag{2.23}$$

将式（2.23）化成如式（2.13）所示的标准形式，即

$$\frac{C(s)}{R(s)} = \frac{s + 2.5}{2.5(s^2 + s + 1)} \tag{2.24}$$

将式（2.24）与式（2.13）比较，求得

$$z = 2.5, \quad \omega_n = 1, \quad \zeta = 0.5$$

将此等值代入式（2.19）～（2.22），得

$$\gamma = 0.2, \quad \varphi = 0.408 \text{ rad}, \quad \theta = 1.05 \text{ rad}, \quad l = 2.18$$

将上列数值代入式(2.14)~(2.18),求得给定系统单位阶跃响应的各项性能指标为

$$\sigma\% = 18\%$$
$$t_r = 1.94\text{s}$$
$$t_p = 3.16\text{s}$$
$$t_s(2\%) = 7.73\text{s}$$

例5　测得某二阶系统的单位阶跃响应 $c(t)$ 如图 2.3 所示。已知该系统具有单位负反馈,试确定其开环传递函数。

解　设闭环传递函数 $C(s)/R(s)$ 具有如下标准形式,即

$$\frac{C(s)}{R(s)} = \frac{\omega_n^2}{s^2 + 2\zeta\omega_n s + \omega^2} \tag{2.25}$$

对于单位负反馈系统,开环传递函数 $G(s)$ 与闭环传递函数 $G(s)/R(s)$ 间的关系为

$$\frac{C(s)}{R(s)} = \frac{G(s)}{1 + G(s)}$$

由上式求得开环传递函数 $G(s)$ 为

$$G(s) = \frac{\dfrac{C(s)}{R(s)}}{1 - \dfrac{C(s)}{R(s)}} \tag{2.26}$$

将式(2.25)代入式(2.26),求得开环传递函数 $G(s)$ 为

$$G(s) = \frac{\dfrac{\omega_n}{2\zeta}}{s\left(\dfrac{1}{2\zeta\omega_n}s + 1\right)} \tag{2.27}$$

将在例2中求得的参数值 $\zeta = 0.36, \omega_n = 33.7 \text{ rad/s}$ 代入式(2.27),得到开环传递函数为

$$G(s) = \frac{46.8}{s(0.041s + 1)}$$

例6　已知某系统的单位阶跃响应

$$c(t) = 1 + \mathrm{e}^{-t} - \mathrm{e}^{-2t} \quad (t \geqslant 0) \tag{2.28}$$

试求取系统的传递函数。

解

(1)从式(2.28)求得给定系统的初始条件为

$$c(0) = 1 \tag{2.29}$$

$$\dot{c}(0) = 1 \tag{2.30}$$

因为式(2.28)表达的是二阶系统的单位阶跃响应,故在初始条件中求到 $\dot{c}(0)$ 已足够。

(2)对于初始条件不为零的二阶系统,根据运动方程式求取其输出的拉普拉斯变换象函数时,需要考虑输出函数的初始条件。若对二阶系统的运动方程式

$$\ddot{c}(t) + 2\zeta\omega_n\dot{c}(t) + \omega_n^2 c(t) = \omega_n^2 r(t)$$

取拉普拉斯变换,则在考虑初始条件情况下得到

$$s^2 C(s) - sc(0) - \dot{c}(0) + 2\zeta\omega_n s C(s)$$

$$-2\zeta\omega_n c(0) + \omega_n^2 C(s) = \omega_n^2 R(s)$$

$$(s^2 + 2\zeta\omega_n s + \omega_n^2)C(s) = \omega_n^2 R(s) + [c(0)s + \dot{c}(0) + 2\zeta\omega_n c(0)]$$

由上式求得系统输出 $c(t)$ 的拉普拉斯变换象函数 $C(s)$ 为

$$C(s) = \frac{\omega_n^2}{s^2 + 2\zeta\omega_n s + \omega_n^2}R(s) +$$

$$\frac{c(0)s + \dot{c}(0) + 2\zeta\omega_n c(0)}{s^2 + 2\zeta\omega_n s + \omega_n^2} \tag{2.31}$$

按传递函数定义，当初始条件为零，即 $c(0) = 0$ 及 $\dot{c}(0) = 0$ 时，式（2.31）中的 $\omega_n^2 / (s^2 + 2\zeta\omega_n s + \omega_n^2)$ 便是系统的传递函数。

当系统输入 $r(t) = 1(t)$，即 $R(s) = 1/s$，系统的输出 $c(t)$ 便是其单位阶跃响应。这时，式（2.31）将具有如下形式

$$C(s) = \frac{\omega_n^2}{s^2 + 2\zeta\omega_n s + \omega_n^2} \cdot \frac{1}{s} +$$

$$\frac{c(0)s + \dot{c}(0) + 2\zeta\omega_n c(0)}{s^2 + 2\zeta\omega_n s + \omega_n^2} \tag{2.32}$$

（3）对式（2.28）取拉普拉斯变换，得

$$C(s) = \frac{1}{s} + \frac{1}{s+1} - \frac{1}{s+2} = \frac{s^2 + 4s + 2}{s(s^2 + 3s + 2)} \tag{2.33}$$

将式（2.33）的分母多项式与式（2.32）的公分母多项式进行比较，求得

$$2\zeta\omega_n = 3$$

$$\omega_n^2 = 2$$

基于上列数据，考虑到式（2.29）及式（2.30）所示初始条件，计算得

$$\dot{c}(0) + 2\zeta\omega_n c(0) = 4$$

$$c(0)s + \dot{c}(0) + 2\zeta\omega_n c(0) = s + 4$$

根据上列计算结果，将式（2.33）改写成与式（2.32）相同的表达形式

$$C(s) = \frac{2}{s^2 + 3s + 2} \cdot \frac{1}{s} + \frac{s^2 + 4s}{s(s^2 + 3s + 2)} =$$

$$\frac{2}{s^2 + 3s + 2} \cdot \frac{1}{s} + \frac{s + 4}{s^2 + 3s + 2} \tag{2.34}$$

根据式（2.32）中两个 s 多项式之比 $\omega_n^2 / (s^2 + 2\zeta\omega_n s + \omega_n^2)$ 为系统传递函数的结论，由式（2.34）求得给定系统的传递函数为

$$\frac{C(s)}{R(s)} = \frac{2}{s^2 + 3s + 2}$$

二、线性系统稳定的充要条件是其特征方程式的根均需具有负实部，因此分析线性系统稳定性的唯一依据是它的特征方程式。由于分析系统的稳定性只对其特征根是否具有负实部感兴趣，而与此等具有负实部的特征根在 s 平面左半部的分布位置无关，故可通过 Routh、Hurwitz 等稳定判据，根据特征方程式 $D(s) = 0$ 的各项系数判别系统的稳定性，而不必求解其特征根。

例 7 设某系统的特征方程式为

$$s^4 + 2s^3 + s^2 + 2s + 1 = 0$$

试用 Routh 稳定判据判别系统的稳定性。

解 建立 Routh 计算表

s^4	1	1	1
s^3	2	2	0
s^2	$0(\approx \varepsilon)$	1	
s^1	$\dfrac{2\varepsilon - 2}{\varepsilon}$	0	
s^0	1		

注意,在进行 Routh 计算表的第三行运算时,出现第一列元素为零,而其它各列元素不为零的现象。这时,按 Routh 法则需将零元素用趋近于零的正数 ε 置换,在以后计算各元素的过程中,均以 ε 代替上述的零元素。因此,s^1 行(即第四行)第一列的元素符号应为负。

从 Routh 计算表可见,第一列元素的符号变化了两次,这说明系统特征方程式有两个具有正实部的根,从而系统是不稳定的。

例 8 设某系统的特征方程式为

$$s^6 + 2s^5 + 8s^4 + 12s^3 + 20s^2 + 16s + 16 = 0$$

试应用 Routh 稳定判据判别系统的稳定性。

解 建立 Routh 计算表

s^6	1	8	20	16
s^5	2	12	16	0
s^4	1	6	8	
s^3	0	0	0	

s^4 行,即第三行各元素均乘过 $1/2$。

注意,在建立 Routh 计算表过程中,若出现某一行元素全部为零现象,则首先需利用该行上一行的元素构造辅助方程式。如在本例中,s^3 行的元素全部为零,故需利用该行上一行,即 s^4 行的元素构造如下辅助方程式

$$s^4 + 6s^2 + 8 = 0 \tag{2.35}$$

其次将辅助方程式各项对变量 s 求导,得到一个较辅助方程式低一阶的新方程式。对于本例,得

$$4s^3 + 12s = 0 \tag{2.36}$$

最后用新方程式(2.36)的各项系数去代替全零行的元素,并继续进行 Routh 计算表的运算,直到 s^0 行。对于本列,有 Routh 计算表

s^6	1	8	20	16
s^5	2	12	16	0
s^4	1	6	8	
s^3	4	12	0	
s^2	3	8		
s^1	4/3	0		
s^0	8			

从 Routh 计算表看出,Routh 计算表中第一列各元素的符号均相同而无变化,这说明系统特征方程式在 s 平面右半部无根。但由于 s^3 行各元素均为零,按 Routh 法则,说明系统特征方程式在虚轴上有共轭虚根。这类共轭虚根可由辅助方程式解出。对于本例,系统的共轭虚根由辅助方程式(2.35)解出,它们分别是 $\pm j\sqrt{2}$ 与 $\pm j2$。

具有共轭虚根的系统,理论上认为其具有临界稳定性。

例 9 试分析图 2.5 所示系统的稳定性。

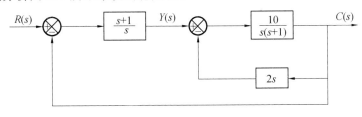

图 2.5

解

(1)由方框图 2.5 求取系统的闭环传递函数 $C(s)/R(s)$,再通过 $C(s)/R(s)$ 的分母多项式求取系统的特征方程式 $D(s)=0$。

方框图 2.5 中,内反馈环路的闭环传递函数 $C(s)/Y(s)$ 为

$$\frac{C(s)}{Y(s)} = \frac{\dfrac{10}{s(s+1)}}{1 + \dfrac{10}{s(s+1)} \cdot 2s} = \frac{10}{s(s+21)}$$

因此系统的开环传递函数 $G(s)$ 为

$$G(s) = \frac{s+1}{s} \cdot \frac{10}{s(s+21)} = \frac{10(s+1)}{s^2(s+21)} \tag{2.37}$$

由式(2.37)求得图 2.5 所示单位负反馈系统的闭环传递函数 $C(s)/R(s)$ 为

$$\frac{C(s)}{R(s)} = \frac{10(s+1)}{s^3 + 21s^2 + 10s + 10} \tag{2.38}$$

令式(2.38)的分母多项式等于零,便得到系统的特性方程式,即

$$s^3 + 21s^2 + 10s + 10 = 0 \tag{2.39}$$

(2)根据特征方程式的各项系数,可通过 Routh 稳定判据判别系统的稳定性。为此,根据特性方程式(2.39)的各项系数建立如下 Routh 计算表

s^3	1	10
s^2	21	10
s^1	9.52	0
s^0	10	

因为 Routh 计算表第一列各元素符号均相同而无变化所以系统是稳定的。

例 10 试分析图 2.6 所示系统的稳定性。

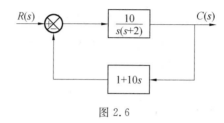

图 2.6

解

(1)求取系统的特征方程式

设系统方框图前向通道的传递函数为 $G(s)$,反馈通道的传递函数为 $H(s)$。因为闭环传递函数

$$\frac{C(s)}{R(s)} = \frac{G(s)}{1 + G(s)H(s)}$$

的分母部分为 $1 + G(s)H(s)$,其中 $G(s)H(s)$ 为系统的开环传递函数,所以非单位反馈系统的特征方程式为

$$1 + G(s)H(s) = 0 \tag{2.40}$$

式中 $H(s) \neq 1$。

(2)将 $G(s) = 10/s(s+2)$ 及 $H(s) = 1 + 10s$ 代入式(2.40),求得给定系统的特征方程式为

$$D(s) = 1 + \frac{10}{s(s+2)} \cdot (1 + 10s) = s^2 + 102s + 10 = 0$$

因为特征方程式的两个根 $s_1 = -0.098$ 及 $s_2 = -101.9$ 均具有负实部,所以系统是稳定的。

例 11 试确定图 2.7 所示系统的参数 K、ζ 的稳定域。

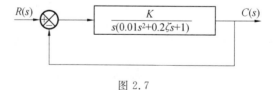

图 2.7

解

求取系统的特征方程式 $D(s) = 0$,系统的开环传递函数为

$$G(s)H(s) = \frac{K}{s(0.01s^2 + 0.2\zeta s + 1)} \tag{2.41}$$

其中 $H(s) = 1$。

将式(2.41)代入式(2.40),求得系统的特征方程式为
$$D(s) = 0.01s^3 + 0.2\zeta s^2 + s + K = 0 \tag{2.42}$$
(2)根据特征方程式(2.42)的各项系数建立 Routh 计算表,即

s^3	0.01	1
s^2	0.2ζ	K
s^1	$\dfrac{0.2\zeta - 0.01K}{0.2\zeta}$	0
s^0	K	

系统稳定的充要条件是 Routh 计算表中第一列各元素的符号均需为正,因此,根据
$$0.2\zeta > 0$$
$$\frac{0.2\zeta - 0.01K}{0.2\zeta} > 0$$
$$K > 0$$
各项条件,确定出参数 K 及 ζ 的稳定域为
$$\zeta > \frac{1}{20}K$$
$$0 < K < 20\zeta$$

例 12 设某控制系统方框图如图 2.8 所示,要求闭环系统的特征根全部位于 $s = -1$ 垂线之左,试确定参数 K 的取值范围。

解 从图 2.8 可见,系统的开环传递函数为
$$G(s) = \frac{K}{s(0.1s+1)(0.25s+1)}$$

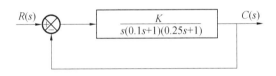

图 2.8

由开环传递函数 $G(s)$,根据式(2.40),考虑到 $H(s) = 1$,求得系统的特征方程式为
$$D(s) = s(0.1s+1)(0.25s+1) + K = 0$$
$$D(s) = s^3 + 14s^2 + 40s + 40K = 0 \tag{2.43}$$
如果要求闭环系统的特征根全部位于 $s = -1$ 垂线之左,可令 $s = z - 1$,并代入特征方程式(2.43),得
$$(z-1)^3 + 14(z-1)^2 + 40(z-1) + 40K = 0$$
$$z^3 + 11z^2 + 15z + (40K - 27) = 0 \tag{2.44}$$
根据式(2.44)建立 Routh 计算表

z^3	1	15
z^2	11	$40K-27$
z^1	$\dfrac{11\times15-(40K-27)}{11}$	0
z^0	$40K-27$	

令 Routh 计算表第一列各元素为正,求得

$$11\times15-(40K-27)>0 \tag{2.45}$$

$$40K-27>0 \tag{2.46}$$

分别求解不等式(2.45)及(2.46),便可确定保证闭环系统三个特征根全部位于 $s=-1$ 垂线之左时参数 K 的取值范围为

$$0.675<K<4.8$$

例 13　设某系统方框图如图 2.9 所示。若系统以 $\omega_n=2\mathrm{rad/s}$ 的频率作等幅振荡,试确定振荡时参数 K 与 a 之值。

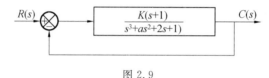

图 2.9

解　由题意知系统处于等幅振荡状态,这说明系统是临界稳定的,即闭环系统必具有共轭虚根 $\pm j2$。

上述情况与在 Routh 计算表中出现 s^1 行各元素均为零的现象相对应,这是因为只有这样才可能由 s^2 行元素构成的辅助方程式解出一对共轭虚根。令此等共轭虚根等于 $\pm j2$ 便可确定出参数 K 与 a 之值。

根据该系统特征方程式

$$D(s)=s^3+as^2+(2+K)s+(1+K)=0$$

建立的 Routh 计算表为

s^3	1	$2+K$
s^2	a	$1+K$
s^1	$(2+K)-\dfrac{1+K}{a}$	0
s^0	$1+K$	

令

$$(2+K)-\frac{1+K}{a}=0 \tag{2.47}$$

求得确定参数 K 与 a 值的第一个关系式。

由 s^2 行元素构成的辅助方程式

$$as^2+(1+K)=0$$

解出共轭虚根为

$$s_{1,2} = \pm j\sqrt{\frac{1+K}{a}} \qquad (2.48)$$

令共轭虚根等于 $\pm j2$，即由式(2.48)得

$$\sqrt{\frac{1+K}{a}} = 2 \qquad (2.49)$$

式(2.49)为确定参数 K 与 a 值的第二个关系式。

由式(2.47)及式(2.49)解出给定系统出现频率为 2 rad/s 等幅振荡时参数 K 与 a 的取值为

$$K = 2$$
$$a = 0.75$$

例 14　试分析图 2.10 所示系统的稳定性，其中增益 $K > 0$。

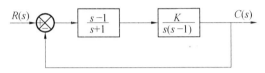

图 2.10

解　从图 2.10 求得系统的开环传递函数为

$$G(s) = \frac{K(s-1)}{s(s+1)(s-1)} \qquad (2.50)$$

根据式(2.50)求得图 2.10 所示系统的特征方程式为

$$s(s+1)(s-1) + K(s-1) = 0$$
$$(s-1)(s^2 + s + K) = 0 \qquad (2.51)$$

由式(2.51)解出三个特征根分别为

$$s_1 = 1$$
$$s_{2,3} = -\frac{1}{2} \pm \frac{1}{2}\sqrt{1-4K}$$

在 $K > 0$ 情况下，特征根 s_2 及 s_3 为具有负实部的复根，而特征根 s_1 则位于 s 平面的右半部，所以系统不稳定。

注意，在分析系统稳定性时，若开环传递函数具有相同的零点与极点，如式(2.50)，则此等相同的零点与极点绝对不能相消，否则，有可能得到错误结论。例如，若将式(2.50)中 $s = 1$ 的零、极点相消，则系统的特征方程式变为

$$s^2 + s + K = 0 \qquad (K > 0)$$

显然，系统是稳定的。这个结论当然是错误的，其原因就在于消掉了一个 $s = 1$ 的特征根。

三、控制系统的稳态误差除取决于系统的型别、参数外，还与输入信号的形式有关。也就是说，控制系统的稳态误差是由系统自身的固有特性（由传递函数描述）及作用于系统的输入信号共同决定的。

还需注意，只有控制系统是稳定的，才有计算其稳态误差的必要。计算不稳定系统的稳态误差是无意义的。

例 15　设某温度计的动态特性可用一个惯性环节 $1/(Ts+1)$ 来描述。用该温度计测

量容器内的水温,发现一分钟后温度计的示值为实际水温的 98%。若给容器加热,使水温以 10 ℃/min 的速度线性上升,试计算该温度计的稳态指示误差。

解 由题意知,作为惯性环节的温度计测水温的响应时间(即调整时间 $t_s(2\%)$)为 1 min。又由惯性环节特性知

$$t_s(2\%) = 4T \tag{2.52}$$

式中 T——惯性环节的时间常数。

将已知数据 $t_s(2\%) = 1$ min 代入式(2.52),求得温度计的时间常数 $T = 0.25$ min (15 s)。

用温度计测量以 10 ℃/min 的速度线性上升的水温时,其示值函数的拉普科斯变换象函数 $C(s)$ 为

$$C(s) = \frac{1}{Ts+1} \cdot \frac{10}{s^2} \tag{2.53}$$

式中,$10/s^2$ 为惯性环节输入信号 $r(t) = 10\ t℃$ 的拉普拉斯变换象函数。

取式(2.53)的拉普拉斯反变换,得温度计示值函数

$$c(t) = 10t - 10T + 10Te^{-\frac{1}{T}t} \quad (t \geqslant 0) \tag{2.54}$$

由式(2.54)求得温度计示值函数的稳态分量为

$$c_{ss}(t) = 10t - 10T \tag{2.55}$$

稳态时温度计的示值误差 $e_{ss}(t)$ 为

$$e_{ss}(t) \triangleq r(t) - c_{ss}(t) = 10T \tag{2.56}$$

式中 10 ℃/min——水温上升速度;

T——惯性环节时间常数,$T = 0.25$ min。

由式(2.56)求得用该温度计测量以 10 ℃/min 的速度线性上升的水温时,其稳态指示误差为恒定的 2.5 ℃。

例 16 一单位负反馈系统的开环传递函数 $G(s)$ 为

$$G(s) = \frac{K_0 K_f K_c K_i}{s(T_c s+1)(T_f s+1)}$$

在输入信号 $r(t) = (a+bt) \cdot 1(t)$(a, b 为正的常数)作用下,欲使闭环系统的稳态误差 e_{ss} 小于 ε_0,试求系统各参数应满足的条件。

解

(1)从计算稳态误差必须要求系统是稳定的角度出发,确定系统各参数应满足的条件。

由已知的开环传递函数 $G(s)$ 求得给定系统的特征方程式为

$$D(s) = 1 + G(s) =$$
$$T_c T_f s^3 + (T_c + T_f)s^2 + s + K_0 K_f K_c K_i = 0 \tag{2.57}$$

根据特征方程式(2.57)的各项系数建立 Routh 计算表

s^3	$T_c T_f$	1
s^2	$T_c + T_f$	$K_0 K_f K_c K_i$
s^1	$\dfrac{(T_c + T_f) - T_c T_f K_0 K_f K_c K_i}{T_c + T_f}$	0
s^0	$K_0 K_f K_c K_i$	

由 Routh 计算表第一列各元素均需为正的系统稳定充要条件求得系统各参数应满足的条件如下

$$T_c > 0 \tag{2.58}$$

$$T_f > 0 \tag{2.59}$$

$$0 < K_0 K_f K_c K_i < \frac{T_c + T_f}{T_c T_f} \tag{2.60}$$

（2）求取误差 $e(t)$ 的拉普拉斯变换象函数 $E(s)$，并应用终值定理计算稳态误差 e_{ss}。

对于单位负反馈系统，闭环系统的误差传递函数为

$$\frac{E(s)}{R(s)} = \frac{1}{1 + G(s)} =$$
$$\frac{s(T_c s + 1)(T_f s + 1)}{s(T_c s + 1)(T_f s + 1) + K_0 K_f K_c K_i} \tag{2.61}$$

由式（2.61）求得误差 $e(t)$ 的拉普拉斯变换象函数 $E(s)$ 为

$$E(s) = \frac{s(T_c s + 1)(T_f s + 1)}{s(T_c s + 1)(T_f s + 1) + K_0 K_f K_c K_i} R(s) \tag{2.62}$$

式中

$$R(s) = \frac{a}{s} + \frac{b}{s^2} = \frac{as + b}{s^2} \tag{2.63}$$

应用终值定理计算稳态误差 e_{ss}，即

$$e_{ss} = \lim_{s \to 0} s E(s) \tag{2.64}$$

将式（2.62）及式（2.63）代入式（2.64），求得

$$e_{ss} = \lim_{s \to 0} s \cdot \frac{s(T_c s + 1)(T_f s + 1)}{s(T_c s + 1)(T_f s + 1) + K_0 K_f K_c K_i} \cdot \frac{as + b}{s^2} =$$
$$\frac{b}{K_0 K_f K_c K_i}$$

根据

$$e_{ss} = \frac{b}{K_0 K_f K_c K_i} < \varepsilon_0$$

的要求，求得

$$K_0 K_f K_c K_i > \frac{b}{\varepsilon_0} \tag{2.65}$$

（3）由式（2.58）～（2.60）及式（2.65）写出使给定系统稳定且稳态误差 $e_{ss} < \varepsilon_0$ 时系统各参数应满足的条件为

$$T_c > 0$$

$$T_f > 0$$

$$\frac{b}{\varepsilon_0} < K_0 K_f K_c K_i < \frac{T_c + T_f}{T_c T_f}$$

例 17 设某控制系统的方框图如图 2.11 所示，欲保证阻尼比 $\zeta = 0.7$ 和响应单位斜坡函数的稳态误差 $e_{ss} = 0.25$，试确定系统参数 K, τ。

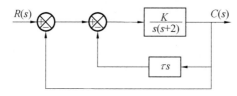

图 2.11

解 由图 2.11 求得系统的开环传递函数 $G(s)$ 为

$$G(s) = \frac{\dfrac{K}{2 + K\tau}}{s\left(\dfrac{1}{2 + K\tau}s + 1\right)} \tag{2.66}$$

根据图 2.11 及式(2.66)，计算 $r(t) = t$ 作用下系统的稳态误差为

$$e_{ss} = \lim_{s \to 0} s \cdot \frac{s\left(\dfrac{1}{2 + K\tau}s + 1\right)}{s\left(\dfrac{1}{2 + K\tau}s + 1\right) + \dfrac{K}{2 + K\tau}} \cdot \frac{1}{s^2} = \frac{2 + K\tau}{K} \tag{2.67}$$

按题意 $e_{ss} = 0.25$，由式(2.67)得

$$\frac{2 + K\tau}{K} = 0.25 \tag{2.68}$$

根据图 2.11 及式(2.66)求得给定系统的闭环传递函数 $C(s)/R(s)$ 为

$$\frac{C(s)}{R(s)} = \frac{K}{s^2 + (2 + K\tau)s + K} \tag{2.69}$$

由式(2.69)求得

$$\omega_n = \sqrt{K} \tag{2.70}$$

$$2\zeta \omega_n = 2 + K\tau \tag{2.71}$$

按题意 $\zeta = 0.7$，由式(2.71)求得

$$1.4\sqrt{K} = 2 + K\tau \tag{2.72}$$

最终由式(2.68)及式(2.72)解出待确定参数

$$K = 31.36$$
$$\tau = 0.186$$

例 18 欲使图 2.12 所示系统对输入 $r(t)$ 为 Ⅱ 型，试选择前馈参数 τ 和 b 的值。已知误差 $e(t) = r(t) - c(t)$。

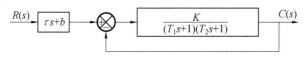

图 2.12

解 控制系统对输入 $r(t)$ 为 Ⅱ 型的标志是：当 $r(t)=1(t)$ 及 $r(t)=t$ 类型输入信号作用时，系统的稳态误差均为零。根据这个思路来选择前馈参数 τ 及 b。

(1) 设 $r(t)=1(t)$，即 $R(s)=1/s$。根据 $E(s)=R(s)-C(s)$ 求取误差 $e(t)$ 的拉普拉斯变换象函数 $E(s)$，并应用终值定理计算稳态误差 e_{ss}。

从图 2.12 求得

$$C(s)=\left[\frac{K}{(T_1s+1)(T_2s+1)+K}(\tau s+b)\right]R(s)$$

因此

$$E(s)=R(s)-C(s)=$$
$$\left[1-\frac{K(\tau s+b)}{(T_1s+1)(T_2s+1)+K}\right]R(s) \tag{2.73}$$

应用终值定理，并代入 $R(s)=1/s$，求得

$$e_{ss}=\lim_{s\to0}s\left[1-\frac{K(\tau s+b)}{(T_1s+1)(T_2s+1)+K}\right]\frac{1}{s}=$$
$$\frac{1+K-Kb}{1+K} \tag{2.74}$$

因为 $1+K$ 为有限值，所以欲使 $e_{ss}=0$，则需

$$1+K-Kb=0$$

由此求得前馈系数 b 为

$$b=\frac{1+K}{K} \tag{2.75}$$

(2) 设 $r(t)=t$，即 $R(s)=1/s^2$。将 $R(s)=1/s^2$ 代入式(2.73)，并应用终值定理计算稳态误差 e_{ss}，即

$$e_{ss}=\lim_{s\to0}s\left[1-\frac{K(\tau s+b)}{(T_1s+1)(T_2s+1)+K}\right]\frac{1}{s^2}=$$
$$\lim_{s\to0}s\cdot\frac{T_1T_2s^2+(T_1+T_2-K\tau)s+(1+K-Kb)}{(T_1s+1)(T_2s+1)+K}\cdot\frac{1}{s^2} \tag{2.76}$$

欲使式(2.76)所示稳态误差为零，需有

$$1+K-Kb=0 \tag{2.77}$$
$$T_1+T_2-K\tau=0 \tag{2.78}$$

由式(2.77)求得与式(2.75)相同的用以确定前馈系数 b 的关系式，而由式(2.78)求得用以确定前馈系数 τ 的关系式为

$$\tau=\frac{T_1+T_2}{K}$$

例 19 设某控制系统的方框图如图 2.13 所示。已知控制信号 $r(t)=1(t)$，试计算 $H(s)=1$ 及 0.1 时系统的稳态误差。

解

(1) $H(s)=1$(单位反馈)时误差 $e(t)$ 的定义为

$$e(t)=r(t)-c(t) \tag{2.79}$$

从图 2.13 根据式(2.79)求得误差 $e(t)$ 的拉普拉斯变换象函数为

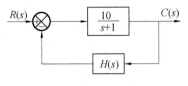

图 2.13

$$E(s) = \frac{1}{1 + \frac{10}{s+1}} R(s) = \frac{1}{s+11} \cdot \frac{1}{s} \qquad (2.80)$$

由式(2.80)应用终值定理计算出 $H(s)=1$ 时的稳态误差为

$$e_{ss} = \frac{1}{11}$$

(2) $H(s)=0.1$(非单位反馈)时误差 $e(t)$ 的定义通过其拉普拉斯变换象函数 $E(s)$ 表示为

$$E(s) = \frac{1}{H(s)} R(s) - C(s) \qquad (2.81)$$

根据图 2.13 及 $r(t)=1(t)$ 按式(2.81)得

$$E(s) = \frac{1}{0.1} \cdot \frac{1}{s} - \frac{\dfrac{10}{s+1}}{1 + \dfrac{10}{s+1} \times 0.1} \cdot \frac{1}{s} =$$

$$\frac{10(s+1)}{s(s+2)} \qquad (2.82)$$

由式(2.82)应用终值定理计算出 $H(s)=0.1$ 时的稳态误差为

$$e_{ss} = 5$$

注意,非单位反馈 $H(s)=0.1$ 时的稳态误差之所以等于 5,是因为按式(2.81)计算当 $r(t)=1(t)$ 时的系统期望输出

$$c_r(t) = L^{-1} \left[\frac{1}{H(s)} R(s) \right] = 10$$

而这时系统的实际稳态输出

$$c_{ss} = \lim_{s \to 0} s \left[\frac{\dfrac{10}{s+1}}{1 + \dfrac{10}{s+1} \times 0.1} \cdot \frac{1}{s} \right] = 5$$

的缘故。

切记,计算非单位反馈系统的稳态误差时,宜采用式(2.81)所示关于误差的定义。

例 20 设单位负反馈系统的开环传递函数为

$$G(s) = \frac{100}{s(0.1s+1)}$$

试计算系统响应控制信号 $r(t) = \sin 5t$ 时的稳态误差。

解 计算正弦类信号作用下系统的稳态误差时,运用频率响应的基本概念是最简捷的方法之一。

由已知的开环传递函数求得单位负反馈系统的误差传递函数为

$$\Phi_e(s) = \frac{1}{1+G(s)} = \frac{s(0.1s+1)}{0.1s^2 + s + 100} \tag{2.83}$$

基于频率响应的定义,正弦信号 $A\sin(\omega t + \varphi)$ 作用下系统的稳态误差为

$$e_{ss}(t) = |\Phi_e(j\omega)| A\sin(\omega t + \varphi + \angle\Phi_e(j\omega)) \tag{2.84}$$

式中,$|\Phi_e(j\omega)|$,$\angle\Phi_e(j\omega)$ 分别为误差频率响应 $\Phi_e(j\omega)$ 的幅频、相频特性。

由式(2.83)分别求得 $|\Phi_e(j\omega)|$ 及 $\angle\Phi_e(j\omega)$ 如下

$$|\Phi_e(j\omega)| = \frac{\omega\sqrt{1+(0.1\omega)^2}}{\sqrt{(100-0.1\omega^2)^2 + \omega^2}} \tag{2.85}$$

$$\angle\Phi_e(j\omega) = 90° + \arctan 0.1\omega - \arctan\frac{\omega}{100-0.1\omega^2} \tag{2.86}$$

由已知控制信号 $r(t) = \sin 5t$ 知

$$A = 1 \tag{2.87}$$

$$\varphi = 0° \tag{2.88}$$

$$\omega = 5 \tag{2.89}$$

将式(2.87)~(2.89)代入式(2.84),求得系统响应 $r(t) = \sin 5t$ 的稳态误差为

$$e_{ss}(t) = |\Phi_e(j5)|\sin(5t + \angle\Phi_e(j5)) \tag{2.90}$$

将式(2.89)代入式(2.85)及式(2.86),得

$$|\Phi_e(j5)| = 0.057 \tag{2.91}$$

$$\Phi_e(j5) = 113.63° \tag{2.92}$$

将式(2.91)及式(2.92)代入式(2.90),最终得

$$e_{ss}(t) = 0.057\sin(5t + 113.63°) \tag{2.93}$$

注意,计算正弦类信号作用下的系统的稳态误差时,由于这时的 $sE(s)$ 在 s 平面右半部及虚轴上不解析,从而不符合 $sE(s)$ 的极点必须全部分布在 s 平面左半部的条件,故切不可应用终值定理计算法。实际上,对本例来说,若应用终值定理计算系统响应 $r(t) = \sin 5t$ 的稳态误差,则得

$$e_{ss} = \lim_{s\to 0} s \cdot \frac{s(0.1s+1)}{0.1s^2+s+100} \cdot \frac{5}{s^2+25} = 0$$

显然这个结论是错误的。

例 21　试鉴别图 2.14(a)所示系统对控制信号 $r(t)$ 和扰动信号 $n(t)$ 分别是几型系统。

解　将方程图 2.14(a)等效变换为图 2.14(b),其中

$$G_1(s) = \frac{\dfrac{1}{T_1 s}}{1+\dfrac{1}{T_1 s}} = \frac{1}{T_1 s + 1} \tag{2.94}$$

$$G_2(s) = \frac{\dfrac{\tau s+1}{s(T_2 s+1)}}{1+\dfrac{\tau s+1}{s(T_2 s+1)} \cdot Ks} = \frac{\left(\dfrac{1}{1+K}\right)(\tau s+1)}{s\left(\dfrac{T_2+K\tau}{1+K}s+1\right)} \tag{2.95}$$

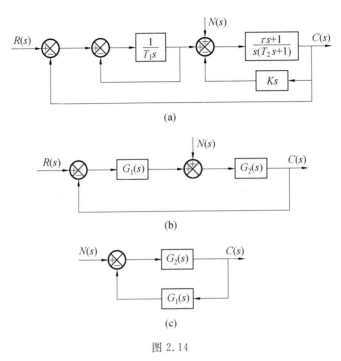

图 2.14

对控制信号 $r(t)$ 来说，前向通道的总传递函数为 $G_1(s)$ 与 $G_2(s)$ 相乘。由式(2.94)及式(2.95)求得

$$G_1(s)G_2(s) = \frac{\left(\dfrac{1}{1+K}\right)(\tau s + 1)}{s(T_1 s + 1)\left(\dfrac{T_2 + K\tau}{1+K}s + 1\right)}$$

其中含有一个串联积分环节。按定义，图 2.14(a)所示系统对控制信号 $r(t)$ 为 I 型系统。

对扰动信号 $n(t)$ 来说，方框图 2.14(b)可改画成图 2.14(c)。由于对 $n(t)$ 来说反馈通道的传递函数 $G_1(s)$ 不含积分环节，因此图 2.14(a)所示系统对扰动信号 $n(t)$ 为零型系统。这是因为当

$$n(t) = 1(t)$$

时

$$c_n(s) = \Phi_n(s)\frac{1}{s} \tag{2.96}$$

式中

$$\Phi_n(s) = \frac{G_2(s)}{1 + G_1(s)G_2(s)} =$$

$$\frac{(T_1 s + 1)\left(\dfrac{1}{1+K}\right)(\tau s + 1)}{s\left(\dfrac{T_2 + K\tau}{1+K}s + 1\right)(T_1 s + 1) + \left(\dfrac{1}{1+K}\right)(\tau s + 1)} \tag{2.97}$$

按误差定义，系统因扰动而产生的误差 $e_n(t) = -c_n(t)$。因此，根据式(2.96)及式(2.97)，计算出图 2.14(a)所示系统在扰动信号 $n(t) = 1(t)$ 作用下的稳态误差为

$$e_{nss} = -\lim_{s \to 0} s\, C_n(s) = -1 \tag{2.98}$$

式(2.98)说明，图 2.14(a)所示系统对扰动信号来说是零型系统。

例 22 在图 2.15(a)所示控制系统中,设 $n(t)=2\times1(t)$,试问在扰动作用点之前的前向通道中引入积分环节 $1/s$,对稳态误差 e_s 有何影响?在扰动作用点之后引入积分环节 $1/s$,结果又将如何?

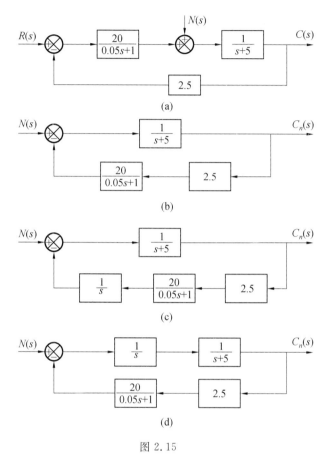

图 2.15

解 为便于计算因扰动作用 $n(t)$ 而产生的误差 $e_n(t)$,可将图 2.15(a)等效改画成图 2.15(b)。从图 2.15(b)可以看出,由于在反馈通道中不存在积分环节,所示图 2.15(a)所示系统对于扰动作用 $n(t)$ 是零型系统,其稳态误差为

$$e_{nss}=-\lim_{s\to0}s\cdot\frac{\dfrac{1}{s+5}}{1+\dfrac{1}{s+5}\cdot\dfrac{2.5\times20}{0.05s+1}}\times\frac{2}{s}=-\frac{0.4}{11} \tag{2.99}$$

若在扰动作用点之前的前向通道中加入积分环节 $1/s$,则在图 2.15(b)的反馈通道中增加一个积分环节 $1/s$(见图 2.15(c)),所以该系统对扰动作用为 Ⅰ 型系统,其稳态误差为

$$e_{nss}=-\lim_{s\to0}s\cdot\frac{\dfrac{1}{s+5}}{1+\dfrac{1}{s+5}\cdot\dfrac{2.5\times20}{s(0.05s+1)}}\times\frac{2}{s}=0 \tag{2.100}$$

若在扰动作用点之后的前向通道中加入积分环节 $1/s$,并不会增加图 2.15(b)中反馈

通道所含积分环节数目(见图 2.15(d)),所以该系统对扰动作用仍为零型系统,稳态误差仍如式(2.99)所示。

注意,当控制作用 $r(t)$ 及扰动作用 $n(t)$ 在系统中同时存在时,判别系统型别的原则是:对于控制作用而言,系统的型别取决于前向通道所含串联积分环节数目,即无串联积分环节时为零型系统,有一个串联积分环节时为 I 型系统,有两个串联积分环节时为 II 型系统,依次类推;而对于扰动作用而言,在图 2.15(b)所示方框图中,系统的型别则由反馈通道所含串联积分环节数目决定。这个条件有时也说成,图 2.15(a)所示系统对扰动作用而言的型别由扰动作用点之前的前向通道所含串联积分环节数目决定。

例 23 设某复合控制系统方程图如图 2.16 所示。在控制信号 $r(t)=t^2/2$ 作用下,要求系统的稳态误差为零,试确定顺馈参数 a、b 之值。已知误差 $e(t)=r(t)-c(t)$。

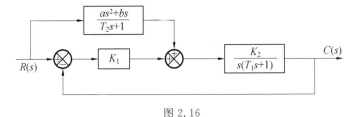

图 2.16

解 根据已知的误差定义,得

$$E(s)=R(s)-C(s) \tag{2.101}$$

从图 2.16,得

$$C(s)=\Phi(s)R(s) \tag{2.102}$$

式中 $\Phi(s)$——系统闭环传递函数。

$$\Phi(s)=\frac{K_2\left(K_1+\dfrac{as^2+bs}{T_2s+1}\right)}{T_1s^2+s+K_1K_2} \tag{2.103}$$

将式(2.102)、(2.103)及 $R(s)=1/s^3$ 代入式(2.101),得

$$E(s)=\frac{T_1T_2s^3+(T_1+T_2-K_2a)s^2+(1-K_2b)s}{s^3(T_1s^2+s+K_1K_2)(1+T_2s)} \tag{2.104}$$

在式(2.104)中,若下列关系成立,即

$$T_1+T_2-K_2a=0 \tag{2.105}$$

$$1-K_2b=0 \tag{2.106}$$

则有

$$E(s)=\frac{T_1T_2}{(T_1s^2+s+K_1K_2)(1+T_2s)} \tag{2.107}$$

由式(2.107)应用终值定理求得图 2.16 所示系统对控制信号 $r(t)=t^2/2$ 的响应的稳态误差为零,即

$$e_{ss}=\lim_{s\to 0}s\cdot\frac{T_1T_2}{(T_1s^2+s+K_1K_2)(1+T_2s)}=0 \tag{2.108}$$

因此,由式(2.105)及式(2.106)分别求得在此种情况下顺馈参数 a、b 为

$$a = \frac{T_1 + T_2}{K_2} \tag{2.109}$$

$$b = \frac{1}{K_2} \tag{2.110}$$

式(2.108)表明,顺馈参数 a、b 若分别按式(2.109)及式(2.110)取值,则图 2.16 所示系统将由 I 型提高到 III 型。这便是复合控制中顺馈部分所起的重要作用。

例 24 设某复合控制系统的方框图如图 2.17(a)所示。其中 $G_1(s) = K_1/(T_1 s + 1)$,$G_2(s) = K_2/s(T_2 s + 1)$,$G_3(s) = K_3/K_2$。要求系统在扰动信号 $n(t) = 1(t)$ 作用下的稳态误差为零,试确定顺馈通道的传递函数 $G_n(s)$。

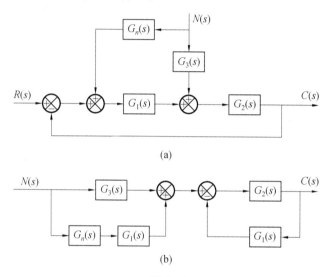

(a)

(b)

图 2.17

解 令 $R(s) = 0$,将图 2.17(a)等效画成图 2.17(b)。从图 2.17(b)得

$$C_n(s) = \frac{G_2(s)[G_n(s)G_1(s) + G_3(s)]}{1 + G_1(s)G_2(s)} \cdot N(s) \tag{2.111}$$

按系统扰动误差定义: $e_n(t) = -c_n(t)$,应用终值定理求得稳态时的扰动误差 e_{nss} 为

$$e_{nss} = -\lim_{s \to 0} s \cdot \frac{G_2(s)[G_n(s)G_1(s) + G_3(s)]}{1 + G_1(s)G_2(s)} \cdot \frac{1}{s} \tag{2.112}$$

欲使顺馈能完全补偿由扰动作用而在系统输出端产生的稳态误差,即要求 $e_{nss} = 0$,在式(2.112)中需有

$$G_n(s)G_1(s) + G_3(s) = 0 \tag{2.113}$$

由式(2.113)求得实现完全补偿扰动作用时顺馈通道的传递函数为

$$G_n(s) = -\frac{G_3(s)}{G_1(s)} \tag{2.114}$$

将已知传递函数代入式(2.114),得

$$G_n(s) = -\frac{K_3}{K_1 K_2}(T_1 s + 1) \tag{2.115}$$

注意,具有式(2.115)所示传递函数的顺馈通道,可使图 2.17(a)所示系统对扰动信

号 $n(t)$ 由 0 型提高到 I 型。

习　题

2.1　设闭环传递函数为 $\omega_n^2/(s^2 + 2\zeta\omega_n s + \omega_n^2)$ 的二阶系统在单位阶跃函数作用下的输出响应为

$$c(t) = 1 - 1.25e^{-1.2t}\sin(1.6t + 53.1°)$$

试计算系统参数 ζ、ω_n，并通过 ζ 及 ω_n 计算给定系统的超调量、峰值时间及调整时间。

2.2　试分别计算图 2.18(a)、(b)、(c) 所示系统的参数 ζ、ω_n，并分析其动态性能。

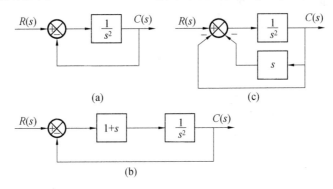

(a)　　　　　　　　　　　　(c)

(b)

图 2.18

2.3　设某单位负反馈系统的开环传递函数为

$$G(s) = \frac{K}{s(\tau s + 1)}$$

试计算当超调量在 30%～5% 内变化时，参数 K 与 τ 乘积的取值范围；分析当系统阻尼比 $\zeta = 0.707$ 时，参数 K 与 τ 的关系。

2.4　设某控制系统的方框图如图 2.19 所示。试确定系统单位阶跃响应的超调量 $\sigma\% \leqslant 30\%$、调整时间 $t_s(2\%) = 1.8s$ 时参数 K 及 τ 之值。

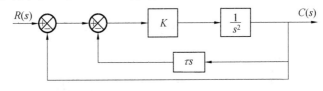

图 2.19

2.5　设某控制系统的方框图如图 2.20 所示。试求当 $a = 0$ 时的系统参数 ζ 及 ω_n；如果要求 $\zeta = 0.7$，试确定 a 值。

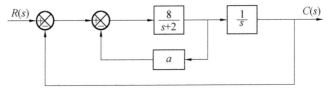

图 2.20

2.6 一个开环传递函数为

$$G(s) = \frac{K}{s(\tau s + 1)}$$

的单位负反馈系统,其单位阶跃响应曲线如图 2.21 所示。试确定参数 K 及 τ。

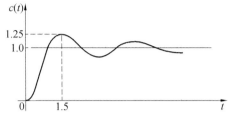

图 2.21

2.7 设某控制系统方框图如图 2.22 所示。试确定阻尼比 $\zeta = 0.5$ 时的参数 τ,并计算这时该系统单位阶跃响应的超调量及调整时间;在此基础上试比较该系统加与不加$(1+\tau s)$环节时的性能。

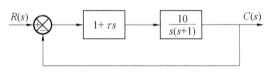

图 2.22

2.8 设有两个控制系统,其方框图分别如图 2.23(a)、(b)所示。试计算两个系统各自的超调量、峰值时间及调整时间,并进行比较。

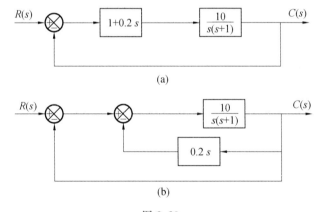

(a)

(b)

图 2.23

2.9 设某系统方框图如图 2.24 所示。试求:

(1)$\tau_1 = 0$,$\tau_2 = 0.1$ 时系统的超调量与调整时间;

(2)$\tau_1 = 0.1$,$\tau_2 = 0$ 时系统的超调量与调整时间;

(3)比较上述两种校正情况下的动态性能与稳态性能。

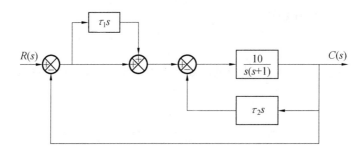

图 2.24

2.10 已知系统的特征方程式为

$$s^5 + s^4 + 2s^3 + 2s^2 + 3s + 5 = 0$$

试应用 Ruoth 稳定判据判别系统的稳定性。

2.11 已知系统的特征方程式为

$$s^6 + 4s^5 - 4s^4 + 4s^3 - 7s^2 - 8s + 10 = 0$$

试确定在 s 平面右半部的特征根数目,并计算其共轭虚根之值。

2.12 设某控制系统的开环传递函数为

$$G(s)H(s) = \frac{K(s+1)}{s(Ts+1)(2s+1)}$$

试确定能使闭环系统稳定的 K, T 的取值范围。

2.13 已知某系统方框图如图 2.25 所示。试应用 Routh 稳定判据确定能使系统稳定的反馈参数 τ 的取值范围。

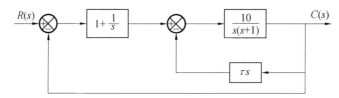

图 2.25

2.14 在如图 2.26 所示系统中,τ 取何值方能使系统稳定?

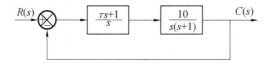

图 2.26

2.15 设某控制系统方框图如图 2.27 所示。已知 $r(t) = t, n(t) = -1(t)$,试计算系统的稳态误差。

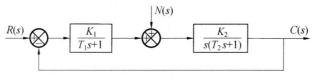

图 2.27

2.16 设某控制系统的方框图如图 2.28 所示。当扰动作用分别为 $n(t) = 1(t)$，$n(t) = t$ 时，试计算下列两种情况下系统的扰动稳态误差：

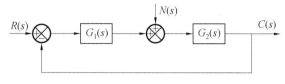

图 2.28

(1) $G_1(s) = K_1, G_2(s) = \dfrac{K_2}{s(T_2 s + 1)}$

(2) $G_1(s) = \dfrac{K_1(T_1 s + 1)}{s}$

$\quad G_2(s) = \dfrac{K_2}{s(T_2 s + 1)} \qquad (T_1 > T_2)$

2.17 设有控制系统，某方框图如图 2.29 所示。为提高系统跟踪控制信号的精度，

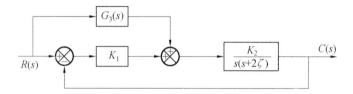

图 2.29

要求系统由原来的 I 型提高到 III 型，为此在系统中增置了顺馈通道，设其传递函数为

$$G_3(s) = \frac{\lambda_2 s^2 + \lambda_1 s}{Ts + 1}$$

若已知系统参数为

$$K_1 = 2, \ K_2 = 50, \ \zeta = 0.5, \ T = 0.2$$

试确定顺馈参数 λ_1 和 λ_2。

第3章 关于根轨迹的基本概念

例　题

用以绘制控制系统根轨迹的方程式称为根轨迹方程式。根轨迹方程式由控制系统的特征方程式来求取,其步骤是:首先写出控制系统的特征方程式,即

$$1 \pm G(s)H(s) = 0 \tag{3.1}$$

式中,$G(s)H(s)$ 为控制系统的开环传递函数;"+"号对应负反馈系统;"-"号对应正反馈系统。

其次将式(3.1)改写成如下形式

$$G(s)H(s) = -1(负反馈) \tag{3.2}$$

$$G(s)H(s) = +1(正反馈) \tag{3.3}$$

式(3.2)及式(3.3)便是控制系统的根轨迹方程式。

注意,应用根轨迹方程式(3.2)或式(3.3)绘制根轨迹之前,必须将其中的开环传递函数写成如下标准形式

$$G(s)H(s) = \frac{k(s-z_1)(s-z_2)\cdots(s-z_m)}{(s-p_1)(s-p_2)\cdots(s-p_n)} \tag{3.4}$$

式中,k 为绘制根轨迹的参变量 $0 \leqslant k < \infty$;$z_i(i=1,2,\cdots,m)$,$p_j(j=1,2,\cdots,n)$ 为开环零点与极点。

开环传递函数的标准形式具有如下三个特征:

(1)用以绘制根轨迹的参变量 k 必须是 $G(s)H(s)$ 分子部分因子连乘积中的一个因子;

(2)$G(s)H(s)$ 必须通过其零点、极点来表示;

(3)在构成 $G(s)H(s)$ 分子、分母的因子 $(s-z_i)(i=1,2,\cdots,m)$、$(s-p_j)(j=1,2,\cdots,n)$ 中 s 项的系数必须是 +1。

将式(3.2)、(3.3)中的开环传递函数 $G(s)H(s)$ 写成如式(3.4)所示标准形式后、如果有

(1) $G(s)H(s) = -1 =$

$$1 \cdot e^{j(180°+i360°)} \qquad (i=0,1,2\cdots) \tag{3.5}$$

则需按绘制 180° 根轨迹的基本法则绘制系统的根轨迹;

(2) $G(s)H(s) = +1 =$

$$1 \cdot e^{j(0°+i360°)} \qquad (i=0,1,2\cdots) \tag{3.6}$$

则需按绘制 0° 根轨迹的基本法则绘制系统的根轨迹。

切不可忘记,式(3.5)及式(3.6)中的 $G(s)H(s)$ 已经是具有式(3.4)所示标准化的开环传递函数。

绘制 180°根轨迹的法则与绘制 0°根轨迹的法则之间的差别仅在于与相角条件有关的各项法则,而其它与相角条件无关的法则在两种情况下则是通用的。

一、绘制最小相位负反馈系统的根轨迹,最重要的是掌握绘制 180°根轨迹的各项基本法则。

例 1 图 3.1 为某控制系统的方框图,试绘制参变量 K 由 0 变至∞时的根轨迹图。

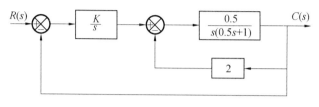

图 3.1

解

(1)求取给定控制系统的开环传递函数 $G(s)$,并将其标准化。因为是单位反馈系统,所以 $H(s)=1$。

从图 3.1 求得开环传递函数 $G(s)$ 为

$$G(s)=\frac{K}{s} \cdot \frac{\dfrac{\dfrac{1}{2}}{s(\dfrac{1}{2}s+1)}}{1+\dfrac{\dfrac{1}{2}}{s(\dfrac{1}{2}s+1)}\times 2}=\frac{\dfrac{1}{2}K}{s(\dfrac{1}{2}s^{2}+s+1)} \tag{3.7}$$

将式(3.7)标准化,得

$$G(s)=\frac{k}{s(s^{2}+2s+2)}=$$
$$\frac{k}{s\left[s-(-1+j)\right]\left[s-(-1-j)\right]} \tag{3.8}$$

式中,$k=K$。

(2)绘制 $0\leqslant k<\infty$ 时给定系统的根轨迹图。

将式(3.8)代入式(3.2)求得给定系统的根轨迹方程式为

$$\frac{k}{s\left[s-(-1+j)\right]\left[s-(-1-j)\right]}=-1 \tag{3.9}$$

式(3.9)代表 180°根轨迹的根轨迹方程式。因此,给定系统的根轨迹需按绘制 180°根轨迹的法则绘制。

(a)系统具有三个开环极点:$p_1=-1+j$,$p_2=-1-j$,$p_3=0$,所以系统有三条根轨迹。又因为没有开环零点,即等于 0,故当 $k\to\infty$ 时三条根轨迹均趋向无穷远处。三条渐近线在实轴上相交于一点,其坐标为

$$\sigma_a = \frac{\sum_{j=1}^{n} p_j - \sum_{i=1}^{m} z_i}{n-m} =$$
$$\frac{(-1+j)+(-1-j)}{3-0} = -\frac{2}{3} \tag{3.10}$$

渐近线与实轴正方向的夹角为

$$\varphi = \frac{(2i+1)\pi}{n-m} = \frac{(2i+1)\pi}{3} \qquad (i=0,1,2,\cdots) \tag{3.11}$$

取 $i=0,1,2$ 分别得

$$\varphi_1 = 60° \qquad\qquad (i=0)$$
$$\varphi_2 = 180° \qquad\qquad (i=1)$$
$$\varphi_3 = 300° = -60° \qquad (i=2)$$

(b)计算根轨迹在复数开环极点处的出射角。

因为无开环零点,故始于开环极点 p_1 处根轨迹的出射角 θ_{p_1} 为

$$\theta_{p_1} = (2i+1)\pi - \angle(p_1-p_2) - \angle(p_1-p_3) =$$
$$(2i+1)\pi - 90° - 135°$$

取 $i=0$,求得

$$\theta_{p_1} = -45° \tag{3.12}$$

因为 p_2 与 p_1 共轭,所以

$$\theta_{p_2} = +45° \tag{3.13}$$

(c)计算根轨迹与虚轴相交点的坐标。

在给定系统的特征方程式

$$s^3 + 2s^2 + 2s + k = 0$$

中,令 $s = j\omega$,求得

$$-2\omega^2 + k = 0 \tag{3.14}$$
$$-\omega^3 + 2\omega = 0 \tag{3.15}$$

由式(3.14)求得

$$k = K = 2\omega^2 \tag{3.16}$$

由式(3.15)解出 $\omega=0$ 及 $\omega=\pm\sqrt{2}$。 这说明根轨迹与虚轴有三个交点,其坐标分别是 $(0,j0)$,$(0,j\sqrt{2})$,$(0,-j\sqrt{2})$。

根轨迹与虚轴相交点对应的 K 值由式(3.16)求得为

$$K = 0$$
$$K = 2\times(\sqrt{2})^2 = 4$$

这说明,能使给定系统稳定工作的增益 K 的取值范围是 $0\sim4$。

图 3.1 所示系统的根轨迹大致图形示于图 3.2 中。

例 2 应用根轨迹法确定图 3.3 所示系统无超调响应的 K 值范围。

解 从图 3.3 求得系统的开环传递函数为

$$G(s) = \frac{K(0.25s+1)}{s(0.5s+1)}$$

化成标准形式,得

$$G(s) = \frac{k(s+4)}{s(s+2)} \qquad (3.17)$$

式中,$k = 0.5K$。

将式(3.17)代入式(3.2),求得根轨迹方程式为

$$\frac{k(s+4)}{s(s+2)} = -1 \qquad (3.18)$$

(1)确定 $180°$ 根轨迹的条数及渐近线。

从式(3.18)可见,系统有两个开环极点:$p_1 = 0$,$p_2 = -2$;以及一个开环零点 $z_1 = -4$。因为 $n = 2$ 及 $m = 1$,所以系统具有两条根轨迹及一条渐近线。

渐近线与实轴正方向的夹角 φ 为

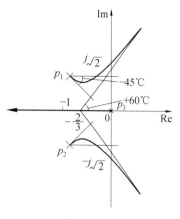

图 3.2

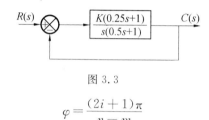

图 3.3

$$\varphi = \frac{(2i+1)\pi}{n-m}$$

取 $i = 0$,得 $\varphi = 180°$。

(2)计算根轨迹在实轴上的分离点与会合点坐标。

由计算根轨迹在实轴上的分离点与会合点坐标的关系式

$$\sum_{j=1}^{n} \frac{1}{d-p_j} = \sum_{i=1}^{m} \frac{1}{d-z_i} \qquad (3.19)$$

求得

$$\frac{1}{d-p_1} + \frac{1}{d-p_2} = \frac{1}{d-z_1} \qquad (3.20)$$

式中,d 为分离点或会合点坐标。因为分离点与会合点均位于实轴,所以 d 为实数。

将 $p_1 = 0, p_2 = -2$ 及 $z_1 = -4$ 代入式(3.20),经整理得

$$d^2 + 8d + 8 = 0 \qquad (3.21)$$

解方程式(3.21)求得分离点坐标 $d_1 = -1.172$,及会合点坐标 $d_2 = -6.828$。

图 3.4 为给定系统的根轨迹图,它的一部分是一个以零点 $z_1 = -4$ 为圆心,以零点到分离点(或会合点)的距离为半径的圆。

(3)确定给定系统无超调响应的 K 值范围。

系统无超调响应意味着系统的特征根全部为实数。为此,首先写出系统特征方程式

$$0.5s^2 + (1 + 0.25K)s + K = 0 \qquad (3.22)$$

从图 3.4 可见,在根轨迹图上,与系统特征根全部为实数对应的区段是负实轴上的 0 至 -2 段及 -4 至 $-\infty$ 段。两个区段对应的 K 值分别为 0 至 K_1 及 K_2 至 ∞,其中 K_1 为分离点对应的 K 值、而 K_2 为会合点对应的 K 值。显然,K_1 及 K_2 是使系统无超调响应时 K

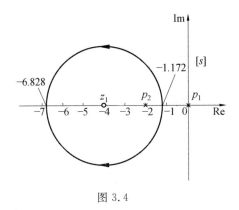

图 3.4

取值范围的两个边界值。

由特征方程式(3.22)解出

$$K = \frac{-(0.5s^2 + s)}{0.25s + 1} \tag{3.23}$$

分别将 $s = d_1 = -1.172$ 及 $s = d_2 = -6.828$ 代入式(3.23),求得边界值

$$K_1 = 0.686$$
$$K_2 = 23.31$$

由此求得系统无超调响应的 K 值范围是

$$0 \leqslant K \leqslant 0.686$$
$$23.31 \leqslant K < \infty$$

例3 已知某负反馈系统的前向通道及反馈通道的传递函数为

$$G(s) = \frac{k'(s + 0.1)}{s^2(s + 0.01)}$$
$$H(s) = 0.6s + 1$$

试绘制该系统根轨迹的大致图形。

解 给定系统的开环传递函数为

$$G(s)H(s) = \frac{k'(s + 0.1)(0.6s + 1)}{s^2(s + 0.01)}$$

并将其化成标准形式,得

$$G(s)H(s) = \frac{k(s + 0.1)(s + 1.66)}{s^2(s + 0.01)} \tag{3.24}$$

式中,$k = 0.6k'$。

从式(3.24)可见,该系统具有三个开环极点:$p_1 = p_2 = 0$ 和 $p_3 = -0.01$,以及两个零点:$z_1 = -0.1$ 和 $z_2 = -1.66$。

(1)根轨迹有一条渐近线,其与实轴正方向的夹角为 $180°$。

(2)根轨迹与实轴会合点坐标除可按式(3.19)计算外,还可应用下式来确定,即

$$\frac{\mathrm{d}}{\mathrm{d}s}\left[\frac{1}{G(s)H(s)}\right]\bigg|_{s=d} = 0 \tag{3.25}$$

由式(3.25)解出

$$d_1 = 0$$
$$d_2 = -3.4$$

（3）将 $s = j\omega$ 代入系统的特征方程式，即由

$$1 + G(j\omega)H(j\omega) = 0$$

求得

$$-\omega^3 + 1.76k\omega = 0 \tag{3.26}$$
$$-(0.01 + k)\omega^2 + 0.166k = 0 \tag{3.27}$$

由式(3.26)及式(3.27)解出

$$\omega_1 = 0, \quad \omega_{2,3} = \pm 0.385 \tag{3.28}$$
$$k = 0.084 \tag{3.29}$$

由式(3.28)求得根轨迹与虚轴交点坐标为 $(0, j0)$，$(0, j0.385)$ 及 $(0, -j0.385)$。

给定系统根轨迹的大致图形示于图 3.5 中。

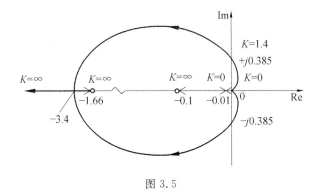

图 3.5

由式(3.29)求得根轨迹与虚轴相交处的增益值为

$$K = \frac{k \times 0.1 \times 1.66}{0.01} = 1.4\,\mathrm{s}^{-2}$$

注意，从图 3.5 看到，由于极点 -0.01 距虚轴很近，而两个零点 -0.1 及 -1.66 相对该极点来说距虚轴较远（它们距虚轴距离分别是极点 -0.01 距虚轴距离的 10 倍与 166 倍），因此与开环增益 $0 \leqslant K \leqslant 1.4$ 对应的根轨迹有两个分支位于 s 平面的右半部。这说明，开环增益 K 在 0 与 1.4 之间取值时，闭环系统是不稳定的，而欲使系统稳定，必须保证 $K > 1.4$。因此，绘制本例所示一类系统的根轨迹图时，切不可忽略根轨迹与虚轴相交点坐标的计算，否则可能得出开环增益 K 的稳定域为 $[0, \infty]$ 的错误结论。

例 4 设某闭环系统的特征方程式为

$$s^2(s + a) + k(s + 1) = 0 \tag{3.30}$$

试确定其根轨迹 $(0 \leqslant k < \infty)$ 与负实轴无交点、有一个交点与有两个交点时的参数 a 值，并画出相应根轨迹的大致图形。

解 由式(3.30)求得给定系统的根轨迹方程式为

$$\frac{k(s + 1)}{s^2(s + a)} = -1 \tag{3.31}$$

应用计算根轨迹与实轴交点坐标的关系式，求得该交点距虚轴距离 d 与参数 a 间的

关系式为

$$d = \frac{-(3+a) \pm \sqrt{(a-1)(a-9)}}{4} \tag{3.32}$$

(1)从式(3.32)可见,根轨迹与负实轴无交点,即 d 无实数解时,有下式成立

$$(a-1)(a-9) < 0 \tag{3.33}$$

由不等式(3.33)解出在这种情况下参数 a 的取值范围为

$$1 < a < 9 \tag{3.34}$$

图 3.6(a)为 $a=8$ 时根轨迹的大致图形。

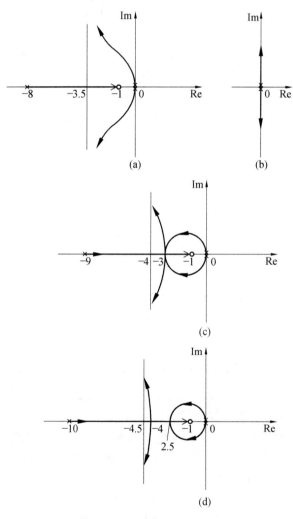

图 3.6

(2)根轨迹与负实轴有一个交点与 d 有惟一实数解相对应。这种情况下的参数 a 值从式(3.32)解得为

$$a = 1$$

或

$$a = 9$$

图 3.6(b),(c)为 $a=1$ 及 $a=9$ 时根轨迹的大致图形。

(3)根轨迹与负实轴有两个交点与 d 有两个实数解相对应。这时,从式(3.32)找到下列条件

$$(a-1)(a-9)>0 \qquad (3.35)$$

由不等式(3.35)解得

$$a>9$$

图 3.6(d)为 $a=10$ 时根轨迹的大致图形。

二、最小相位正反馈系统的根轨迹需按 $0°$ 根轨迹的绘制法则绘制。注意,由于绘制 $0°$ 根轨迹的相角方程与绘制 $180°$ 根轨迹的不同,所以 $0°$ 根轨迹的绘制法则与 $180°$ 根轨迹的绘制法则之差异仅在于与相角方程有关的各项法则,其它各项法则则与绘制 $180°$ 根轨迹时的相同。

例 5 设某正反馈系统的开环传递函数为

$$G(s)H(s)=\frac{k(s+2)}{(s+3)(s^2+2s+2)} \qquad (3.36)$$

k 为参变量,其变化范围为 $[0,\infty)$。试绘制该系统根轨迹的大致图形。

解 将式(3.36)代入式(3.3),求得根轨迹方程为

$$\frac{k(s+2)}{(s+3)(s^2+2s+2)}=+1 \qquad (3.37)$$

因为式(3.36)所示开环传递函数已经具有标准形式,所以基于根轨迹方程式(3.37)需按 $0°$ 根轨迹绘制法则来绘制给定正反馈系统的根轨迹。

从式(3.36)可见,该系统具有三个开环极点:$p_1=-3$ 和 $p_{2,3}=-1\pm j$ 以及一个开环零点 $z_1=-2$。

(1)根据 $0°$ 根轨迹绘制法则,从图 3.7 可见,实轴上的 $[-2,+\infty)$ 段及 $[-3,-\infty)$ 段为根轨迹的一部分。

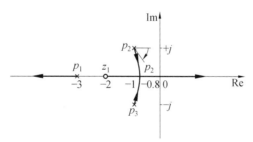

图 3.7

(2)由于开环极点数($n=3$)与开环零点数($m=1$)之差为 2,所以根轨迹具有两条渐近线,其与实轴正方向的夹角 φ_1 与 φ_2 可按下式计算

$$\varphi=\frac{0°+i360°}{n-m} \qquad (i=0,1,2,\cdots) \qquad (3.38)$$

在式(3.38)中取 $i=0$ 及 $i=1$,分别求得

$$\varphi_1=0°$$

$$\varphi_2=180°$$

（3）根轨迹始于开环共轭复极点 p_2、p_3 的出射角 θ_{p_2}、θ_{p_3} 为

$$\theta_{p_2} = 0° + \angle(p_2 - z_1) - \angle(p_2 - p_1) - \angle(p_2 - p_3) =$$
$$0° + 45° - 26.6° - 90° = -71.6°$$
$$\theta_{p_3} = -\theta_{p_2} = +71.6°$$

（4）根轨迹与实轴相交点（会合点）距虚轴距离 d 可由下式计算

$$\frac{\mathrm{d}}{\mathrm{d}s}\left[\frac{(s+3)(s^2+2s+2)}{k(s+2)}\right]\bigg|_{s=d} = 0$$
$$2d^3 + 11d^2 + 20d + 10 = 0$$

上列方程式的惟一实数解为 $d_1 = -0.8$，因此，根轨迹与实轴会合点坐标为 $(-0.8, j0)$。

（5）根轨迹与虚轴相交点坐标及相应开环增益值的计算。

由给定系统的特征方程式

$$1 - \frac{k(s+2)}{(s+3)(s^2+2s+2)} = 0$$
$$s^3 + 5s^2 + (8-k)s + (6-2k) = 0 \tag{3.39}$$

令 $s = j\omega$，解出

$$\omega = 0$$
$$k = 3$$

由式（3.36）求得与 $k = 3$ 对应的开环增益 K 为

$$K = \frac{k \times 2}{3 \times 2} = 1 \tag{3.40}$$

式（3.40）说明，当开环增益 K 在 $[0, 1)$ 范围内取值时，给定正反馈系统是稳定的；当 $K > 1$ 时，该系统将变为不稳定。

根据上面求得的各项数据绘制的给定系统的根轨迹大致图形如图 3.7 所示。

例 6 已知某正反馈系统的开环传递函数为

$$G(s)H(s) = \frac{k}{(s+1)^2(s+4)^2} \tag{3.41}$$

试绘制该系统的根轨迹图（$0 \leqslant k < \infty$）。

解 式（3.41）所示开环传递函数已经具有标准形式，将其代入式（3.3），得

$$\frac{k}{(s+1)^2(s+4)^2} = +1 \tag{3.42}$$

从根轨迹方程式（3.42）看到，给定系统的根轨迹需按 0° 根轨迹绘制法则来绘制。

由式（3.41）知，该系统具有四个开环极点：$p_1 = p_2 = -1$ 及 $p_3 = p_4 = -4$，而无有限零点。

（1）根据 0° 根轨迹的绘制法则，从图 3.8 可见，整个实轴均属于给定系统的根轨迹。

（2）根轨迹共有四条。由于 $n-m=4$，当参变量 $k \to \infty$ 时，四条根轨迹分别趋向于四条渐近线。这四条渐近线与实轴正方向的夹角 φ_1, φ_2, φ_3 及 φ_4 分别是

$$\varphi_1 = \frac{0°}{4} = 0°$$

$$\varphi_2 = \frac{360°}{4} = 90°$$

$$\varphi_3 = \frac{720°}{4} = 180°$$

$$\varphi_4 = \frac{1080°}{4} = 270°(-90°)$$

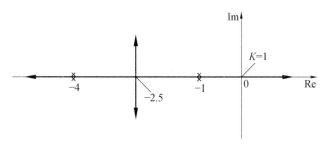

图 3.8

四条渐近线在实轴上的交点坐标为

$$\sigma_a = \frac{-1-1-4-4}{4} = -2.5$$

（3）根轨迹在实轴上分离点坐标由

$$\frac{\mathrm{d}}{\mathrm{d}s}\left[\frac{(s+1)^2(s+4)^2}{k}\right]\bigg|_{s=d} = 0$$

求出 $d = -2.5$。

（4）根轨迹与虚轴相交点坐标及相应开环增益值的计算。

由式（3.41）求得给定正反馈系统的特征方程式为

$$1 - \frac{k}{(s+1)^2(s+4)^2} = 0$$

$$s^4 + 10s^3 + 33s^2 + 40s + 16 - k = 0 \qquad (3.43)$$

将 $s = j\omega$ 代入式（3.43），得

$$\omega^4 - 33\omega^2 + (16-k) = 0 \qquad (3.44)$$

$$-10\omega^3 + 40\omega = 0 \qquad (3.45)$$

由式（3.45）解得

$$\omega_1 = 0$$

$$\omega_{2,3} = \pm 2$$

从图 3.8 可见，只有 $\omega = 0$ 解是合理的，这是因为根轨迹除在坐标原点处与虚轴有交点之外，便不再有可能与虚轴相交，所以 $\omega_{2,3} = \pm 2$ 是不满足题意要求的。

将 $\omega_1 = 0$ 代入式（3.44），解出

$$k = 16$$

与此对应的开环增益 K 之值由式（3.41）求得为

$$K = \frac{k}{16} = 1$$

这说明，开环增益 K 的临界值为 1，即只能在 $K < 1$ 时系统稳定。

给定正反馈系统的根轨迹图,如图 3.8 所示。

三、绘制非最小相位系统根轨迹的基本法则与绘制最小相位系统的完全相同,即同样按照绘制 180°根轨迹或绘制 0°根轨迹的各项基本法则进行。

例 7 试绘制图 3.9 所示非最小相位系统当 K 从 0 变至∞时的根轨迹图,并确定使系统稳定工作的 K 值范围。

解 从图 3.9 求得给定系统的开环传递函数为

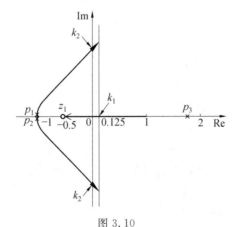

$$G(s)H(s) = \frac{K(2s+1)}{(s+1)^2\left(\frac{4}{7}s-1\right)}$$

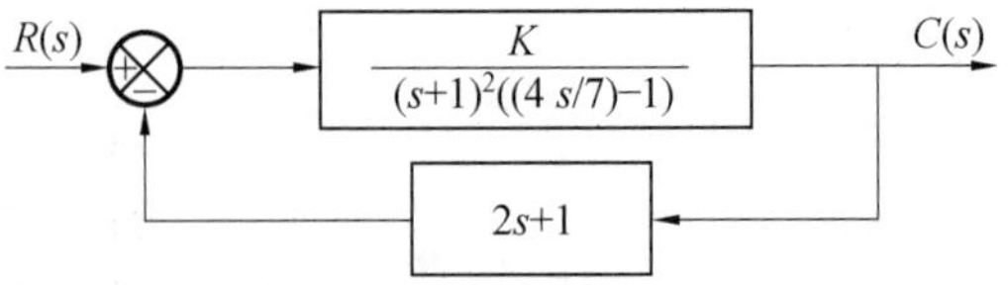

图 3.9

将 $G(s)H(s)$ 标准化,得

$$G(s)H(s) = \frac{k(s+0.5)}{(s+1)^2(s-1.75)} \qquad (3.46)$$

式中 $k = 2K/(4/7) = 3.5K$。

根据式(3.2),从式(3.46)可见,该非最小相位系统的根轨迹仍需按 180°根轨迹绘制法则来绘制。

(1)确定根轨迹的条数及渐近线。

从式(3.46)可见,系统具有三个开环极点:$p_1 = p_2 = -1$ 及 $p_3 = +1.75$,以及一个开环零点 $z_1 = -0.5$。由于 $n=3$ 及 $m=1$,所以根轨迹共有三条,而渐近线则有两条,它们与实轴正方向的夹角分别为

$$\varphi = \pm 90° \qquad (3.47)$$

两条渐近线在实轴上相交于一点,其坐标为

$$\sigma_a = \frac{(-1-1+1.75)-(-0.5)}{3-1} = +0.125 \qquad (3.48)$$

图 3.10

根据式(3.46),按绘制 180°根轨迹的基本法则绘制的给定系统根轨迹的大致图形如图 3.10 所示。

(2)确定使系统稳定工作的 K 值范围。

为确定使系统稳定工作的 K 值范围,需确定根轨迹与虚轴的交点,及其对应的 K 值。

根据式(3.1)及式(3.46),求得系统的特征方程式为

$$(s+1)^2(s-1.75)+k(s+0.5)=0$$

$$s^3+0.25s^2+(k-2.5)s+(0.5k-1.75)=0 \qquad (3.49)$$

在式(3.49)中,令 $s=j\omega$,求得

$$-\omega^3+(k-2.5)\omega=0 \qquad (3.50)$$

$$-0.25\omega^2+(0.5k-1.75)=0 \qquad (3.51)$$

由式(3.50)解出根轨迹与虚轴交点坐标的 ω 值分别为

$$\omega_1=0, \quad \omega_{2,3}=\pm\sqrt{k-2.5} \qquad (3.52)$$

将式(3.52)中的 $\omega_1=0$ 代入式(3.51),求得

$$k_1=\frac{1.75}{0.5}=3.5 \qquad (3.53)$$

将式(3.52)中的 $\omega^2=k-2.5$ 代入式(3.51),求得

$$k_2=4.5 \qquad (3.54)$$

从图 3.10 所示根轨迹图可见,使系统的全部特征根具有负实部,即给定系统的特征根全部分布在 s 平面左半部所对应的 k 值范围在 0 至 4.5 及 3.5 至 ∞。综合这两个取值范围,由此求得使给定系统稳定工作的 k 值范围为

$$3.5<k<4.5$$

考虑到 $k=3.5K$,最后求得使系统稳定工作的 K 值范围为

$$1<K<1.285$$

例 8 已知非最小相位负反馈系统的开环传递函数为

$$G(s)H(s)=\frac{k(s+1)}{s(s-1)(s^2+4s+16)} \qquad (3.55)$$

试绘制系统的根轨迹图,并确定系统稳定时增益 K 的取值范围。

解 式(3.55)所示开环传递函数已具有标准形式,其开环极点有四个($n=4$): $p_1=0$,$p_2=+1$,$p_{3,4}=-2\pm j3.46$;开环零点有一个($m=1$):$z_1=-1$。考虑式(3.2)及式(3.55),给定非最小相位负反馈系统的根轨迹仍需按 180°根轨迹绘制法则来绘制。

(1)根轨迹的渐近线有三条,它们与实轴正方向的夹角分别是

$$\varphi_1=\frac{180°}{4-1}=+60°$$

$$\varphi_2=\frac{180°+360°}{4-1}=180°$$

$$\varphi_3=\frac{180°+720°}{4-1}=300°(-60°)$$

三条渐近线在实轴上交于一点,其坐标为

$$\sigma_a=\frac{(0+1-2+j3.46-2-j3.46)-(-1)}{4-1}=-\frac{2}{3}$$

(2)实轴上的根轨迹位于 $+1$ 与 0 以及 -1 与 $-\infty$ 之间。

(3)确定根轨迹与实轴交点坐标,由

$$\frac{d}{ds}\left[\frac{s(s-1)(s^2+4s+16)}{k(s+1)}\right]\Bigg|_{s=d}=0$$

求得

$$d_1=0.46$$
$$d_2=-2.22$$

其中，d_1 为分离点坐标；d_2 为会合点坐标。

(4)确定根轨迹与虚轴交点坐标及对应的增益 K 值。

将式(3.55)代入式(3.1)，求得系统的特征方程式为

$$s(s-1)(s^2+4s+16)+k(s+1)=0$$
$$s^4+3s^3+12s^2+(k-16)s+k=0 \tag{3.56}$$

下面再介绍一种通过 Routh 计算表确定根轨迹与虚轴交点坐标的方法。根据系统特征方程式(3.56)写出 Routh 计算表

s^4	1	12	k
s^3	3	$k-16$	0
s^2	$\dfrac{52-k}{3}$	k	
s^1	$\dfrac{-k^2+59k-832}{52-k}$	0	
s^0	k		

若 Routh 计算表 s^1 行的元素等于零，即

$$\frac{-k^2+59k-832}{52-k}=0 \tag{3.57}$$

则系统就将处于稳定边缘，也就是根轨迹同虚轴有交点，即特征方程式(3.56)有纯虚根出现。由式(3.57)解出在这种情况下的 k 值为

$$k_1=23.3 \tag{3.58}$$
$$k_2=35.7 \tag{3.59}$$

由式(3.55)求得开环增益 K 与参变量 k 的关系为

$$K=\frac{k}{16} \tag{3.60}$$

将式(3.58)及式(3.59)分别代入式(3.60)，求得系统根轨迹在虚轴交点处的开环增益值为

$$K_1=1.46 \quad \text{s}^{-1}$$
$$K_2=2.23 \quad \text{s}^{-1}$$

求解由 Routh 计算表 s^2 行元素构成的辅助方程式

$$\frac{52-k}{3}s^2+k=0 \tag{3.61}$$

得到系统根轨迹与虚轴交点坐标为

$$s=\pm j\sqrt{\frac{3k}{52-k}} \tag{3.62}$$

将式(3.58)及式(3.59)分别代入式(3.62),求得与开环增益 K_1,K_2 对应的系统根轨迹与虚轴交点坐标为

$$s_1 = \pm j1.56$$
$$s_2 = \pm j2.56$$

(5)计算根轨迹始于复开环极点 $p_{3,4} = -2 \pm j3.46$ 的出射角。

根据绘制 $180°$ 根轨迹的基本法则,得

$$\theta_{p_3} = 180° + \angle(p_3 - z_1) - \angle(p_3 - p_1) -$$
$$\angle(p_3 - p_2) - \angle p_3 - p_4) =$$
$$180° + 106.12° - 120° - 130.9° - 90° = -54.8°$$
$$\theta_{p_4} = -\theta_{p_3} = +54.8°$$

根据上列各项数据绘制的给定系统根轨迹大致图形如图 3.11 所示。从根轨迹图 3.11可见,欲使给定系统稳定,开环增益 K 的取值范围应为 $1.46 < K < 2.23$。

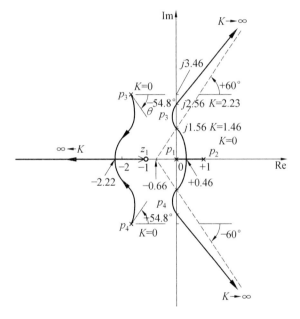

图 3.11

例 9 设非最小相位负反馈系统的开环传递函数为

$$G(s)H(s) = \frac{k(1-s)}{s(s+2)} \tag{3.63}$$

试绘制该系统的根轨迹 $(0 \leqslant k < \infty)$ 图,并求取使系统产生重特征根和纯虚特征根的 k 值。

解 将式(3.63)所示开环传递函数化成标准形式,得

$$G(s)H(s) = -\frac{k(s-1)}{s(s+2)} \tag{3.64}$$

将式(3.64)代入式(3.2),得根轨迹方程式

$$\frac{k(s-1)}{s(s+2)} = +1 \tag{3.65}$$

注意,给定的非最小相位系统虽说是负反馈系统,但从经过开环传递函数的标准化处理而得到的根轨迹方程式(3.65)看到,该系统的根轨迹必须按 0°根轨迹的绘制法则来绘制。这种特殊现象只有在非最小相位系统中才可能出现,故在绘制非最小相位系统根轨迹图时,对此需要特别慎重。

(1)由式(3.64)知,给定系统具有两个开环极点($n=2$):$p_1=0$,$p_2=-2$ 以及一个开环零点($m=1$):$z_1=+1$。 由于 $n=2$ 及 $m=1$,所以共有两条根轨迹及一条渐近线。渐近线与实轴正方向的夹角 φ 为

$$\varphi=\frac{0°+i360°}{n-m} \quad (i=0,1,2,\cdots)$$

取 $i=0$,得

$$\varphi=0°$$

即渐近线与实轴正方向重合。

(2)根轨迹在实轴上的区段为 $[+1,\infty)$ 及 $[0,-2]$。

(3)计算根轨迹与实轴相交点的坐标。

将式(3.64)代入式(3.1),得给定负反馈系统的特征方程式为

$$s^2+(2-k)s+k=0 \tag{3.66}$$

根轨迹与实轴有交点,意味着此时系统的特征方程式有重实根。重实根可通过令式(3.66)的判别式等于零来求取,即由

$$(2-k)^2-4k=0$$

解出

$$k=4\pm2\sqrt{3} \tag{3.67}$$

再将式(3.67)代入特征方程式(3.66)即可解出上述重实根,也就是根轨迹与实轴的分离点坐标 d_1 及会合点坐标 d_2。 它们是

$$d_1=1-\sqrt{3}=-0.73$$

$$d_2=1+\sqrt{3}=2.73$$

(4)在特征方程式(3.66)中,令 $s=j\omega$,求得

$$\omega(2-k)=0 \tag{3.68}$$

$$-\omega^2+k=0 \tag{3.69}$$

由式(3.68)解出

$$k=2 \tag{3.70}$$

将式(3.70)代入式(3.69),求得系统根轨迹与虚轴相交处的 ω 值为

$$\omega=\pm\sqrt{2}$$

根据上面求得的各项数据绘制的给定系统根轨迹图如图 3.12 所示。从图可见,当 $0<k<2$ 时,系统稳定;当 $k>2$ 时,系统不稳定。

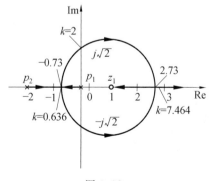

图 3.12

四、绘制反馈系统参量根轨迹图的步骤是,首先将系统的特征方程式 $1 \pm G(s, X) = 0$ 整理成如下形式的根轨迹方程

$$\frac{X P(s)}{Q(s)} = \pm 1 \tag{3.71}$$

式中,$P(s)$ 与 $Q(s)$ 为不含参变量 X 的复变量 s 的多项式。需注意,式(3.71)也必须进行标准化处理,使其具有如式(3.4)所示的标准形式。其次根据根轨迹方程式(3.71)按与绘制 $180°$ 根轨迹(对应式中的 -1)或 $0°$ 根轨迹(对应式中的 $+1$)的相同基本法则绘制参变量 X 从 0 变至 ∞ 的参量根轨迹。

例 10 已知单位负反馈系统的开环传递函数为

$$G(s) = \frac{\frac{1}{4}(s + a)}{s^2(s + 1)} \tag{3.72}$$

试绘制以 a 为参变量的参量根轨迹的大致图形($0 \leqslant a < \infty$)。

解

(1)将式(3.72)代入式(3.1),求得给定系统的特征方程式为

$$s^2(s + 1) + \frac{1}{4}(s + a) = 0 \tag{3.73}$$

按式(3.71)要求,进一步整理特征方程式(3.73),得

$$\frac{\frac{1}{4}a}{s(s^2 + s + \frac{1}{4})} = -1$$

$$\frac{A}{s(s + \frac{1}{2})^2} = -1 \tag{3.74}$$

式中,$A = \frac{1}{4}a$。

式(3.74)等号左端已经具有式(3.4)要求的标准形式,故不需进行标准化处理。

(2)从式(3.74)知,$n = 3$ 及 $m = 0$,故给定系统对于 $0 \leqslant a < \infty$ 具有三条根轨迹及三条渐近线。三条渐近线在实轴上交点的坐标为

$$\sigma_a = \frac{0 - \frac{1}{2} - \frac{1}{2}}{3 - 0} = -\frac{1}{3}$$

三条渐近线与实轴正方向的夹角分别是 $+60°$、$+180°$ 与 $-60°$。

(3)根据方程式

$$\frac{1}{d} + \frac{1}{d + \frac{1}{2}} + \frac{1}{d + \frac{1}{2}} = 0$$

计算根轨迹与实轴相交处(分离点)的坐标 d,得

$$d = -\frac{1}{6}$$

(4)在给定系统的特征方程式(3.73)中,令 $s = j\omega$,求得方程组

$$-\omega^3 + \frac{1}{4}\omega = 0 \qquad\qquad (3.75)$$

$$-\omega^2 + \frac{1}{4}a = 0 \qquad\qquad (3.76)$$

从式(3.75)解出根轨迹与虚轴相交处的 ω 值为

$$\omega_1 = 0 \qquad\qquad (3.77)$$

$$\omega_{2,3} = \pm\frac{1}{2} \qquad\qquad (3.78)$$

将式(3.77)及式(3.78)分别代入式(3.76),便得到根轨迹与虚轴相交处的参变量 a 之值,它们分别是

$$a = 0$$

$$a = 1$$

给定系统参量根轨迹的大致图形如图 3.13 所示。从图可见,参变量 $a > 1$ 时系统是不稳定的。

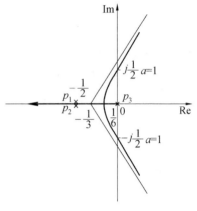

图 3.13

例 11 已知某负反馈系统的开环传递函数为

$$G(s) = \frac{K}{s(\tau s + 1)(Ts + 1)} \qquad\qquad (3\text{-}79)$$

试绘制以开环增益 K、时间常数 T 为常数,以时间常数 τ 为参变量的参量根轨迹图。

解

(1)由式(3.79)求得给定负反馈系统的特征方程式为

$$s(\tau s + 1)(Ts + 1) + K = 0$$

$$\tau s^2(Ts + 1) + s(Ts + 1) + K = 0 \qquad\qquad (3.80)$$

按式(3.71)要求的形式,将式(3.80)改写成

$$\frac{\tau s^2(Ts + 1)}{s(Ts + 1) + K} = -1 \qquad\qquad (3.81)$$

将式(3.81)等式左端按零、极点形式进行标准化处理,得

$$\frac{\tau s^2 \left(s + \frac{1}{T}\right)}{s^2 + \frac{1}{T}s + \frac{K}{T}} = -1 \qquad\qquad (3.82)$$

从式(3.82)可见,其形式与式(3.2)完全相同。因此,式(3.82)左端可视为以参变量 τ 为"开环增益"的"开环传递函数",其零点有三个($m = 3$): $z_1 = z_2 = 0$ 和 $z_3 = -\frac{1}{T}$;极点有

两个($n = 2$): $p_{1,2} = -\frac{1}{2T} \pm j\sqrt{\frac{K}{T} - \left(\frac{1}{2T}\right)^2}$。

注意,对于物理可实现系统,只能有 $m \leqslant n$。从式(3.79)可见,本例系统是物理可实现的,然而由式(3.82)所得"开环传递函数"却有 $m - n = 1$,这可理解为该"开环传递函数"除上述两个有限极点 p_1, p_2 外,还有一个处于无限远处的无限极点 $p_3 = -\infty$。有无限极点存在的现象在绘制参量根轨迹图时常常出现。

(2)从根轨迹方程式(3.82)可见,参量根轨迹($0 \leqslant \tau < \infty$)必须按绘制 180° 根轨迹

的基本法则来绘制。根轨迹在实轴上的区段只有 $-\dfrac{1}{T}$ 至 $-\infty$ 一段。

三条根轨迹中的两条始于共轭复极点 p_1, p_2，第三条则始于负实轴上的无限远处；当 $\tau \to \infty$ 时，三条根轨迹分别终止于三个零点。

（3）共轭复极点处的出射角为

$$\theta_{p_1} = 180° + 2(180° - \varphi) + \varphi - 90° = 450° - \varphi$$

式中

$$\theta_{p_2} = -\theta_{p_1}$$

$$\arctan\varphi = \frac{\sqrt{\dfrac{K}{T} - \left(\dfrac{1}{2T}\right)^2}}{\dfrac{1}{2T}}$$

（4）将 $s = j\omega$ 代入给定系统的特征方程式

$$\tau T s^3 + (\tau + T)s^2 + s + K = 0$$

解出参量根轨迹与虚轴相交处的 ω 值为

$$\omega_1 = 0$$

$$\omega_{2,3} = \pm \frac{1}{\sqrt{\tau T}}$$

以及上述交点处参变量 τ 之值为

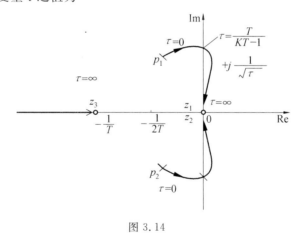

图 3.14

$$\tau_1 = \infty$$

$$\tau_2 = \frac{T}{KT - 1}$$

参变量 τ 的参量根轨迹的大致图形如图 3.14 所示。从图可见，参变量 $\tau > \dfrac{T}{KT - 1}$ 时，给定系统不稳定。

习　题

3.1　某控制系统的方框图如图 3.15 所示，试绘制该系统的根轨迹图。

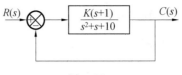

图 3.15

3.2 设某负反馈系统的开环传递函数为

$$G(s)H(s) = \frac{K(s+1)}{s^2(0.1s+1)}$$

试绘制该系统的根轨迹大致图形。

3.3 设某负反馈系统的开环传递函数为

$$G(s)H(s) = \frac{K(s+4)(s+40)}{s^3(s+200)(s+900)}$$

试绘制该系统的根轨迹大致图形,并确定使系统稳定的开环增益 K 的取值范围。

3.4 设某控制系统的方框图如图 3.16 所示,试绘制以下各种情况的根轨迹 $(0 \leqslant K < \infty)$ 图:

(1) $H(s) = 1$

(2) $H(s) = s + 1$

(3) $H(s) = s + 2$

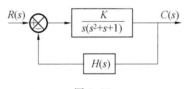

图 3.16

分析比较所绘出的根轨迹图,并说明增加开环零点对系统相对稳定性的影响。

3.5 已知某正反馈系统的开环传递函数为

$$G(s)H(s) = \frac{k}{(s+1)(s-1)(s+4)^2}$$

试绘制该系统的根轨迹图。

3.6 已知非最小相位负反馈系统的开环传递函数为

$$G(s)H(s) = \frac{k(s+1)}{s(s-3)}$$

试绘制该系统的根轨迹 $(0 \leqslant k < \infty)$ 图。

3.7 已知非最小相位负反馈系统的特征方程式为

$$(s+1)(s+3)(s-1)(s-3) + k(s^2+4) = 0$$

试绘制该系统根轨迹 $(0 \leqslant k < \infty)$ 的大致图形。

3.8 已知非最小相位负反馈系统的开环传递函数为

$$G(s)H(s) = \frac{k(1-0.5s)}{s(0.25s+1)}$$

试绘制该系统的根轨迹 $(0 \leqslant k < \infty)$ 图。

3.9 设某负反馈系统的开环传递函数为

$$G(s)H(s) = \frac{10}{s(s+a)}$$

试绘制以 a 为参变量的参量根轨迹图。

3.10 已知某负反馈系统的开环传递函数为

$$G(s)H(s) = \frac{1000(Ts+1)}{s(0.1s+1)(0.001s+1)}$$

试绘制以时间常数 T 为参变量的参量根轨迹图（$0 \leqslant T < \infty$）。

第4章　应用频率响应法分析
控制系统的基本概念

例　　题

一、求取频率响应(或频率特性)的方法有解析法和实验法。就解析法来说,可以在复域中将传递函数中的复变量 s 代以 $j\omega$ 来求取,也可在时域中根据单位阶跃响应来求取。但需注意,根据单位阶跃响应 $c(t)$ 求取频率响应时,必须考虑初始条件 $c(0), c(0), \cdots$ 的影响。

例1　一环节的传递函数为

$$G(s) = \frac{T_1 s + 1}{T_2 s - 1} \quad (1 > T_1 > T_2 > 0) \tag{4.1}$$

试绘制该环节的 Nyquist 图(幅相频率特性)和 Bode 图(对数频率特性)。

解　将 $s = j\omega$ 代入式(4.1),得该环节的频率响应

$$G(j\omega) = \frac{1 + jT_1\omega}{-1 + jT_2\omega} \tag{4.2}$$

(1)幅相频率特性

将式(4.2)所示频率响应 $G(j\omega)$ 通过模 $|G(j\omega)|$ 及相角 $\angle G(j\omega)$ 表示为

$$G(j\omega) = |G(j\omega)| e^{j\angle G(j\omega)} \tag{4.3}$$

式中

$$|G(j\omega)| = \frac{\sqrt{1 + (T_1\omega)^2}}{\sqrt{1 + (T_2\omega)^2}} \tag{4.4}$$

$$\angle G(j\omega) = \arctan(T_1\omega) + (-180° + \arctan(T_2\omega)) \tag{4.5}$$

当 $\omega = 0$ 时, $|G(j0)| = 1, \angle G(j0) = -180°$

当 $\omega = \infty$ 时, $|G(j\infty)| = \dfrac{T_1}{T_2}, \angle G(j\infty) = 0°$

按式(4.4)及式(4.5),由 $\omega = 0$ 画起,随着 ω 取值的逐步增大直画到 $\omega = \infty$,便得到如图 4.1 所示给定环节的幅相频率特性。

(2)对数频率特性

式(4.1)表示的环节可视为一阶微分环节 $(T_1 s + 1)$ 与不稳定惯性环节 $1/(T_2 s - 1)$ 相串联,它们的对数幅频特性分别为 $20\lg\sqrt{1 + (T_1\omega)^2}$ 与 $20\lg(1/\sqrt{1 + (T_2\omega)^2})$ 。

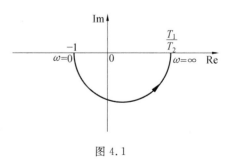

图 4.1

因此,由式(4.2)求得式(4.1)所示环节的对数幅频特性为

$$20\lg|G(j\omega)| = 20\lg\sqrt{1+(T_1\omega)^2} + 20\lg\frac{1}{\sqrt{1+(T_2\omega)^2}} \quad (4.6)$$

式(4.6)实际上是上述一阶微分环节和不稳定惯性环节的对数幅频特性的叠加,而不稳定惯性环节的对数幅频特性又与一般惯性环节 $1/(Ts+1)$ 的相同。

根据式(4.6)画出的对数幅频特性 $20\lg|G(j\omega)|$ 如图 4.2(a)所示,其中 $1/T_1$ 与 $1/T_2$ 分别为一阶微分环节及不稳定惯性环节的转折频率。按式(4.5)在 $0<\omega<\infty$ 频段内画出式(4.1)给定环节的对数相频特性如图 4.2(b)所示。

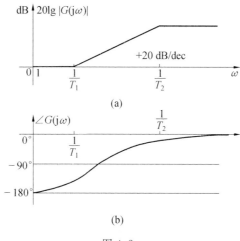

图 4.2

注意,不稳定惯性环节 $1/(Ts-1)$ 的对数幅频特性与一般惯性环节 $1/(Ts+1)$ 的完全相同,均为 $-20\lg\sqrt{1+(T\omega)^2}$,因此二者的画法也完全一样。但不稳定惯性环节的对数相频特性却与一般惯性环节的不同,它在 ω 从 0 至 $+\infty$ 的频段内是由 $-180°$ 变至 $-90°$,在转折频率处为 $-135°$,而不是由 $0°$ 变至 $-90°$。

例 2 设某控制系统的开环传递函数为

$$G(s)H(s) = \frac{75(0.2s+1)}{s(s^2+16s+100)} \quad (4.7)$$

试绘制该系统的 Bode 图,并确定剪切频率 ω_c 之值。

解

(1)绘制系统的 Bode 之前,需将构成传递函数的各串联环节化成典型环节所具有的标准形式,即要求将各环节所含复变量 s 的多项式的常数项化为 1。为此,需将式(4.7)中的振荡环节 $1/(s^2+16s+100)$ 化成 $1/[(0.1)^2 s^2+0.16s+1]$ 的标准形式。这时,式(4.7)变成

$$G(s)H(s) = \frac{0.75(0.2s+1)}{s[(0.1)^2 s^2+2\times0.8\times0.1s+1]} \quad (4.8)$$

从式(4.8)可见,开环增益 $K=0.75\ \text{s}^{-1}$,一阶微分环节的时间常数 $\tau=0.2\ \text{s}$,振荡环节的时间常数 $T=0.1\ \text{s}$ 及阻尼比 $\zeta=0.8$。由 τ 及 T 求得一阶微分环节及振荡环节的转折频率分别为 5 rad/s 及 10 rad/s。

按典型环节 Bode 图的绘制规则,由式(4.8)绘制的系统渐近对数幅频特性及对数相频特性如图 4.3 中的实线所示。图中的虚线为按 $\zeta = 0.8$ 修正后的精确对数幅频特性。在 $\omega = 1$ 处的 $20\lg |G(j\omega)H(j\omega)|\,|_{\omega=1} = 20\lg K = -2.5$ dB 。

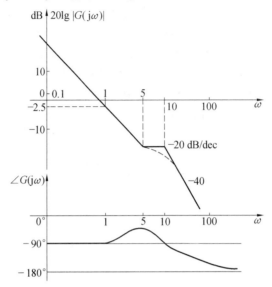

图 4.3

(2)从图 4.3 所示的对数幅频特性上可查得 $\omega_c = 0.75$ rad/s 。ω_c 也可应用解析法计算。对于本例,从图 4.3 可见,用以计算剪切频率 ω_c 的对数幅频特性只需取 $L(\omega) = 20\lg \left| \dfrac{K}{(j\omega)^r} \right|$,其中 γ 为串联积分环节数目,K 为系统开环增益。

从式(4.8)可见,由于开环传递函数 $G(s)H(s)$ 具有一个串联积分环节,因此取对数幅频特性

$$L(\omega) = 20\lg \left| \frac{K}{j\omega} \right| = 20\lg \frac{K}{\omega} = -2.5 - 20\lg \omega \tag{4.9}$$

式中 $K = 0.75$,$20\lg K = -2.5$dB。

根据定义,$\omega = \omega_c$ 时,$L(\omega_c) = 0$dB 。在式(4.9)中,代入 $\omega = \omega_c$ 及 $L(\omega_c) = 0$,得

$$0 = -2.5 - 20\lg \omega_c \tag{4.10}$$

由式(4.10)求得

$$\omega_c = 0.75 \text{ rad/s}$$

例 3 设某系统的开环传递函数为

$$G(s)H(s) = \frac{K\mathrm{e}^{-0.1s}}{s(s+1)(0.1s+1)} \tag{4.11}$$

试根据该系统的频率响应确定剪切频率 $\omega_c = 5$rad/s 时的开环增益 K 之值。

解 已知 $\omega = \omega_c$ 确定开环增益 K 时,首先由开环传递函数 $G(s)H(s)$ 求取开环幅频特性 $|G(j\omega)H(j\omega)|$,其次令其中的 $\omega = \omega_c$,并按定义得

$$|G(j\omega_c)H(j\omega_c)| = 1 \tag{4.12}$$

最后求解方程式(4.12)以确定开环增益 K 。

但需注意,如式(4.11)所示含有时滞环节 $\mathrm{e}^{-\tau s}$ 的开环传递函数 $G(s)H(s)$,求取其幅频特性 $|G(j\omega)H(j\omega)|$ 时,可不考虑时滞环节 $\mathrm{e}^{-\tau s}$,这是因为 $|\mathrm{e}^{-j\omega}|=1$ 的缘故。

因此,式(4.11)对应的幅频特性为

$$|G(j\omega)H(j\omega)|=\left|\frac{K}{j\omega(1+j\omega)(1+j0.1\omega)}\right|=\frac{K}{\omega\sqrt{1+\omega^2}\cdot\sqrt{1+(0.1\omega)^2}} \tag{4.13}$$

将 $\omega=\omega_c$ 代入式(4.13),得

$$\frac{K}{\omega_c\sqrt{1+\omega_c^2}\cdot\sqrt{1+(0.1\omega_c)^2}}=1 \tag{4.14}$$

将 $\omega_c=5$ 代入式(4.14),解出开环增益 $K=28.5\ \mathrm{s}^{-1}$ 。

例 4 若系统的单位阶跃响应为

$$c(t)=1-1.8\mathrm{e}^{-4t}+0.8\mathrm{e}^{-9t}\quad(t\geqslant0) \tag{4.15}$$

试求取系统的频率响应。

解 从式(4.15)求得 $c(0)=0$ 及 $\dot{c}(0)=0$ 。对于图4.4所示系统,在零初始条件下,系统输出的拉普拉斯变换象函数 $C(s)$ 与系统输入的拉普拉斯变换象函数 $R(s)$ 之间的关系为

$$G(s)=G(s)R(s)$$

式中,$G(s)$ 为系统的传递函数。

由上式求得系统的传递函数 $G(s)$ 为

$$G(s)=C(s)\frac{1}{R(s)} \tag{4.16}$$

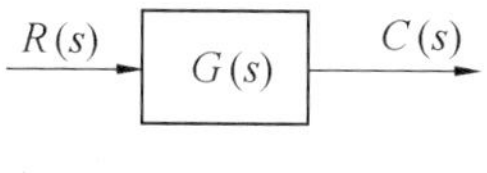

图 4.4

若式(4.16)中的 $C(s)$ 为系统单位阶跃响应 $c(t)$ 的拉普拉斯变换象函数,即

$$C(s)=L[c(t)] \tag{4.17}$$

则式(4.16)中的 $R(s)=1/s$ 。

对式(4.15)取拉普拉斯变换,根据式(4.16),并考虑到 $R(s)=1/s$,最终求得系统的传递函数为

$$G(s)=\frac{1}{\left(\frac{1}{4}s+1\right)\left(\frac{1}{9}s+1\right)} \tag{4.18}$$

在式(4.18)中,令 $s=j\omega$,便可求得具有式(4.15)所示单位阶跃响应的系统的频率响应 $G(j\omega)$ 为

$$G(j\omega) = \frac{1}{\left(1 + j\,\frac{1}{4}\omega\right)\left(1 + j\,\frac{1}{9}\omega\right)}$$

二、正像由传递函数可以求取频率响应一样,反过来由频率响应也可求取传递函数,特别是对于最小相位系统,由开环系统 Bode 图的对数幅频特性更容易求出对应的开环传递函数。

例5 已知最小相位开环系统 Bode 图的对数幅频特性如图 4.5 所示。试求取该系统的开环传递函数。

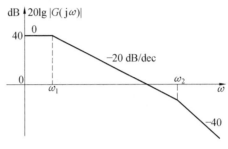

图 4.5

解 从图 4.5 所示 Bode 图的对数幅频特性的斜率变化看出,开环传递函数 $G(s)$ 由放大环节及两个惯性环节构成,其时间常数分别为 $1/\omega_1$ 及 $1/\omega_2$,即

$$G(s) = \frac{K}{\left(\frac{1}{\omega_1}s + 1\right)\left(\frac{1}{\omega_2}s + 1\right)}$$

其中开环增益 K 可根据

$$20\lg K = 40\text{ dB}$$

求得为

$$K = 100$$

例6 已知最小相位开环系统 Bode 图的对数幅频特性如图 4.6 所示。试求取该系统的开环传递函数。

解 从图 4.6 所示Bode图的对数幅频特性的斜率及其斜率变化看出,开环传递函数 $G(s)$ 由放大环节、两个积分环节、一阶微分环节及惯性环节构成。一阶微分环节及惯性环节的时间常数分别为转折频率 ω_1 及 ω_2 的倒数。开环传递函数 $G(s)$ 具有如下形式

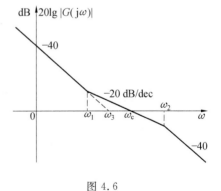

图 4.6

$$G(s) = \frac{K\left(\frac{1}{\omega_1}s + 1\right)}{s^2\left(\frac{1}{\omega_2}s + 1\right)} \qquad (4.19)$$

式(4.19)中的开环增益 K 可通过下述方法确定。

设图 4.6 所示对数幅频特性的低频段可用传递函数 K/s^2 来描述,则其幅频特性为 K/ω^2。取对数,得

$$L_1(\omega) = 20\lg \frac{K}{\omega^2} = 20\lg K - 20\lg \omega^2$$

在转折频率 ω_1 处的 L_1 值为

$$L_1(\omega_1) = 20\lg K - 20\lg \omega_1^2 \tag{4.20}$$

同理,图 4.6 所示对数幅频特性上具有斜率为 -20dB/dec 的中频段可用传递函数 K_1/s 来描述,则其对数幅频特性为

$$L_2(\omega) = 20\lg \frac{K_1}{\omega} \tag{4.21}$$

当 $\omega = \omega_c$ 时,从图 4.6 得

$$L_2(\omega_c) = 20\lg \frac{K_1}{\omega_c} = 0 \text{ dB}$$

由上式求得

$$K_1 = \omega_c$$

因此式(4.21)可写成

$$L_2(\omega) = 20\lg \frac{\omega_c}{\omega} \tag{4.22}$$

在转折频率 ω_1 处的 L_2 值为

$$L_2(\omega_1) = 20\lg \omega_c - 20\lg \omega_1 \tag{4.23}$$

因为从图 4.6 看出,$L_1(\omega_1) = L_2(\omega_1)$,所以由式(4.20)及式(4.23)求得

$$20\lg K - 20\lg \omega_1^2 = 20\lg \omega_c - 20\lg \omega_1$$

由上式解出

$$K = \omega_1 \cdot \omega_c \tag{4.24}$$

本例重点在于掌握通过转折频率 ω_1($\omega_1 < \omega_c$)及剪切频率 ω_c 求取开环增益 K 的方法。

例 7 已知最小相位开环 Bode 图的对数幅频特性如图 4.7 所示。试求取系统的开环传递函数。

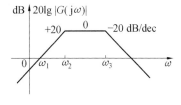

图 4.7

解 从图 4.7 看出,系统的开环传递函数 $G(s)$ 由放大环节、微分环节及两个惯性环节构成。两个惯性环节的时间常数分别为转折频率 ω_2 及 ω_3 的倒数。开环传递函数 $G(s)$ 可写成如下形式

$$G(s) = \frac{Ks}{\left(\dfrac{1}{\omega_2}s + 1\right)\left(\dfrac{1}{\omega_3}s + 1\right)} \tag{4.25}$$

式(4.25)中的开环增益 K 可按下述方法确定:

设图 4.7 所示对数幅频特性低频段可用传递函数 Ks 来描述,则其幅频特性为 $K\omega$。取对数得

$$L(\omega) = 20\lg K + 20\lg \omega \tag{4.26}$$

从图 4.7 可见,在 $\omega = \omega_1$ 处,$L(\omega_1) = 0$ dB。于是由式(4.26)得

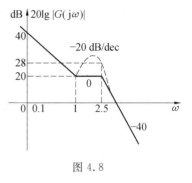

图 4.8

$$K\omega_1 = 1$$

$$K = \frac{1}{\omega_1}$$

例 8 已知最小相位开环系统 Bode 图的对数幅频特性如图4.8所示。试求取系统的开环传递函数。

解 从图 4.8 可见,系统的开环传递函数 $G(s)$ 由放大环节、积分环节、一阶微分环节及振荡环节构成。一阶微分环节及振荡环节的时间常数分别为转折频率 1 及 2.5 的倒数。开环传递函数 $G(s)$ 可写成如下形式

$$G(s) = \frac{K(s+1)}{s\left[(0.4)^2 s^2 + 2\zeta \times 0.4 s + 1\right]} \tag{4.27}$$

从图 4.8 所示 Bode 图求得

$$20\lg K = 20 \text{ dB}$$

$$K = 10 s^{-1}$$

从图 4.8 看出,振荡环节 $1/\left[(0.4)^2 s^2 + 2\zeta \times 0.4 s + 1\right]$ 的峰值在其转折频率 $\omega_n = 2.5$ rad/s 处的值为 8dB,因此由

$$20\lg A(\omega_n) = 20\lg \frac{1}{2\zeta} = 8 \text{ dB}$$

解出阻尼比 $\zeta = 0.2$。上式中

$$A(\omega) = \left| \frac{1}{(-T^2 \omega^2 + 1) + j2\zeta T\omega} \right| = \frac{1}{\sqrt{(1 - T^2\omega^2)^2 + (2\zeta T\omega)^2}}$$

当 $\omega = \omega_n = 1/T$ 时,得

$$A(\omega_n) = \frac{1}{2\zeta}$$

在本例中,重点要掌握振荡环节的渐近对数幅频特性与经修正得到的精确特性间的关系,并根据关系式 $A(\omega_n) = 1/2\zeta$ 计算阻尼比 ζ。

例 9 已知最小相位开环系统 Bode 图的对数幅频特性如图 4.9 所示。试求取系统的开环传递函数。

解 从图 4.9 可见,在转折频率为 3.16 rad/s 处,斜率由 0 dB/dec 变至 40 dB/dec,这说明开环传递函数 $G(s)$ 包括二阶微分环节,其时间常数等于转折频率的倒数,即 1/3.16 s;又由于有峰值出现,故二阶微分环节的阻尼比介于 0 与 1 之间,即为欠阻尼 $0 < \zeta < 1$,ζ 值可根据 $A(\omega_n) = 1/2\zeta$ 来计算。转折频率 3.16 rad/s 之后的第一个转折频率 ω_1,可根据转折频率 3.16 rad/s 与转折频率 ω_1 之间对数幅频特性的斜率以及此等转折频率处的对数幅值之差来确定。从图 4.9 可见,上述两转折频率间对数幅频特性的斜率为 + 40 dB/dec,而上述两转折频率处的对数幅值之差为 + 40 dB,可见这两个转折频率恰

好构成一个 10 倍频程,即 ω_1 等于转折频率 3.16 的 10 倍,也就是 31.6 rad/s。显然,频率 3.16 rad/s 是二阶微分环节 $\tau^2 s^2 + 2\zeta\tau s + 1$ 的转折频率,即 $\tau = 1/3.16$ s。因为在 $\omega_1 = 31.6$ rad/s 处对数幅频特性斜率的变化为 -40 dB/dec,所以系统的开环传递函数还含有一个振荡环节,其时间常数为 $1/31.6$ s。在转折频率 31.6 rad/s 处,振荡环节的精确特性(图 4.9 中的虚线特性)与渐近特性之差为 -6 dB,这说明振荡环节的阻尼比 $\zeta = 1$,即为临界阻尼。具有临界阻尼($\zeta = 1$)的振荡环节也可看成为时间常数相同的两个惯性环节的串联,其时间常数等于临界阻尼振荡环节的时间常数。从第三个转折频率 400 rad/s 处对数幅频特性的斜率变化看出,开环传递函数还包括一个时间常数为 $1/400$ s 的惯性环节。

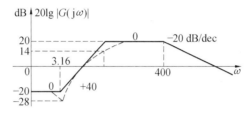

图 4.9

根据上面的分析,图 4.9 所示对数幅频特性代表的开环传递函数 $G(s)$ 具有下列形式

$$G(s) = \frac{K\left[\left(\frac{1}{3.16}\right)^2 s^2 + 2\zeta\left(\frac{1}{3.16}\right)s + 1\right]}{\left[\left(\frac{1}{31.6}\right)^2 s^2 + 2\left(\frac{1}{31.6}\right)s + 1\right]\left(\frac{1}{400}s + 1\right)} \tag{4.28}$$

式(4.28)中的开环增益 K 可由图 4.9 所示对数幅频特性的低频段特性求取,即根据

$$20\lg K = -20 \text{ dB}$$

计算出

$$K = 0.1$$

由转折频率 3.16 rad/s 处二阶微分环节的峰值等于 8 dB 并根据 $A(\omega_n) = 1/2\zeta$,解出阻尼比 $\zeta = 0.2$。

本例题的重点在于掌握根据对数幅频特性各段斜率的变化确定最小相位系统开环传递函数所含典型环节类型的基本概念。

例 10　已知最小相位开环系统 Bode 图的对数幅频特性如图 4.10 所示。试求取系统的开环传递函数。

解　根据图 4.10 所示对数幅频特性各段斜率的变化,可写出具有如下形式的开环传递函数

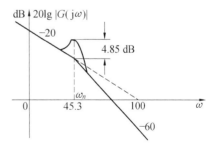

图 4.10

$$G(s) = \frac{K}{s\left[\left(\frac{1}{\omega_n}\right)^2 s^2 + 2\zeta\left(\frac{1}{\omega_n}\right)s + 1\right]} \tag{4.29}$$

式(4.29)中的开环增益 K 可根据对数幅频特性斜率为 -20 dB/dec 的低频段特性的延长线与横轴相交处的频率 ω_0 来确定,从图 4.10 可得

$$K = 100 \text{ s}^{-1}$$

对于振荡环节,其峰值 A_m 及峰值频率 ω_m 与参数 ζ, ω_n 之间的关系为

$$A_m = \frac{1}{2\zeta\sqrt{1-\zeta^2}} \tag{4.30}$$

$$\omega_m = \omega_n\sqrt{1-2\zeta^2} \tag{4.31}$$

由图 4.10 求得

$$20\lg A_m = 4.85 \text{ dB} \tag{4.32}$$

对式(4.30)取对数,并将式(4.32)代入,得

$$20\lg \frac{1}{2\zeta\sqrt{1-\zeta^2}} = 4.85$$

由上式解出欠阻尼状态下振荡环节的阻尼比 $\zeta = 0.3$。

又由图 4.10 求得峰值频率 $\omega_m = 45.3 \text{ rad/s}$。将 $\omega_m = 45.3 \text{ rad/s}$ 及 $\zeta = 0.3$ 代入式 (4.31),解出振荡环节的无阻尼自振频率 $\omega_n = 50 \text{ rad/s}$。

最后,将 $K = 100$,$\zeta = 0.3$ 及 $\omega_n = 50$ 代入式(4.29),求得系统的开环传递函数 $G(s)$ 为

$$G(s) = \frac{100}{s\left[\left(\frac{1}{50}\right)^2 s^2 + 2 \times 0.3 \times \frac{1}{50}s + 1\right]} =$$

$$\frac{100}{s(0.0004s^2 + 0.012s + 1)}$$

本例的重点在于掌握根据振荡环节频率响应的峰值 A_m 及峰值频率 ω_m 计算振荡环节参数 ζ 及 ω_n 的基本概念。

例 11 已知某闭环系统的幅频、相频特性如图 4.11 所示。试写出该闭环系统的传递函数。

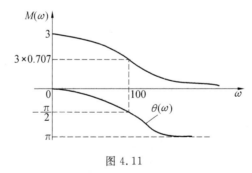

图 4.11

解

(1)从图 4.11 所示相频特性的形状及相角变化规律看出,该系统是一个二阶系统,其传递函数的一般形式为

$$\Phi(s) = \frac{K}{s^2 + 2\zeta\omega_n s + \omega_n^2} \tag{4.33}$$

由式(4.33)所示传递函数求得相应的幅频与相频特性分别为

$$|\Phi(j\omega)| = M(\omega) =$$

$$\frac{K}{\sqrt{(\omega^2 - \omega_n^2)^2 + (2\zeta\omega_n\omega)^2}} \quad (4.34)$$

$$\angle\Phi(j\omega) = \alpha(\omega) = -\arctan\frac{2\zeta\omega_n\omega}{\omega^2 - \omega_n^2} \quad (4.35)$$

(2)由式(4.35)所示相频特性求得

$$\alpha(\omega_n) = -\frac{\pi}{2}$$

因此,从图 4.11 求得无阻尼自振频率 $\omega_n = 100$ rad/s 。

(3)从图 4.11 查得

$$M(0) = 3 \quad (4.36)$$

在式(4.34)中,令 $\omega = 0$,并将式(4.36)代入,求得

$$K = 3 \times 10^4$$

(4)从图 4.11 看到, $\omega = \omega_n = 100$rad/s 时, $M(\omega_n) = 3 \times 0.707$ 。将 $K = 3 \times 10^4$, $\omega = \omega_n = 100$ 及 $M(\omega_n) = 3 \times 0.707$ 代入式(4.34),解出阻尼比 $\zeta = 1/\sqrt{2} = 0.707$ 。

根据上述计算结果,求得式(4.33)所示闭环传递函数为

$$\Phi(s) = \frac{3 \times 10^4}{s^2 + \sqrt{2} \times 100s + 10^4}$$

三、基于开环频率响应分析闭环系统的稳定性,即可在 Nyquist 图上根据开环幅相特性进行,也可在 Bode 图上根据开环对数幅频及相频特性进行。根据开环幅相特性分析闭环系统的稳定性,需要注意 ω 从 $-\infty$ 变至 $+\infty$ 时幅相特性的走向是否是逆时针方向,以及幅相特性包围点 $(-1, j0)$ 的圈数是否与具有正实部的开环极点数相等。

例 12 图 4.12 所示为开环系统的幅相特性。图中 P 为开环传递函数 $G(s)H(s)$ 中具有正实部的极点数目。试分析闭环系统的稳定性。

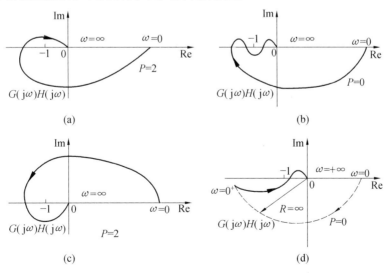

图 4.12

解 根据开环幅相特性,应用 Nyquist 稳定判据分析闭环负反馈系统的稳定性时,由于系统的开环幅相特性当 ω 从 $-\infty$ 变至 0 及从 0 变至 $+\infty$ 时的两部分特性对称于横轴,所以可只根据幅相特性中 ω 从 0 变至 $+\infty$ 部分特性进行分析。这时,对特性走向的要求不变,即对稳定系统应为逆时针方向,而对稳定系统来说,特性包围点 $(-1,j0)$ 的圈数,应等于 $P/2$。

从图 4.12(a)看到,在 ω 从 0 变至 $+\infty$ 的过程中,开环幅相特性包围点 $(-1,j0)$ $P/2 = 1$ 次,但走向为顺时针,故闭环系统为不稳定。

从图 4.12(b)看到,开环幅相特性不包围点 $(-1,j0)$,这对于 $P = 0$ 的情况,闭环系统是稳定的。

从图 4.12(c)看到,开环幅相特性在 ω 从 0 变至 $+\infty$ 的过程中,以逆时针方向包围点 $(-1,j0)$ 一圈,恰好等于 $P/2 = 1$,故闭环系统稳定。

图 4.12(d)所示幅相特性说明系统的开环传递函数 $G(s)H(s)$ 含有两个串联积分环节。在这种情况下,首先需在原给定幅相特性(实线特性)基础上,画出增补的幅相特性(实线加虚线特性),然后再应用 Nyquist 稳定判据分析闭环系统的稳定性。从图4.12(d)可见,对于 $P = 0$,闭环系统是稳定的。

例 13 设在某负反馈系统中

$$G(s) = \frac{10}{s(s-10)} \tag{4.37}$$

$$H(s) = 1 + K_n s \quad (K_n > 0) \tag{4.38}$$

试确定闭环系统稳定时反馈参数 K_n 的临界值。

解

(1)应用 Nyquist 稳定判据的解法。

系统的开环传递函数为

$$G(s)H(s) = \frac{10(1 + K_n s)}{s(s-10)} \tag{4.39}$$

由式(4.39)求得开环系统的频率响应为

$$G(j\omega)H(j\omega) = \frac{10(1 + jK_n\omega)}{j\omega(j\omega - 10)} = U(\omega) + jV(\omega)$$

其实部 $U(\omega)$ 及虚部 $V(\omega)$ 分别为

$$U(\omega) = -\frac{10\omega(10K_n + 1)}{\omega(100 + \omega^2)} \tag{4.40}$$

$$V(\omega) = -\frac{10(K_n\omega^2 - 10)}{\omega(100 + \omega^2)} \tag{4.41}$$

闭环系统处于临界稳定状态时,开环系统的频率响应 $G(j\omega_c)H(j\omega_c)$ 将通过 $[G(j\omega_c)H(j\omega_c)]$ 平面上的点 $(-1,j0)$,其中 ω_c 是 $G(j\omega_c)H(j\omega_c)$ 通过点 $(-1,j0)$ 处的剪切频率。在这种情况下,有

$$U(\omega_c) = -\frac{10(10K_n + 1)}{100 + \omega_c^2} = -1 \tag{4.42}$$

$$V(\omega_c) = -\frac{10(K_n\omega_c^2 - 10)}{\omega_c(100 + \omega_c^2)} = 0 \tag{4.43}$$

由式(4.43)解出

$$\omega_c = \sqrt{\frac{10}{K_n}} \tag{4.44}$$

将式(4.44)代入式(4.42),得

$$100K_n^2 - 90K_n - 10 = 0 \tag{4.45}$$

由方程式(4.45)最终解得闭环系统稳定时反馈参数 K_n 的临界值为

$$K_{n临界} = 1 \tag{4.46}$$

(2)应用 Routh 稳定判据的解法。

将式(4.37)及式(4.38)代入 $1 + G(s)H(s) = 0$,求得该负反馈系统的特征方程式为

$$s^2 + (K_n - 1)10s + 10 = 0 \tag{4.47}$$

由式(4.47)写出 Routh 计算表

s^2	1	10
s^1	$(K_n - 1)10$	0
s^0	10	

应用 Routh 稳定判据,根据 $(K_n - 1)10 = 0$ 求得给定负反馈系统临界稳定时反馈参数 K_n 的临界值为1。这与式(4.46)所示完全相同。

四、根据 Bode 图分析闭环系统的稳定性,从相角裕度入手是一种比较简捷的分析方法。然而,由 Bode 图的渐近对数幅频特性及相频特性计算相角裕度及幅值裕度时。切不可忘记对渐近对数幅频特性进行修正。

例 14 试通过 Bode 图根据相角裕度的概念,确定例13所示系统中反馈参数 K_n 的临界值。

解 为绘制给定系统的 Bode 图,需将式(4.39)所示开环传递函数化成典型环节表示的标准形式,即

$$G(s)H(s) = \frac{K_n s + 1}{s(0.1s - 1)} \tag{4.48}$$

绘制不稳定惯性环节的 Bode 图时,需注意其对数幅频特性与一般惯性环节的对数幅频特性相同,即 $1/(0.1s - 1)$ 的对数幅频特性可按 $1/(0.1s + 1)$ 时的对数幅频特性来绘制;当 ω 从 0 向 $+\infty$ 变化时,其对数相频特性由 $-180°$ 向 $-90°$ 逼近,在转折频率处的相角为 $-135°$。

根据式(4.48)中的积分环节 $1/s$ 及不稳定惯性环节 $1/(0.1s - 1)$ 绘制出的 Bode 图如图 4.13 中的特性 3 所示。

从图 4.13 可见,当给定系统不考虑一阶微分环节 $K_n s + 1$ 时,由于这时的相角裕度 $\gamma < 0$,所以闭环系统是不稳定的。

考虑一阶微分环节 $K_n s + 1$ 时,若取 $K_n > 1$,即取转折频率 $1/K_n < 1\mathrm{rad/s}$,如图4.13中渐近对数幅频特性 1 所示,则从与之对应的相频特性 1 可见,由于在剪切频率 ω_{c1} 处的相角裕度 $\gamma > 0$,所以闭环系统是稳定的。又从图 4.13 看到,只要反馈参数 K_n 稍大于 1,即转折频率 $1/K_n$ 稍小于 1,系统便总是稳定的。若取 $K_n < 1$,即 $1/K_n > 1$,而且只要 K_n 稍小于 1,即 $1/K_n$ 稍大于 1,则系统的剪切频率 ω_c 便总等于 1。而从图 4.13 中的特性

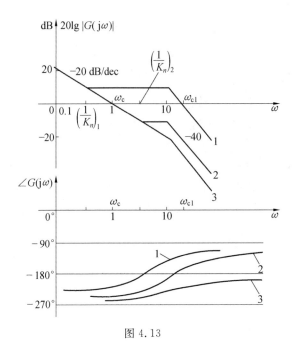

图 4.13

2 看到,由于在 ω_c 处的相角裕度 $\gamma < 0$,因此在 $K_n < 1$ 时系统将是不稳定的。

综上分析,使给定系统稳定的反馈参数 K_n 的临界值为 1。这个结论和在例 13 中所得到的结论是一致的。

例 15 设某单位负反馈系统的开环传递函数为

$$G(s) = \frac{\tau s + 1}{s^2} \tag{4.49}$$

试确定使系统的相角裕度 $\gamma = +45°$ 时的 τ 值。

解

(1)解析计算法

由式(4.49)求得给定系统的幅频特性 $| G(j\omega) |$ 及相频特性 $\angle G(j\omega)$ 分别为

$$| G(j\omega) | = \frac{\sqrt{1 + (\tau\omega)^2}}{\omega^2} \tag{4.50}$$

$$\angle G(j\omega) = -180° + \arctan(\tau\omega) \tag{4.51}$$

根据相角裕度 γ 的定义,有

$$\gamma = 180° + \angle G(j\omega_c) =$$
$$180° - 180° + \arctan(\tau\omega_c) =$$
$$\arctan(\tau\omega_c) \tag{4-52}$$

式中,ω_c 为系统的剪切频率。

按 $\gamma = +45°$ 的要求,由式(4.52)求得

$$\tau\omega_c = 1 \tag{4.53}$$

按式(4.50),根据 $| G(j\omega) | = 1$ 求得

$$\omega_c^4 = (\tau\omega_c)^2 + 1$$

将式(4.53)代入上式,得

$$\omega_c = \sqrt[4]{2} = 1.19 \text{ rad/s} \tag{4.54}$$

将式(4.54)代入式(4.53),求得保证系统的相角裕度 $\gamma = +45°$ 时的 τ 值为

$$\tau = \frac{1}{1.19} = 0.84 \text{ s} \tag{4.55}$$

(2)Bode 图法

若将式(4.55)代入式(4.49),得

$$G(s) = \frac{0.84s + 1}{s^2} \tag{4.56}$$

按式(4.56)绘制的 Bode 图如图 4.14 所示,图中虚线表示渐近对数幅频特性。

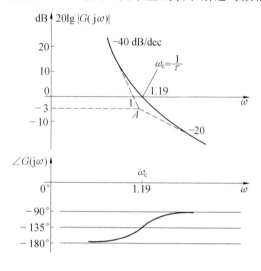

图 4.14

下面基于图 4.14 所示 Bode 图,说明待定参数 τ 是如何确定的。

由于式(4.49)所示系统的开环增益为 1,所以给定系统的渐近对数幅频特性在 $\omega = 1$ 处通过横轴,见图 4.14。对本例来说,因为要求系统的相角裕度 $\gamma = +45°$,所以转折频率 $1/\tau$ 必须等于系统的剪切频率 ω_c。

注意,在转折频率 $1/\tau$ 与 ω_c 相等的情况下,确定 τ 值时必须使用一阶微分环节,即 $(\tau s + 1)$ 的精确特性,否则若使用渐近对数幅频特性,则将导致待定参数 τ 在数值上的误差。

因为在转折频率 $1/\tau$ 处,一阶微分环节 $(\tau s + 1)$ 的精确特性与渐近特性之差为 3 dB,所以在确定参数 τ 时,需将渐近对数幅频特性在 $\omega = 1$ 处过横轴后再继续延长到点 A,A 点对应的纵坐标应为 -3 dB。这时与 A 点对应的横坐标值 ω_1 便是一阶微分环节 $(\tau s + 1)$ 的转折频率 $1/\tau$。对本例来说,ω_1 同时也是系统的剪切频率 ω_c,即

$$\omega_1 = \frac{1}{\tau} = \omega_c \tag{4.57}$$

ω_1 值可根据图 4.14 由下列关系求得,即由

$$20\lg\frac{1}{\omega_1^2}=-3\text{ dB}$$

解出

$$\omega_1=\sqrt[4]{2}=1.19\text{ rad/s} \tag{4.58}$$

由式(4.58)及式(4.57),最终确定满足题意要求的待定参数 τ 值为

$$\tau=\frac{1}{1.19}=0.84\text{ s}$$

例16 设单位负反馈系统的开环传递函数为

$$G(s)=\frac{K}{(0.01s+1)^3} \tag{4.59}$$

试确定使相角裕度 $\gamma=45°$ 的开环增益 K 之值。

解 给定的开环传递函数 $G(s)$ 由放大环节及时间常数相同的三个惯性环节串联构成。惯性环节的时间常数为 0.01 s。

从要求的相角裕度 $\gamma=45°$ 来看,剪切频率 ω_c 必须与惯性环节的转折频率相等。这是因为在三个转折频率相同的惯性环节串联的情况下,转折频率处的相角 $\angle G(j\frac{1}{T})=-135°$ 的缘故。这里 T 为惯性环节的时间常数。

当开环增益 $K=1$ 时,惯性环节 $K/(Ts+1)$ 的对数幅频特性在转折频率 $1/T$ 处的精确值为 -3 dB,因此三个同转折频率的惯性环节串联时,对数幅频特性在转折频率处的精确值为 -9 dB。于是,欲使剪切频率 $\omega_c=1/T$,也就是使精确的对数幅频特性 $20\lg K/(\sqrt{1+(0.01\omega)^2})^3$ 在转折频率 100 rad/s 处过横轴,必须将上述对数幅频特性向上平移 9 dB。由平移后的对数幅频特性的低频段特性求得

$$20\lg K=9\text{ dB} \tag{4.60}$$

由式(4.60)便可确定出满足相角裕度 $\gamma=45°$ 的开环增益 $K=2\sqrt{2}$。

上述分析过程见图 4.15。图中对数幅频特性 1 为渐近特性,特性 2 为精确特性。

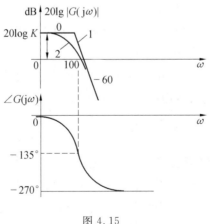

图 4.15

本例要重点掌握惯性环节的渐近对数幅频特性与精确对数幅频特性间的关系,以及在转折频率处的相角值等概念。

例 17 设某单位负反馈系统的开环传递函数为

$$G(s) = \frac{k}{s(s^2 + s + 100)} \qquad (4.61)$$

若要求系统的幅值裕度为 20 dB,问开环增益 K 应取何值?

解

(1)解析计算法

从式(4.61)所示开环传递函数 $G(s)$ 求得给定系统的开环幅频特性 $|G(j\omega)|$ 与开环相频特性 $\angle G(j\omega)$ 分别为

$$|G(j\omega)| = \frac{k}{\omega\sqrt{(100 - \omega^2)^2 + \omega^2}} \qquad (4.62)$$

$$\angle G(j\omega) = -90° - \arctan\frac{\omega}{100 - \omega^2} \qquad (4.63)$$

设 $\omega = \omega_g$ 时,$\angle G(j\omega_g) = -180°$。将 $\omega = \omega_g$ 代入式(4.63),得

$$\angle G(j\omega_g) = -90° - \arctan\frac{\omega_g}{100 - \omega_g^2} = -180° \qquad (4.64)$$

由式(4.64)解出

$$\omega_g = 10 \text{ rad/s} \qquad (4.65)$$

将 $\omega = \omega_g = 10$ 代入式(4.62),得

$$|G(j\omega_g)| = \frac{k}{10\sqrt{(100 - 10^2)^2 + 10^2}} = \frac{k}{100} \qquad (4.66)$$

根据以对数形式表示的系统幅值裕度的定义,得

$$20\lg\left|\frac{1}{G(j\omega_g)}\right| = 20\lg\frac{100}{k} \qquad (4.67)$$

根据幅值裕度应为 20 dB 的要求,由式(4.67)解得

$$k = 10 \qquad (4.68)$$

将式(4.61)化成典型环节表示的标准形式

$$G(s) = \frac{K}{s(0.01s^2 + 0.01s + 1)} \qquad (4.69)$$

$$K = \frac{k}{100} \qquad (4.70)$$

将式(4.69)与振荡环节的标准形式 $1/(T^2 s^2 + 2\zeta T s + 1)$ 相比,得

$$T^2 = 0.01$$
$$T = 0.1 \qquad (4.71)$$
$$2\zeta T = 0.01$$
$$\zeta = 0.05 \qquad (4.72)$$

由式(4.68)及式(4.70)求得满足给定系统具有 20 dB 幅值裕度的开环增益

$$K = 0.1 \text{ s}^{-1}$$

(2)Bode 图法

根据时间常数 $T = 0.1$ s,确定振荡环节的转折频率 $\omega_n = 1/T = 10$ rad/s。在转折频率

ω_n 处, 系统开环相角 $\angle G(j\omega_n) = -90° - 90° = -180°$, 可见对给定系统来说, 有 $\omega_n = \omega_g$。

又根据 $20\lg A(\omega_n) = 20\lg 1/2\zeta$, 求得转折频率 ω_n 处当 $\zeta = 0.05$ 时振荡环节的渐近对数幅频特性的修正值为 20 dB, 在此基础上, 再加上对幅值裕度所要求的 20 dB, 因此在振荡环节转折频率 ω_n 处, 系统渐近对数幅频特性的对数幅值应等于 -40 dB。

设由 $\omega_n = 10$ rad/s 及 $20\lg |G(j\omega_n)| = -40$ dB 决定的点为 A 点。经过 A 点向高频段作一斜率为 -60 dB/dec 的直线, 而向低频段作斜率为 -20 dB/dec 的直线, 该直线在 $\omega = 0.1$ rad/s 处过横轴, 如图 4.16 所示。由图 4.16, 根据 $20\lg |G(j1)| = 20\lg K = -20$ dB, 从而确定出满足题意要求的开环增益 $K = 0.1$ s^{-1}。

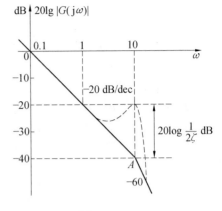

图 4.16

例 18 设某负反馈系统的前向通道与反馈通道的传递函数分别为

$$G(s) = \frac{16}{s(s+2)} \tag{4.73}$$

$$H(s) = 1 \tag{4.74}$$

计算 (1) 系统的剪切频率 ω_c 及相角裕度 γ;

(2) 闭环幅频特性的相对谐振峰值 M_r 及谐振频率 ω_r。

解 从式(4.73)及式(4.74)知, 给定系统是一个具有单位反馈的二阶系统, 其开环传递函数为

$$G(s)H(s) = \frac{16}{s(s+2)} \tag{4.75}$$

化成由典型环节表示的标准形式

$$G(s)H(s) = \frac{8}{s(0.5s+1)} \tag{4.76}$$

(1) 计算 ω_c 及 γ

将 $s = j\omega$ 代入式(4.76), 求得开环幅频特性及开环相频特性分别为

$$|G(j\omega)H(j\omega)| = \frac{8}{\omega\sqrt{1+(0.5\omega)^2}} \tag{4.77}$$

$$\angle G(j\omega) = -90° - \arctan(0.5\omega) \tag{4.78}$$

对于 $\omega = \omega_c$, 有

$$|G(j\omega_c)H(j\omega_c)| = \frac{8}{\omega_c\sqrt{1+(0.5\omega_c)^2}} = 1$$

求解上式, 得

$$\omega_c = 3.76 \text{ rad/s}$$

将 $\omega_c = 3.76$ 代入式(4.78), 得

$$\angle G(j\omega_c) = -90° - \arctan(0.5 \times 3.76) = -152°$$

根据相角裕度定义,得

$$\gamma = 180° + \angle G(j\omega_c) = 28°$$

(2)计算 M_r 及 ω_r

由式(4.75)求得给定系统的闭环传递函数 $\Phi(s)$ 为

$$\Phi(s) = \frac{16}{s^2 + 2s + 16} \tag{4.79}$$

将式(4.79)的分母多项式与二阶系统闭环传递函数分母多项式的标准形式 $s^2 + 2\zeta\omega_n s + \omega_n^2$ 相比,求得二阶系统参数:无阻尼自振频率 ω_n 及阻尼比 ζ 分别为

$$\omega_n = 4 \text{ rad/s} \tag{4.80}$$

$$\zeta = \frac{2}{2\omega_n} = 0.25 \tag{4.81}$$

已知二阶系统的 M_r 及 ω_r 与其参数 ζ, ω_n 的关系式为

$$M_r = \frac{1}{2\zeta\sqrt{1-\zeta^2}} \tag{4.82}$$

$$\omega_r = \omega_n\sqrt{1-2\zeta^2} \tag{4.83}$$

将式(4.81)代入式(4.82),求得

$$M_r = 2.06$$

再将式(4.80)及式(4.81)代入式(4.83),求得

$$\omega_r = 3.74 \text{ rad/s}$$

例 19 设某控制系统的方框图如图 4.17 所示。试根据该系统响应10 rad/s的匀速信号时的稳态误差等于30°的要求确定前置放大器的增益 K ,并计算该系统的相角裕度及幅值裕度。

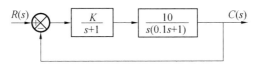

图 4.17

解

(1)确定前置放大器的增益 K

从图 4.17 可见,给定系统对控制信号 $r(t)$ 而言是Ⅰ型系统,而Ⅰ型系统在响应匀速信号 $r(t) = 10t$ 弧度时的稳态误差为

$$e_{ss} = \frac{10}{10K} = 30 \times \frac{\pi}{180} \text{ rad} \tag{4.84}$$

解式(4.84),得

$$K = 1.91$$

(2)考虑 $K = 1.91$,从图 4.17 求得给定系统的开环传递函数为

$$G(s) = \frac{19.1}{s(0.1s+1)(s+1)} \tag{4.85}$$

由

$$| G(j\omega_c) | = \frac{19.1}{\omega_c \sqrt{1 + (0.1\omega_c)^2} \cdot \sqrt{1 + \omega_c^2}} = 1$$

解出剪切频率

$$\omega_c = 4.15 \text{ rad/s}$$

再根据

$$\gamma = 180^\circ + \angle G(j\omega_c) =$$
$$180^\circ - 90^\circ - \arctan(0.1\omega_c) - \arctan \omega_c$$

代 $\omega_c = 4.15$，求得给定系统的相角裕度

$$\gamma = -9^\circ \tag{4.86}$$

由

$$\angle G(j\omega_g) = -90^\circ - \arctan(0.1\omega_g) - \arctan \omega_g = -180^\circ$$

解得

$$\omega_g = 3.2 \text{ rad/s}$$

计算

$$| G(j\omega_g) | = \frac{19.1}{\omega_g \sqrt{1 + (0.1\omega_g)^2} \sqrt{1 + \omega_g^2}} \Bigg|_{\omega_g = 3.5} = 1.7$$

根据

$$20\lg K_g = 20\lg \frac{1}{| G(j\omega_g) |}$$

计算出给定系统的幅值裕度

$$20\lg K_g = -4.6 \text{ dB} \tag{4.87}$$

由式(4.86)及式(4.87)看出,给定闭环系统是不稳定的。

在这个例题中,重点要掌握对系统的相角裕度 γ 及幅值裕度 $20\lg K_g$ 的正确计算。计算 γ 时,要首先根据开环幅频特性 $| G(j\omega_c) | = 1$ 计算出剪切频率 ω_c,其次再通过开环相频特性 $\angle G(j\omega_c)$ 按 $\gamma = 180^\circ + \angle G(j\omega_c)$ 这个关系确定相角裕度;而计算幅值裕度 $20\lg K_g$ 时,首先要根据开环相频特性 $\angle G(j\omega_g) = -180^\circ$ 计算出 ω_g,然后通过 $| G(j\omega_g) |$ 计算幅值裕度 $20\lg K_g = 20\lg 1/| G(j\omega_g) |$。通过这个例题还要掌握根据相角裕度及幅值裕度分析闭环系统稳定性的概念。

例 20 设某单位负反馈系统的开环传递函数为

$$G(s) = \frac{K}{s(0.01s + 1)(0.1s + 1)} \tag{4.88}$$

试(1)计算满足闭环系统的 $M_r \leqslant 1.5$ 时的开环增益 K;

(2)根据相角裕度及幅值裕度分析闭环系统的稳定性;

(3)应用经验公式计算该系统的时域性能指标:超调量 $\sigma\%$ 、调整时间 t_s。

解

(1)根据相角裕度 γ 与闭环幅频特性的相对谐振峰值 M 之间的近似关系式

$$\gamma = \arcsin \frac{1}{M_r}$$

按 $M_r \leqslant 1.5$ 的要求,计算出

$$\gamma \geqslant 42° \tag{4.89}$$

绘制出 $K=1$ 时给定系统的 Bode 图,见图 4.18。再根据式(4.89)的要求,在 Bode 图上通过作图确定对应的开环增益 K。由图 4.18 所示 Bode 图看到,当 $\omega = 9$ rad/s 时,开环系统的相角 $\angle G(j9) = -137.2°$。显然,若将给定系统的渐近对数幅频特性平行向上移,使其在 $\omega = 9$ rad/s 处经过横轴,即令 $\omega_c = 9$ rad/s,则得给定系统的相角裕度 $\gamma = 42.8°$,满足式(4.89)的要求。由于在 $K=1$ 的渐近对数幅频特性上对应 $\omega = 9$ rad/s 的对数幅值为 -19 dB,所以对于 $\omega_c = 9$ rad/s 来说,渐近对数幅频特性应向上平移19 dB,

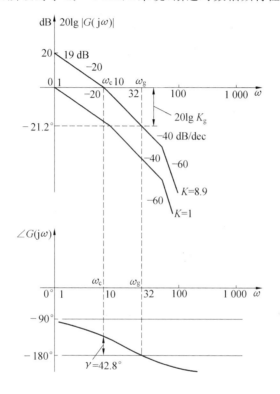

图 4.18

因此在 $\omega = 1$ 处有

$$20\lg K = 19 \text{ dB} \tag{4.90}$$

由式(4.90)解得满足式(4.89)的开环增益为

$$K = 8.9 \text{ s}^{-1}$$

(2)已知满足 $M_r \leqslant 1.5$ 的 $\omega_c = 9$ rad/s 及 $\gamma = 42.8°$,从图 4.18 求得 $\omega_g = 32$ rad/s,$\angle G(j\omega_g) = -180°$,并由此求得给定系统的幅值裕度 $20\lg K_g = +21.2$ dB。

因为系统的 $\gamma > 0°$ 以及 $20\lg K_g > 0$ dB,所以闭环系统是稳定的。

(3)应用经验公式

$$\sigma\% = 0.16 + 0.4(M_r - 1) \tag{4.91}$$

$$t_s = \frac{\pi}{\omega_c}[2 + 1.5(M_r - 1) + 2.5(M_r - 1)^2 \tag{4.92}$$

根据已知数据 $M_r=1.5$ 及 $\omega_c=9\mathrm{rad/s}$,由式(4.91)及式(4.92)分别求得

$$\sigma=36\%$$
$$t_s=1.18\ \mathrm{s}$$

习　题

4.1　设某负反馈系统的开环传递函数为

$$G(s)H(s)=\frac{2\ 083(s+3)}{s(s^2+20s+625)}$$

试绘制系统的 Bode 图,并确定剪切频率 ω_c 之值。

4.2　设某负反馈系统的开环传递函数为

$$G(s)H(s)=\frac{Ks^2}{(0.02s+1)(0.2s+1)}$$

试绘制系统的 Bode 图,并确定剪切频率 $\omega_c=5\ \mathrm{rad/s}$ 时的 K 值。

4.3　设某单位负反馈系统的开环传递函数为

$$G(s)=\frac{K\mathrm{e}^{-0.1s}}{s(s+1)}$$

试确定使闭环系统稳定的开环增益 K 的最大值。

4.4　已知某控制系统的方框图如图 4.19 所示。试确定闭环系统稳定时反馈参数 τ 的取值范围,并画出闭环系统稳定时的 Nyquist 曲线图。

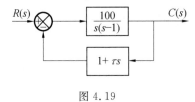

图 4.19

4.5　已知最小相位开环系统的渐近对数幅频特性如图 4.20 所示,试求取系统的开环传递函数。

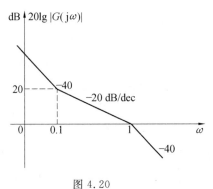

图 4.20

4.6　已知最小相位开环系统的渐近对数幅频特性如图 4.21 所示,试求取该系统的开环传递函数。

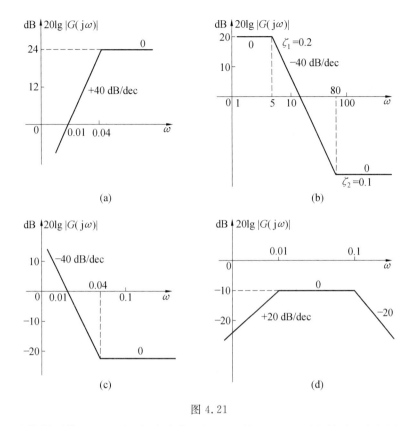

图 4.21

4.7　设控制系统的开环频率响应如图 4.22 的 Nyquist 图所示,试应用 Nyquist 稳定判据判别闭环系统的稳定性。

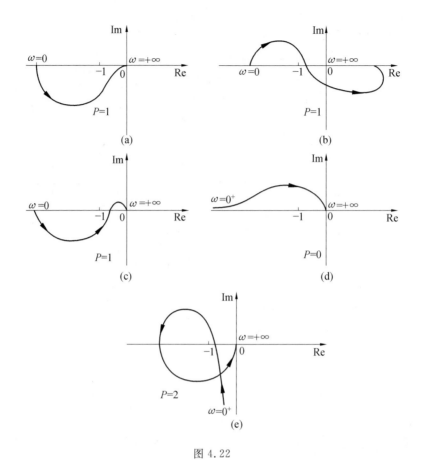

图 4.22

4.8 已知负反馈系统的 Nyquist 图如图 4.23 所示。设开环增益 $K = 500$，在 s 平面右半部开环极点数 $P = 0$。试确定 K 位于哪两个数值之间时为稳定系统；K 小于何值时，该系统不稳定。

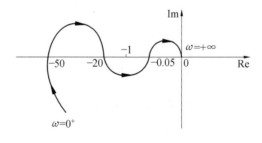

图 4.23

4.9 已知最小相位开环系统的渐近对数幅频特性如图 4.24 所示。试计算系统的相角裕度及幅值裕度。

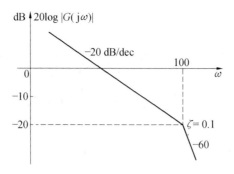

图 4.24

4.10 已知单位负反馈系统的开环传递函数为

$$G(s) = \frac{100}{s(Ts+1)}$$

试计算当系统的相角裕度 $\gamma = 36°$ 时的 T 值和系统闭环幅频特性的谐振峰值 M_r。

4.11 已知最小相位开环系统的渐近对数幅频特性如图 4.25 所示。试计算系统在 $r(t) = t^2/2$ 作用下的稳态误差和相角裕度。

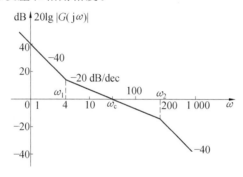

图 4.25

4.12 设单位负反馈系统的开环传递函数为

$$G(s) = \frac{7}{s(0.087s+1)}$$

试应用频率响应法计算系统的单位阶跃响应指标：$\sigma\%$，t_s。

4.13 设单位负反馈系统的开环传递函数为

$$G(s) = \frac{48(s+1)}{s(8s+1)\left(\dfrac{1}{20}s+1\right)}$$

试(1)计算系统的剪切频率 ω_c 及相角裕度 γ；

(2)应用经验公式估算闭环系统的性能指标：$M_r, \sigma\%$，t_s。

第5章 应用频率响应法综合控制系统的基本概念

例 题

一、串联超前校正的核心问题是校正环节为待校正系统提供旨在提高系统稳定性的超前补偿相角。系统实现超前校正时,其剪切频率 ω_c **将有所提高,从而加速了系统对控制输入的响应。**

例1 已知单位负反馈系统的开环传递函数为

$$G(s) = \frac{200}{s(0.1s+1)} \tag{5.1}$$

试综合一个串联校正环节,使系统的相角裕度不小于 $45°$,剪切频率不低于 $50\ \mathrm{rad/s}$。

解

(1)校正前系统的渐近对数幅频特性如图 5.1 所示。其中 $20\lg K = 20\lg 200 = 46\ \mathrm{dB}$。

根据图 5.1 查出或根据式(5.1)计算出校正前系统的剪切频率为 $44.2\ \mathrm{rad/s}$,相角裕度为 $12.7°$。由此可见,系统如不经校正,其相角裕度及剪切频率均低于要求值。

从图 5.1 所示待校正系统的 Bode 图来看,考虑到对其相角裕度及剪切频率均应提高的要求,需采用能提供超前补偿相角以及能扩展系统带宽的校正环节。具有此等功能的串联校正当推超前校正,其传递函数 $G_c(s)$ 一般形式为

$$G_c(s) = \frac{\tau s + 1}{Ts + 1} \quad (\tau > T) \tag{5.2}$$

根据剪切频率不低于 $50\ \mathrm{rad/s}$ 的要求,选取剪切频率 $\omega_c = 60\ \mathrm{rad/s}$。同时又根据一般惯例取 $\tau = 10T$,计算满足相角裕度不小于 $50°$ 时的校正参数 τ 及 T 之值。

(2)计算校正参数 τ 的解析法。

求取由式(5.1)及(5.2)决定的校正后系统的开环传递函数为

$$G(s) = \frac{200(\tau s + 1)}{s(0.1s+1)(Ts+1)} \tag{5.3}$$

由式(5.3)求得校正后系统的幅频特性 $|G(j\omega)|$ 及相频特性 $\angle G(j\omega)$ 分别为

$$|G(j\omega)| = \frac{200\sqrt{1+(\tau\omega)^2}}{\omega\sqrt{1+(0.1\omega)^2}\sqrt{1+(T\omega)^2}} \tag{5.4}$$

$$\angle G(j\omega) = -90° - \arctan(0.1\omega) - \arctan(T\omega) + \arctan(\tau\omega) \tag{5.5}$$

其中取 $T = 0.1\tau$。

由式(5.4)根据 $|G(j\omega_c)|\big|_{\omega_c=60} = 1$ 求解校正参数 τ。即由

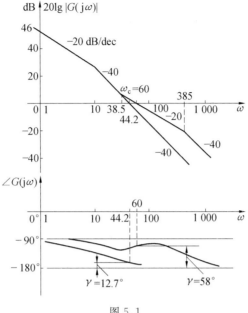

图 5.1

$$200\sqrt{1+(60\tau)^2}=60\sqrt{1+6^2}\sqrt{1+(6\tau)^2}$$

解出

$$\tau=0.026\ \text{s} \tag{5.6}$$

$$T=0.0026\ \text{s} \tag{5.7}$$

由 τ 及 T 求得串联超前校正环节的转折频率为 $1/\tau=38.5\ \text{rad/s}$, $1/T=385\ \text{rad/s}$ 。

将 $\tau=0.026\ \text{s},T=0.1\tau$ 及 $\omega_c=60\ \text{rad/s}$ 代入式(5.5),得

$$\angle G(j\omega_c)\mid_{\omega_c=60}=-90°-\arctan6-\arctan0.0026\times$$

$$60+\arctan0.026\times60=-122°$$

根据 $\angle G(j60)=-122°$ 求得的校正后系统的相角裕度 $\gamma(60)=58°$,满足设计指标要求。这说明,选取式(5.2)所示串联超前校正的参数 $\tau=0.026\ \text{s}$ 及 $T=0.0026\ \text{s}$ 时,校正后系统在相角裕度及剪切频率两方面均满足设计指标要求。这时的串联超前校正环节的传递函数为

$$G_c(s)=\frac{1+0.026\ s}{1+0.0026\ s} \tag{5.8}$$

校正后系统的渐近对数幅频特性如图 5.1 所示。

注意,根据指标要求设计校正环节时,校正参数的确定并非惟一。例如,选取剪切频率 $\omega_c=60\ \text{rad/s}$ 及 $\tau=5T$ 时,通过式(5.4)及式(5.5)计算出

$$\tau=0.0273\ \text{s}$$

$$T=0.0055\ \text{s}$$

$$\gamma(60)=49.84°>45°$$

显然,这组校正参数也是可取的。

例 2 在图 5.2 所示控制系统中,要求采用串联校正以消除该系统跟踪匀速输入信

号时的稳态误差。试设计串联校正环节。

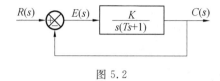

图 5.2

解 从消除匀速输入信号作用下系统的稳态误差这一要求可知,校正后的系统必须是 Ⅱ 型系统,因此所设计的串联校正环节应包括一个积分环节。若选串联校正环节的传递函数 $G_c(s)$ 为

$$G_c(s) = \frac{K_1}{s} \tag{5.9}$$

时,则校正后系统的开环传递函数为

$$G(s) = \frac{K_1 K}{s^2(Ts+1)} \tag{5.10}$$

注意,根据稳态要求初步确定系统的串联校正环节后,还必须分析校正后系统的稳定性。这是因为校正后系统如不稳定,就无法满足对于稳态指标的要求。

从式(5.10)求得单位反馈系统的特征方程式为

$$s^2(Ts+1) + K_1 K = 0$$
$$Ts^3 + s^2 + K_1 K = 0 \tag{5.11}$$

式(5.11)表明,由于 s^1 项系数为零而不满足系统稳定的必要条件,因此给定系统是不稳定的。这说明,单从稳态要求设计串联校正环节是不全面的,还必须同时从动态角度考虑解决系统的稳定性问题。

从式(5.10)可见,系统之所以不稳定,是因为无论时间常数 T 取任何正值系统的相角裕度总为负的缘故。因此,欲使闭环系统稳定,串联校正环节除满足稳态要求需含积分环节外,还必须包括能提供正补偿相角的环节,如一阶微分环节 $\tau s + 1$,即校正环节的传递函数 $G_c(s)$ 应选为

$$G_c(s) = \frac{K_1(\tau s + 1)}{s} \tag{5.12}$$

从而校正后系统的开环传递函数为

$$G(s) = \frac{K_1 K(\tau s + 1)}{s^2(Ts+1)} \tag{5.13}$$

由式(5.13)求得校正后系统的特征方程式为

$$Ts^3 + s^2 + K_1 K \tau s + K_1 K = 0 \tag{5.14}$$

从给定系统稳定出发,由

$$K_1 K \tau - K_1 K T > 0$$

求得

$$\tau > T \tag{5.15}$$

式(5.15)规定了校正参数 τ 的取值范围。根据校正后系统对相角裕度的要求可确定参数 τ 的取值。参数 K_1 需根据系统响应匀加速信号的稳态误差允许值来确定。

注意,式(5.12)所示校正环节具有的控制规律便是通常所说的 PI 规律。

例 3   设某控制系统的开环传递函数为

$$G(s) = \frac{10}{s(0.05s+1)(0.25s+1)} \tag{5.16}$$

要求校正后系统的相对谐振峰值 $M_r = 1.4$,谐振频率 $\omega_r > 10$ rad/s。试设计一个合适的串联校正环节。

解

(1)按近似公式将要求的相对谐振峰值 M_r 换算为要求的相角裕度 γ 为

$$\gamma = \arcsin \frac{1}{M_r} = \arcsin \frac{1}{1.4} = 45.6° \tag{5.17}$$

(2)将式(5.16)所示系统近似视为二阶系统。对于二阶系统,有公式

$$\omega_r = \omega_n \sqrt{1 - 2\zeta^2}$$

$$\frac{\omega_r}{\omega_n} = \sqrt{1 - 2\zeta^2} \tag{5.18}$$

$$\omega_c = \omega_n \sqrt{\sqrt{1 + 4\zeta^4} - 2\zeta^2}$$

$$\frac{\omega_c}{\omega_n} = \sqrt{\sqrt{1 + 4\zeta^4} - 2\zeta^2} \tag{5.19}$$

$$M_r = \frac{1}{2\zeta\sqrt{1 - \zeta^2}} \tag{5.20}$$

式中,ω_n 为二阶系统的无阻尼自振频率;ζ 为二阶系统的阻尼比;ω_c 为系统的剪切频率。

(3)由式(5.20)及 $M_r = 1.4$,求得

$$\zeta = 0.39 \tag{5.21}$$

将式(5.21)代入式(5.18)及(5.19),求得系统应具有的剪切频率为

$$\omega_c = 1.0084\omega_r =$$
$$1.0084 \times 10 = 10.084 \text{ rad/s}$$

为满足 $\omega_r > 10$ rad/s 的要求,且留有余地,取

$$\omega_c = 15 \text{ rad/s} \tag{5.22}$$

由式(5.16)计算得

$$\angle G(j\omega_c) \big|_{\omega_c=15} = -202° \tag{5.23}$$

(4)由式(5.16)计算对应剪切频率 $\omega_c = 15$ rad/s 时的开环增益 K。由

$$|G(j\omega_c)|_{\omega_c=15} = \left| \frac{K}{\omega_c(1 + j0.05\omega_c)(1 + j0.25\omega_c)} \right|_{\omega_c=15} = 1$$

得

$$K = 73 \text{s}^{-1} \tag{5.24}$$

就是说,欲使给定系统具有 $\omega_c = 15$ rad/s,开环增益必须由原来的 10 s^{-1} 提高到 73 s^{-1},即需要提高 7.3 倍。若仅通过串接一个增益为 7.3 倍(17dB)的附加放大器来实现上述开环增益的提高而不加任何校正,式(5.23)知,由于这时系统的相角裕度 $\gamma = -22°$,闭

环系统是不稳定的。

（5）欲满足式(5.17)要求的相角裕度,系统需进行超前校正,其传递函数取为

$$G_c(s) = \frac{Ts+1}{\alpha Ts+1} \quad (\alpha < 1) \tag{5.25}$$

串联超前校正环节应提供的最大超前相角 φ_m 为

$$\varphi_m = 45.6° + 22° \approx 68° \tag{5.26}$$

而对式(5.25)所示超前校正环节, φ_m 与参数 α 间有如下关系存在

$$\varphi_m = \arcsin\frac{1-\alpha}{1+\alpha} \tag{5.27}$$

将式(5.26)代入式(5.27),解得

$$\alpha = 0.038 \tag{5.28}$$

式(5.25)所示超前校正环节提供最大超前相角 φ_m 处的频率 ω_m 与参数 α 及 T 间的关系为

$$\omega_m = \frac{1}{\sqrt{\alpha}\,T} \tag{5.29}$$

为使串联超前校正环节的校正效果最好,令

$$\omega_c = \omega_m = \frac{1}{\sqrt{\alpha}\,T} \tag{5.30}$$

由式(5.22)、(5.28)及(5.30)求得微分时间常数 T 为 0.342 s。

最终求得满足设计指标的串联超前校正环节的传递函数为

$$G_c(s) = \frac{0.342s+1}{0.013s+1} \tag{5.31}$$

（6）校正后系统的开环传递函数为

$$G(s) = \frac{73}{s(0.05s+1)(0.25s+1)} \times \frac{0.342s+1}{0.013s+1} \tag{5.32}$$

由式(5.32)求得当 $\omega_c = 15\text{rad/s}$ 时的相角裕度为

$$\gamma(15) = 46° \tag{5.33}$$

通过验算由式(5.33)及(5.17)看出,校正后系统的相角裕度满足与 $M_r = 1.4$ 对应的相角裕度要求值。这说明,式(5.31)所示校正环节是合适的。

二、串联迟后校正的作用在于改善系统的稳态性能,这是在保证系统具有一定稳定裕度的前提下,通过提高系统的开环增益实现的。确定串联迟后校正参数时,重要的是不使迟后校正环节的迟后相角对系统的相角裕度产生明显的影响。一般将这种相角迟后控制在$-3°$范围之内,这样,就可以做到串联迟后校正对系统的动态性能基本上无影响。

例 4 设有图 5.3 所示控制系统,试

（1）根据系统的相对谐振峰值 $M_r = 1.3$ 确定前置放大器的增益 K ;

（2）根据对 $M_r = 1.3$ 及速度误差系数 $K_V \geqslant 4\text{s}^{-1}$ 的要求,确定串联迟后校正环节的参数。

解 图 5.3 所示系统的开环传递函数 $G(s)$ 为

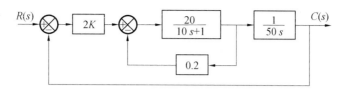

图 5.3

$$G(s) = 2K \times \frac{\dfrac{20}{10s+1}}{1 + \dfrac{20}{10s+1} \times 0.2} \times \frac{1}{50s} =$$

$$\frac{K_V}{s(2s+1)} \tag{5.34}$$

式中，$K_V = 4K/25$。根据式(5.34)求得给定系统的闭环传递函数 $\Phi(s)$ 为

$$\Phi(s) = \frac{G(s)}{1 + G(s)} = \frac{K_V/2}{s^2 + 0.5s + K_V/2} \tag{5.35}$$

（1）式(5.35)所示的闭环传递函数 $\Phi(s)$ 具有二阶系统传递函数的标准形式，因此有

$$2\zeta\omega_n = 0.5 \tag{5.36}$$

$$\omega_n^2 = \frac{2K}{25}$$

$$\omega_n = \frac{\sqrt{2K}}{5} \tag{5.37}$$

由二阶系统闭环幅频特性的相对谐振峰值 M_r 与阻尼比 ζ 间的关系式

$$M_r = \frac{1}{2\zeta\sqrt{1 - \zeta^2}}$$

求得当 $M_r = 1.3$ 时的阻尼比 $\zeta = 0.425$。

将 $\zeta = 0.425$ 及式(5.37)代入式(5.36)，求得前置放大器的增益 K 及系统的速度误差系数 K_V 分别为

$$K = 4.33$$

$$K_V = \frac{4K}{25} = 0.693 \text{ s}^{-1}$$

（2）串联迟后校正环节的传递函数 $G_c(s)$ 选为

$$G_c(s) = \frac{T_2 s + 1}{T_1 s + 1} \quad (T_1 > T_2) \tag{5.38}$$

并要求 $\angle G_c(j\omega_c) \geqslant -3°$，其中 ω_c 为式(5.34)所示未校正系统的剪切频率，其值由

$$|G(j\omega_c)| = \frac{0.693}{\omega_c\sqrt{1 + (2\omega_c)^2}} = 1$$

解得为

$$\omega_c = 0.493 \text{ rad/s}$$

初选迟后校正环节的一个转折频率 $1/T_2 = 0.02$ rad/s，它约为剪切频率 ω_c 的 1/25。如此选择的目的在于使迟后校正环节在剪切频率 ω_c 处的迟后相角不超出 $-3°$。迟后校正环节的另一个转折频率 $1/T_1$ 可根据 K_V 的要求值相对原值提高的倍数来确定。例如，

本例要求将 K_V 从原值 0.693 提高到要求值 4，即需提高 5.77 倍以上，如取 7 倍，则有

$$\frac{1/T_2}{1/T_1} = 7$$

因此求得 $T_1 = 7T_2 = 350 \text{ s}$。

将 $T_2 = 50\text{s}$ 及 $T_1 = 350\text{s}$ 代入式(5.38)，求得串联迟后校正环节的传递函数为

$$G_c(s) = \frac{50s + 1}{350s + 1}$$

该迟后校正环节在 $\omega_c = 0.493\text{rad/s}$ 处的迟后相角为

$$\angle G_c(j\omega_c) = -\arctan350\omega_c + \arctan50\omega_c \mid_{\omega_c = 0.493} = -2°$$

例 5　设单位负反馈系统的开环传递函数为

$$G(s) = \frac{K}{s(0.04s + 1)} \tag{5.39}$$

要求系统响应单位匀速输入信号时的稳态误差 $e_{ss} \leqslant 1\%$ 及相角裕度 $\gamma(\omega_c) \geqslant 45°$，试确定串联迟后校正环节的传递函数。

解

(1)由未校正系统的相频特性

$$\angle G(j\omega) = -90° - \arctan(0.04\omega)$$

确定当相角裕度 $\gamma = 50°(> 45°)$ 时的剪切频率 ω_c 之值，即由

$$\gamma(\omega_c) = 180° - 90° - \arctan(0.04\omega_c) = 50°$$

$$\arctan(0.04\omega_c) = 40°$$

解出

$$\omega_c = 21 \text{ rad/s} \tag{5.40}$$

(2)未校正系统的幅频特性由式(5.39)求得为

$$\mid G(j\omega) \mid = \frac{K}{\omega\sqrt{1 + (0.04\omega)^2}} \tag{5.41}$$

将式(5.40)代入式(5.41)并令其等于 1，求得给定系统在 $\omega_c = 21 \text{ rad/s}$ 处，保证相角裕度 $\gamma(\omega_c) = 50°$ 时的开环增益为

$$K = \omega_c\sqrt{1 + (0.04\omega_c)^2} = 27.4 \text{ s}^{-1}$$

(3)根据给定 I 型系统响应单位匀速输入信号时的稳态误差 $e_{ss} \leqslant 1\%$ 的要求，计算出系统要求的开环增益为 100 s^{-1}。因此，通过串联迟后校正需将开环增益 K 提高的倍数 β 为

$$\beta = \frac{100}{27.4} = 3.65 \tag{5.42}$$

(4)串联迟后校正环节的传递函数 $G_c(s)$ 选为

$$G_c(s) = \frac{T_2s + 1}{T_1s + 1} \qquad (T_1 > T_2) \tag{5.43}$$

$$T_1 = \beta T_2 \tag{5.44}$$

为使串联迟后校正环节的迟后相角对未校正系统的相角裕度 $\gamma(\omega_c)$ 不产生明显影响，选取校正环节的转折频率

$$\frac{1}{T_2} = 2 \text{ rad/s} \approx \frac{1}{10}\omega_c$$

$$T_2 = 0.5 \text{ s} \tag{5.45}$$

根据式(5.44)、(5.45)及(5.42),得

$$T_1 = 1.83 \text{ s} \tag{5.46}$$

将式(5.45)及(5.46)代入式(5.43),求得串联迟后校正环节的传递函数为

$$G_c(s) = \frac{0.5s+1}{1.83s+1} \tag{5.47}$$

(5)将 $K = 100s^{-1}$ 代入式(5.39),并考虑式(5.47)所示的串联迟后校正环节的传递函数,写出校正后系统的开环传递函数为

$$G(s) = \frac{100}{s(0.04s+1)} \cdot \frac{0.5s+1}{1.83s+1} \tag{5.48}$$

由式(5.48)求得当剪切频率 $\omega_c = 21\text{rad/s}$ 时校正后系统的相角裕度为

$$\gamma(21) = 180° - 90° - \text{arctg}(0.04 \times 21) -$$
$$\text{arctg}(1.83 \times 21) + \text{arctg}(0.5 \times 21) = 46°$$

满足系统应具有相角裕度 $\gamma(\omega_c) \geqslant 45°$ 的要求。

三、采用串联迟后-超前校正的目的在于既提高未校正系统的稳定性能又提高其动态性能。其中稳态性能的改善靠串联迟后校正,而动态性能的改善则靠串联超前校正。因此,在确定串联迟后-超前校正的参数时,可同时独立地应用设计串联迟后校正与串联超前校正的步骤与结论。

例 6 已知某单位负反馈系统的开环传递函数为

$$G(s) = \frac{Ke^{-0.005s}}{s(0.01s+1)(0.1s+1)} \tag{5.49}$$

要求系统的相角裕度 $\gamma(\omega_c) = 45°$,响应匀速输入 $\gamma(t) = t$ 时的稳态误差 $e_{ss} = 0.01$,试确定串联校正环节的传递函数。

解

(1)根据未校正系统的相频特性

$$\angle G(j\omega) = -90° - \arctan(0.01\omega) - \arctan(0.1\omega) -$$
$$57.3 \times 0.005\omega \tag{5.50}$$

确定满足相角裕度 $\gamma(\omega_c) = 45°$ 时的剪切频率 ω_c 之值。按相角裕度的定义,由式(5.50)得

$$\gamma(\omega_c) = 180° + \angle G(j\omega_c) =$$
$$180° - 90° - \arctan(0.01\omega_c) - \arctan(0.1\omega_c) -$$
$$57.3 \times 0.005\omega_c = 45°$$

对上式求解剪切频率 ω_c,求得

$$\omega_c = 8 \text{ rad/s} \tag{5.51}$$

由式(5.49)求得未校正系统的幅频特性为

$$|G(j\omega)| = \frac{K}{\omega\sqrt{1+(0.01\omega)^2}\sqrt{1+(0.1\omega)^2}} \tag{5.52}$$

根据

$$\mid G(j\omega_c) \mid = \frac{K}{\omega_c\sqrt{1+(0.01\omega_c)^2}\sqrt{1+(0.1\omega_c)^2}}\Bigg|_{\omega_c=8} = 1$$

解出能使给定系统在 $\omega_c = 8$ rad/s 处具有相角裕度 $\gamma(\omega_c) = 45°$ 的开环增益为

$$K = 10.2 \text{ s}^{-1} \tag{5.53}$$

（2）根据系统响应匀速输入 $\gamma(t) = t$ 时的稳态误差 $e_{ss} = 0.01$ 的要求，求得校正后系统应具有的开环增益为

$$K' = \frac{1}{0.01} = 100 \text{ s}^{-1} \tag{5.54}$$

由式（5.54）及（5.53）计算出串联迟后校正系统较未校正系统在开环增益上需提高的倍数

$$\beta = \frac{K'}{K} \approx 10 \tag{5.55}$$

（3）选串联迟后校正环节的传递函数为

$$G_{c1}(s) = \frac{T_1 s + 1}{\beta T_1 s + 1} \tag{5.56}$$

式中，$\beta = 10$。

若在式（5.56）中选 $T_1 = 1/6$ s，即 $1/T_1 = 6$ rad/s，则串联迟后校正环节的传递函数为

$$G_{c1}(s) = \frac{\frac{1}{6}s + 1}{\frac{1}{0.6}s + 1} \tag{5.57}$$

该迟后校正环节在 $\omega_c = 8$ rad/s 处引入的相角迟后为

$$\angle G_c(j8) = \arctan(\frac{1}{6} \times 8) - \arctan(\frac{1}{0.6} \times 8) = -33°$$

（4）为确保校正后系统在剪切频率 $\omega_c = 8$ rad/s 处具有相角裕度 $\gamma(\omega_c) = 45°$，必须对给定系统在 $\omega = \omega_c$ 附近进一步采用串联超前校正，使其在 ω_c 处提供一个超前相角，以补偿由串联迟后校正在该处所造成 $-33°$ 的相角迟后。

选取串联超前校正环节，其传递函数具有如下形式

$$G_{c2}(s) = \frac{T_2 s + 1}{\alpha T_2 s + 1} \qquad (\alpha < 0)$$

若选取 $T_2 = 1/10$ s、$\alpha = 1/10$，则串联超前校正环节的传递函数为

$$G_{c2}(s) = \frac{\frac{1}{10}s + 1}{\frac{1}{100}s + 1} \tag{5.58}$$

由式（5.58）计算串联超前校正环节在 $\omega_c = 8$ rad/s 处所能提供的超前相角为

$$\angle G_{c2}(j8) = \arctan(\frac{1}{10} \times 8) - \arctan(\frac{1}{100} \times 8) = 34°$$

从计算结果看出，选用式（5.58）所示串联超前校正环节是合适的。

（5）校正后系统的开环传递函数为

$$G(s) = \frac{100e^{-0.005s}}{s(0.01s+1)(0.1s+1)} \times \frac{\frac{1}{6}s+1}{\frac{1}{0.6}s+1} \times \frac{\frac{1}{10}s+1}{\frac{1}{100}s+1} =$$

$$\frac{100e^{-0.005s}(\frac{1}{6}s+1)}{s(0.01s+1)^2(\frac{1}{0.6}s+1)} \tag{5.59}$$

其在 $\omega_c = 8\text{rad/s}$ 处的相角裕度为

$$\gamma(\omega_c) = 180° - 90° - 2\arctan(0.01 \times 8) -$$

$$\arctan\left(\frac{1}{0.6} \times 8\right) - 57.3 \times 0.005 \times 8 + \arctan\left(\frac{1}{6} \times 8\right) =$$

$$46°(> 45°) \tag{5.60}$$

从式(5.60)可见,基于式(5.57)及(5.58)选取的串联迟后-超前校正环节的传递函数是正确的,其满足 $\gamma(\omega_c) = 45°$ 及 $e_{ss} = 0.01$ 的要求。

校正前后系统的开环对数幅频特性示于图 5.4 中,图中 1 为未校正系统的渐近特性,2 为校正后系统的渐近特性。

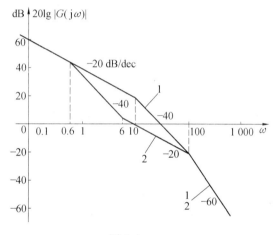

图 5.4

四、为满足多种不同设计指标要求的反馈校正,如果是二阶系统,应用解析计算法确定反馈校正参数是很方便的。

例 7 设某控制系统的方框图如图 5.5 所示。欲通过反馈校正使系统相角裕度 $\gamma = 50°$,试确定反馈校正参数 K_t。

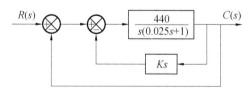

图 5.5

解 由图 5.5 写出具有反馈校正 $K_t s$ 的系统的开环传递函数 $G(s)$ 为

$$G(s) = \frac{\dfrac{440}{s(0.025s+1)}}{1 + \dfrac{440}{s(0.025s+1)} \times K_t s} =$$

$$\frac{440}{0.025s^2 + (1 + 440K_t)s} \tag{5.61}$$

根据式(5.61)求得图 5.5 所示单位负反馈系统的闭环传递函数 $\Phi(s)$ 为

$$\Phi(s) = \frac{\dfrac{440}{0.025}}{s^2 + \left(\dfrac{1 + 440K_t}{0.025}\right)s + \dfrac{440}{0.025}} \tag{5.62}$$

这是一个二阶系统的闭环传递函数。同二阶系统传递函数的标准形式比较,有下列关系式成立

$$2\zeta\omega_n = \frac{1 + 440K_t}{0.025} \tag{5.63}$$

$$\omega_n = \sqrt{\frac{440}{0.025}} = 132.7 \ \text{rad/s} \tag{5.64}$$

对于二阶系统,系统的相角裕度 γ 与阻尼比 ζ 间的关系为

$$\gamma = \arctan \frac{2\zeta}{\sqrt{\sqrt{1 + 4\zeta^4} - 2\zeta^2}} \tag{5.65}$$

当满足相角裕度 $\gamma = 50°$ 时,由式(5.65)求得

$$\zeta = 0.48 \tag{5.66}$$

最后,将式(5.64)及(5.66)代入式(5.63),可计算出反馈校正参数 K_t,即

$$K_t = \frac{2 \times 0.48 \times 132.7 \times 0.025 - 1}{440} = 0.005$$

例 8 设某控制系统的方框图如图 5.6 所示。要求采用速度反馈校正,使系统具有临界阻尼(即阻尼比 $\zeta = 1$)。试确定反馈校正参数 K_t。

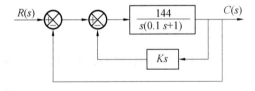

图 5.6

解 从图 5.6 求得系统的开环传递函数为

$$G(s) = \frac{\dfrac{14.4}{s(0.1s + 1)}}{1 + \dfrac{14.4}{s(0.1s + 1)}K_t s} =$$

$$\frac{14.4}{0.1s^2 + (1 + 14.4K_t)s} \tag{5.67}$$

根据式(5.67)求得图 5.6 所示系统的闭环传递函数 $\Phi(s)$ 为

$$\Phi(s) = \frac{144}{s^2 + 10(1 + 14.4K_t)s + 144} \tag{5.68}$$

由式(5.68)所示二阶系统的闭环传递函数求得

$$\omega_n = 12 \ \text{rad/s}$$

$$2\zeta\omega_n = 10(1 + 14.4K_t) \tag{5.69}$$

根据系统应具有临界阻尼的要求,将 $\zeta=1$ 及 $\omega_n=12$ 代入式(5.69),求得速度反馈校正参数 K_t 为

$$K_t = \frac{\dfrac{2\times1\times12}{10}-1}{14.4} = 0.097$$

例 9 已知最小相位系统的开环渐近对数幅频特性如图 5.7(a)所示,图 5.7(b)为该系统的方框图。欲通过反馈校正消除开环对数幅频特性在转折频率 20 rad/s 处的谐振峰,试确定反馈校正的传递函数形式及参数值。

解

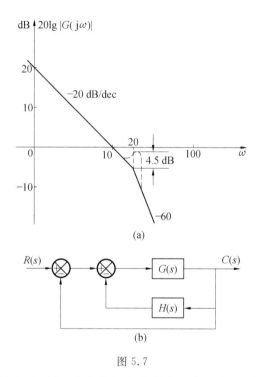

图 5.7

(1)由图 5.7(a)所示开环渐近对数幅频特性知,该最小相位系统的开环传递函数 $G(s)$ 具有如下形式

$$G(s) = \frac{K}{s\left[\left(\dfrac{1}{20}\right)^2 s^2 + 2\zeta\left(\dfrac{1}{20}\right)s + 1\right]} \tag{5.70}$$

从图 5.7(a)可知,式(5.70)中的开环增益 K 由 $20\lg K = 20$ dB 解得为

$$K = 10 \text{ s}^{-1} \tag{5.71}$$

而式(5.70)中的阻尼比 ζ 由 $20\lg\dfrac{1}{2\zeta} = 4.5$ dB 解得为

$$\zeta = 0.3 \tag{5.72}$$

将式(5.71)及(5.72)代入式(5.70),得到与图 5.7(a)所示开环对数幅频特性对应的最小相位系统的开环传递函数为

$$G(s) = \frac{10}{s\left[\left(\dfrac{1}{20}\right)^2 s^2 + 2 \times 0.3 \times \dfrac{1}{20} s + 1\right]} \tag{5.73}$$

(2)通过反馈校正消除图 5.7(a)所示开环对数幅频特性在转折频率 20 rad/s 处的谐振峰,意味着反馈校正应使振荡环节的阻尼比由 0.3 增至 0.5,即将式(5.73)分母中的 s^2 项系数由 $2 \times 0.3 \times \dfrac{1}{20}$ 提高到 $2 \times 0.5 \times \dfrac{1}{20}$。为此,若输出变量 $c(t)$ 代表位移,则应采取加速度反馈,即反馈通道的传递函数 $H(s)$ 取如下形式

$$H(s) = as^2 \tag{5.74}$$

式中,a 为反馈系数。

考虑到式(5.73)及(5.74),从图 5.7(b)求得反馈校正系统的开环传递函数为

$$G(s) = \frac{\dfrac{10}{s\left[\left(\dfrac{1}{20}\right)^2 s^2 + 2 \times 0.3 \times \dfrac{1}{20} s + 1\right]}}{1 + \dfrac{10}{s\left[\left(\dfrac{1}{20}\right)^2 s^2 + 2 \times 0.3 \times \dfrac{1}{20} s + 1\right]} \cdot as^2} =$$

$$\frac{10}{s\left[\left(\dfrac{1}{20}\right)^2 s^2 + \left(2 \times 0.3 \times \dfrac{1}{20} + 10a\right) s + 1\right]} \tag{5.75}$$

由式(5.75),根据

$$2 \times 0.3 \times \frac{1}{20} + 10a = 2\zeta' \frac{1}{20} \tag{5.76}$$

解出应采用的反馈系数为 $a = 0.002$。式中 $\zeta' = 0.5$ 为反馈校正后振荡环节在转折频率处无峰值时的阻尼比。

例 10 已知某控制系统的方框图如图 5.8 所示。欲使系统在测速反馈校正后满足如下要求:

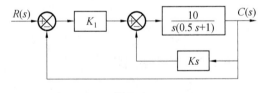

图 5.8

(1)速度误差系数 $K_v \geqslant 5 \ \text{s}^{-1}$;

(2)闭环系统阻尼比 $\zeta = 0.5$;

(3)调整时间 t_s (5%)$\leqslant 2$ s。

试确定前置放大器增益 K_1 及测速反馈系数 K_t (K_t 在 0~1 之间选取)。

解

(1)从图 5.8 求出系统的开环传递函数为

$$G(s) = \frac{10K_1}{s(0.5s+1) + 10K_t s} = \frac{K}{s(Ts+1)} \tag{5.77}$$

式中
$$K = \frac{10K_1}{1 + 10K_t}$$

$$T = \frac{0.5}{1 + 10K_t}$$

按定义，速度误差系数 K_V 与系统参数间的关系为

$$K_V = \lim_{s \to 0} s\, G(s) = \frac{10K_1}{1 + 10K_t} \tag{5.78}$$

根据题意要求，得

$$\frac{10K_1}{1 + 10K_t} \geqslant 5 \text{ s}^{-1}$$

在上式中取等号，得

$$2K_1 = 1 + 10K_t \tag{5.79}$$

（2）由图 5.8，并根据式（5.77）求得图 5.8 所示系统的闭环传递函数为

$$\Phi(s) = \frac{\dfrac{K}{T}}{s^2 + \dfrac{1}{T}s + \dfrac{K}{T}} \tag{5.80}$$

由式（5.80）写出下列关系

$$2\zeta\omega_n = \frac{1}{T} = \frac{1 + 10K_t}{0.5} \tag{5.81}$$

$$\omega_n^2 = \frac{K}{T} = 20K_1$$

$$\omega_n = \sqrt{20K_1} \tag{5.82}$$

将 $\zeta = 0.5$ 及式（5.82）代入式（5.81），得

$$\sqrt{5K_1} = 1 + 10K_t \tag{5.83}$$

由式（5.79）及式（5.83）解出

$$K_1 = 1.25 \tag{5.84}$$

将式（5.84）代入式（5.79）或式（5.83），解出

$$K_t = 0.15 \tag{5.85}$$

式（5.85）表明，测速反馈系数 K_t 满足在 $0 \sim 1$ 间取值的要求。

（3）验算

将 $K_1 = 1.25$ 及 $K_t = 0.15$ 代入式（5.78），得

$$K_V = \frac{10 \times 1.25}{1 + 10 \times 0.15} = 5 \text{ s}^{-1}$$

由

$$t_2(5\%) = \frac{4}{\zeta\omega_n} = \frac{4}{0.5\sqrt{20 \times 1.25}} = 1.6 \text{ s}$$

从上列验算结果看出，参数 $K_1 = 1.25$ 及 $K_t = 0.15$ 满足题意要求，因此选值是正确的。

习　题

5.1　设某单位负反馈系统的开环传递函数为

$$G(s) = \frac{K}{s(s+1)}$$

要求速度误差系数 $K_V = 12\ \mathrm{s}^{-1}$ 及相角裕度 $\gamma(\omega_c) = 40°$，试确定串联校正环节的传递函数。

5.2　设某单位负反馈系统的开环传递函数为

$$G(s) = \frac{K}{s(0.5s+1)}$$

要求系统响应匀速输入 $r(t) = t$ 时的稳态误差 $e_{ss} = 0.1$ 及闭环幅频特性的相对谐振峰值 $M_r \leqslant 1.5$，试确定串联校正环节的传递函数。

5.3　设某单位负反馈系统的开环传递函数为

$$G(s) = \frac{10}{s(0.1s+1)(0.5s+1)}$$

试绘制系统的 Bode 图，并求出其相角裕度及幅值裕度。

当采用传递函数为 $(0.23s+1)/(0.023s+1)$ 的串联校正环节时，试计算校正后的相角裕度及幅值裕度，并讨论校正后系统的性能有何改进。

5.4　设某单位负反馈系统的开环传递函数为

$$G(s) = \frac{4}{s(2s+1)}$$

设计一串联迟后校正环节，使系统的相角裕度 $\gamma(\omega_c) \geqslant 40°$，并保持原有的开环增益值。

5.5　设某单位负反馈系统的开环传递函数为

$$G(s) = \frac{K}{s(\frac{1}{4}s+1)(s+1)}$$

要求（1）系统开环增益 $K \geqslant 5\ \mathrm{s}^{-1}$；

（2）系统阻尼比 $\zeta = 0.5\ \mathrm{L}$；

（3）系统调整时间 $t_s = 2.5\ \mathrm{s}$。

试确定串联校正环节的传递函数。

5.6　设某单位负反馈系统的开环传递函数为

$$G(s) = \frac{K}{s(0.5s+1)(s+1)}$$

要求系统的速度误差系数 $K_V \geqslant 5\mathrm{s}^{-1}$ 及相角裕度 $\gamma(\omega_c) \geqslant 38°$，试确定串联迟后校正环节的传递函数。

5.7　设某单位负反馈系统的开环传递函数为

$$G(s) = \frac{K}{s(0.1s+1)(0.2s+1)}$$

要求（1）系统开环增益 $K = 30\ \mathrm{s}^{-1}$；

（2）系统相角裕度 $\gamma(\omega_c) \geqslant 45°$；

（3）带宽 $\omega_b = 12\ \mathrm{rad/s}$。

试确定串联迟后-超前校正环节的传递函数。

5.8 设某单位负反馈系统的开环传递函数为

$$G(s) = \dfrac{K}{s(0.1s+1)(0.2s+1)}$$

要求（1）系统响应匀速信号 $r(t)=t$ 时的稳态误差 $e_{ss}=0.01$；

（2）系统的相角裕度 $\gamma(\omega_c) \geqslant 40°$。

试设计一个串联迟后-超前校正环节。

5.9 已知某控制系统的方框图如图 5.9 所示。

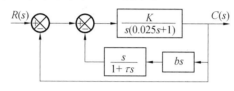

图 5.9

要求（1）系统响应匀速输入 $\Omega_i=110\ \mathrm{rad/s}$ 时的稳态误差 $e_{ss}=0.25\ \mathrm{rad}$；

（2）系统相角裕度 $\gamma(\omega_c) \approx 55°$。

试确定反馈校正参数 τ,b。

第6章 非线性系统分析的基本概念

例 题

一、应用描述函数法分析非线性系统的稳定性时,需将其线性部分与非线性部分进行等效变换,从而将整个非线性系统表示为等效线性部分 $G(s)$ 与等效非线性部分 $N(A)$ 相串联的标准结构形式(见图 6.1)。其中线性部分的等效变换规则与在线性系统中使用的等效结构变换规则相同。

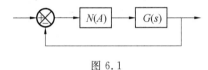

图 6.1

例 1 试将图 6.2 所示非线性系统简化成非线性部分 $N(A)$ 和等效线性部分 $G(s)$ 相串联的标准结构,并写出等效线性部分的传递函数 $G(s)$。

解 图 6.2(a)可等效简化成图 6.3(a),并由图 6.3(a)求得等效线性部分的传递函数 $G(s)$ 为

$$G(s) = G_1(s)[1 + H_1(s)]$$

图 6.2(b)可等效简化成图 6.3(b),并由图 6.3(b)求得等效线性部分的传递函数 $G(s)$ 为

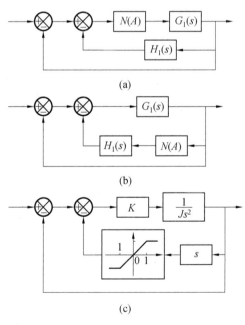

(a)

(b)

(c)

图 6.2

$$G(s) = \frac{G_1(s)}{1 + G_1(s)} \cdot H_1(s)$$

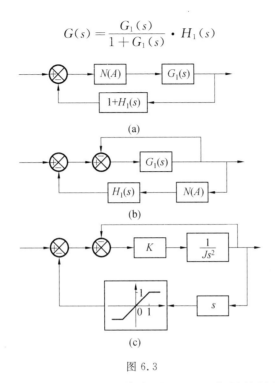

图 6.3

图 6.2(c)可等效简化成图 6.3(c),并由图 6.3(c)求得等效线性部分的传递函数 $G(s)$ 为

$$G(s) = \frac{\dfrac{K}{Js^2}}{1 + \dfrac{K}{Js^2}} \cdot s = \frac{s}{\dfrac{J}{K}s^2 + 1}$$

例 2 设某非线性系统的方框图如图 6.4 所示,其中 $G(s)$ 为线性部分的传递函数, N_1、N_2 分别为描述死区特性与继电特性的典型非线性特性。试将串联的非线性特性 N_1 与 N_2 等效变换为一个等效非线性特性 N。

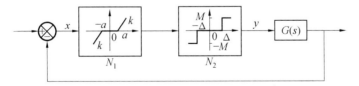

图 6.4

解 沿由 x 到 y 的信号流通方向,N_1 与 N_2 的串联特性可用一个带死区无滞环的继电特性 N 来等效,其中死区 $\Delta_1 = a + \Delta/k$,等效非线性特性 N 如图 6.5(a)所示。通过等效非线性特性 N 与线性部分传递函数 $G(s)$ 串联来表示的与图 6.4 所示系统等效的系统方框图示于图 6.5(b)中。

注意,对串联的非线性特性进行等效变换时,串联非线性特性的前后排列次序不可任意改变,一定要以信号流通方向为准,即信号先通过的非线性特性排在前面;否则,串联非

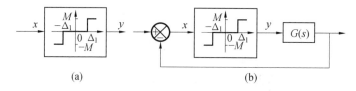

图 6.5

线性特性的前后排列与信号通过的先后次序不符时,将会得到不等效的错误结论。

二、应用描述函数法分析非线性系统的稳定性时,除需将原系统等效地化成图 6.1 所示的标准结构形式外,还要求系统的线性部分具有良好的低通滤波特性。低通滤波特性优良者,分析准确度高;否则,分析准确度低。

例 3 设三个非线性系统具有相同的非线性环节,而线性部分各不相同,它们的传递函数分别为

(1) $G_1(s) = \dfrac{2}{s(0.1s+1)}$

(2) $G_2(s) = \dfrac{2}{s(s+1)}$

(3) $G_3(s) = \dfrac{2(1.5s+1)}{s(s+1)(0.1s+1)}$

试判断应用描述函数法分析非线性系统的稳定性时,哪个系统的分析准确度高。

解 因为三个系统的非线性环节相同,所以应用描述函数法分析非线性系统稳定性的准确度便取决于各自线性部分所具有的低通滤波特性之优劣。而滤波特性之优劣主要表现在线性部分的惯性上、惯性大者为优。

基于上述概念,由于系统 2 的惯性大于系统 1 的惯性,所以系统 2 较系统 1 具有较好的低通滤波特性。系统 3 与系统 2 相比较,系统 3 虽增加了一个时间常数为 0.1 s 的惯性环节,但由于它同时还含一个时间常数为 1.5 s 的一阶微分环节,因此其实际低通滤波特性将较系统 2 为差。

从上面分析可见,应用描述函数法分析给定的三个非线性系统的稳定性时,系统 2 的分析准确度将最高。

三、可把应用描述函数法分析非线性系统的稳定性视为基于频率响应法应用 Nyquist 稳定判据分析线性系统稳定性的一种推广。对前者来说,基于谐波线性化概念,用于分析非线性系统稳定性的临界点不像分析线性系统稳定性时那样是具有固定坐标的点 $(-1, j0)$,而是 $G(j\omega)$ 与 $-1/N(A)$ 二特性相交处的交点,而该交点坐标是不固定的。根据上述临界点与线性部分的频率响应 $G(j\omega)$,可应用 Nyquist 稳定判据的结论来分析非线性系统的稳定性。

例 4 设有一非线性系统,其中的非线性环节是一个斜率 $k=1$ 的饱和特性。当不考虑饱和因素时,闭环系统稳定。试分析该系统是否有产生自振荡的可能。

解 不考虑饱和因素时,一个稳定线性系统可能有的开环频率响应 $G(j\omega)$ 如图 6.6(a),(b),(c)所示。对于图 6.6(a),(b)来说,由于特性 $G(j\omega)$ 与 $-1/N(A)$ 无交点,所以考虑饱和因素时,在非线性系统中不可能产生自振荡,因而该非线性系统是稳定的。而

对于图 6.6(c)所示情况,虽然在不考虑饱和因素时闭环系统是稳定的,但由于特性 $G(j\omega)$ 与 $-1/N(A)$ 有交点,而且其中点 a 是稳定交点,因此在考虑饱和因素后,在该非线性系统中将产生稳定的自振荡。

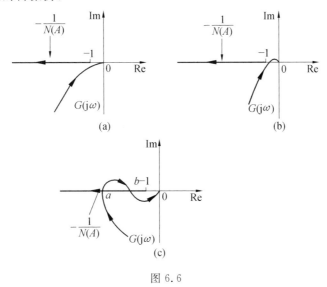

图 6.6

四、确定自振荡参数的步骤是:首先求取特性 $G(j\omega)$ 与 $-1/N(A)$ 的交点;其次分析交点的稳定性;最后在稳定交点处从特性 $G(j\omega)$ 上确定自振荡频率,而从特性 $-1/N(A)$ 上确定自振荡振幅。

例 5 设某非线性系统如图 6.7 所示。试确定其自振荡的振幅和频率。

解 从图 6.7 求得线性部分的传递函数为

$$G(s) = \frac{5}{s(s+1)(0.5s+1)}$$

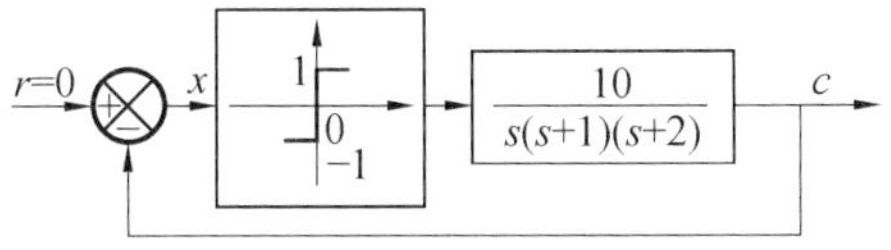

图 6.7

其幅频及相频特性分别为

$$| G(j\omega) | = \frac{5}{\omega\sqrt{1+\omega^2}\sqrt{1+(0.5\omega)^2}} \tag{6.1}$$

$$\angle G(j\omega) = -90° - \arctan\omega - \arctan(0.5\omega) \tag{6.2}$$

由于理想继电器特性的 $-1/N(A)$ 特性为复平面的整个负实轴,故如能求得特性 $G(j\omega)$ 与负实轴的交点,则该点便是特性 $G(j\omega)$ 与 $-1/N(A)$ 的交点。同时根据稳定性分析可知,该交点代表稳定自振荡。

确定特性 $G(j\omega)$ 与负实轴交点坐标的步骤是:首先通过解

$$\angle G(j\omega_0) = -90° - \arctan\omega_0 - \arctan(0.5\omega_0) = -180° \tag{6.3}$$

求取自振荡频率 ω_0;其次将求得的 ω_0 代入式(6.1)计算 $| G(j\omega_0) |$,从而求得特性 $G(j\omega)$ 与

负实轴的交点坐标为$(-|G(j\omega_0)|,j0)$。

式(6.3)可改写成如下形式

$$\arctan\omega_0 + \arctan(0.5\omega_0) = 90°\qquad(6.4)$$

将式(6.4)等号两边同取正切,得

$$\frac{\omega_0 + 0.5\omega_0}{1 - 0.5\omega_0^2} = \infty$$

由上式解出自振荡频率

$$\omega_0 = \sqrt{2}\ \text{rad/s}\qquad(6.5)$$

将式(6.5)代入式(6.1),解出

$$|G(j\omega_0)| = \frac{5}{3}$$

即求得特性$G(j\omega)$与负实轴的交点坐标为$(-5/3, j0)$。

对本例来说,由于特性$G(j\omega)$与负实轴的交点同时也在特性$-1/N(A)$上,因此由

$$-\frac{1}{N(A_0)} = -\frac{\pi A_0}{4M} = -\frac{5}{3}$$

其中$M=1$,解出自振荡振幅A_0为

$$A_0 = \frac{20}{3\pi} = 2.122\qquad(6.6)$$

图6.7所示非线性系统的$G(j\omega)$与$-1/N(A)$特性示于图6.8中。

例6 设有如图6.9所示的非线性系统。试应用描述函数法分析当$K=10$时的系统稳定性,并求取增益K的临界稳定值。

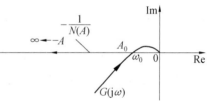

图6.8

解 从图6.9看出,饱和非线性特性的斜率$k=1$。$k=1$时,饱和特性的$-1/N(A)$特性为复平面负实轴上-1至$-\infty$区段。基于应用描述函数法分析非线性系统稳定性的判据,如果线性部分的频率响应$G_1(j\omega)$不与上述区段相交,则说明原系统稳定;如果$G_2(j\omega)$与上述区段相交,又由于该交点是稳定交点,则说明原系统将产生稳定自振荡;如果$G_3(j\omega)$恰好通过点$(-1,j0)$,则说明原系统处于稳定的临界状态,这时的K值便是临界稳定值。上述三种情况示于图6.10中。

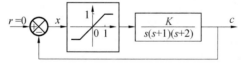

图6.9

综上分析,K的临界稳定值可以通过不考虑饱和因素时的线性系统来确定。这时的闭环系统的特征方程式为

$$s(s+1)(s+2) + K = 0$$
$$s^3 + 3s^2 + 2s + K = 0\qquad(6.7)$$

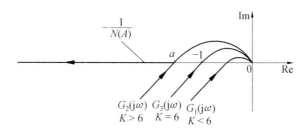

图 6.10

由式(6.7)应用 Hurwifz 稳定判据,由下列不等式
$$3 \times 2 - 1 \times K > 0$$
解出使系统稳定的 K 的取值范围为
$$0 < K < 6 \tag{6.8}$$
因此 K 的临界稳定值为 6。也就是说,$G_3(s)$ 应具有如下形式
$$G_3(s) = \frac{6}{s(s+1)(s+2)}$$

从图 6.10 可见,对于 $K = 10 (K > 6)$,由于特性 $G(j\omega)$ 与 $-1/N(A)$ 有稳定交点(点 a),则图 6.9 所示的非线性系统中将有稳定自振荡存在。

例 7 设某非线性系统的方框图如图 6.11 所示。试应用描述函数法分析该系统的稳定性。为使系统稳定,继电器参数 a、b 应如何调整。

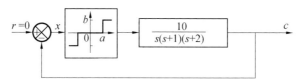

图 6.11

解 图 6.11 所示带死区、无滞环继电器特性的 $-1/N(A)$ 特性如图 6.12 所示。

从图 6.12 可见,图 6.11 所示继电器特性的 $-1/N(A)$ 特性位于复平面内负实轴上,其距虚轴最近点 P 的坐标为 $(-\pi a/2b, j0)$。特性 $-1/N(A)$ 的负实轴的 $-\pi a/2b$ 至 $-\infty$ 区段上的每一点均对应两个振幅值 A_1 与 A_2,其中 $a < A_1 < A_p$,而 $A_p < A_2 < \infty$,这里 $A_p = \sqrt{2a}$。

基于应用描述函数法分析非线性系统稳定性的判据,$G(j\omega)$ 若与 $-1/N(A)$ 相交(见图 6.12 中的 $G_1(j\omega)$),则原系统将产生稳定自振荡,其振幅 $A_0 > A_p$;若 $G(j\omega)$ 不与 $-1/N(A)$ 相交(见图 6.12 中的 $G_2(j\omega)$),则原系统稳定,不产生自振荡;若 $G(j\omega)$ 通过点 P,如图 6.12 中的 $G_3(j\omega)$,则原系统处于临界稳定状态。

综合上述分析,继电器参数 a、b 的临界稳定值可根据 $G(j\omega)$ 通过负实轴上的点 $P(-\pi a/2b, j0)$ 来确定。为此,首先由 $G(j\omega)$ 的相频特性
$$\angle G(j\omega) = -90° - \arctan(0.5\omega) - \arctan\omega = -180°$$
解出特性 $G(j\omega)$ 与负实轴相交处的频率 ω_0,其值为
$$\omega_0 = \sqrt{2} \tag{6.9}$$

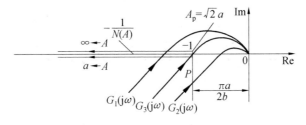

图 6.12

其次将式(6.9)代入 $G(j\omega)$ 的幅频特性

$$|G(j\omega_0)| = \frac{2}{\omega_0\sqrt{1+(0.5\omega_0)^2}\sqrt{1+\omega_0^2}}\bigg|_{\omega=\sqrt{2}}$$

解出

$$|G(j\sqrt{2})| = \frac{2}{3}$$

最后令

$$-\frac{\pi a}{2b} = -\frac{2}{3} \tag{6.10}$$

由式(6.10)求得为使系统稳定,继电器参数 b/a 的调整范围为

$$\frac{b}{a} < 2.356$$

例 8 设某非线性系统的方框图如图 6.13 所示。

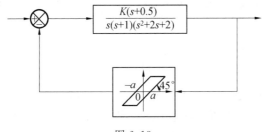

图 6.13

试确定系统稳定时增益 K 的取值范围。

解 图 6.13 所示非线性系统线性部分的频率响应为

$$G(j\omega) = \frac{0.25K[2(j\omega)+1]}{j\omega(j\omega+1)\left[\frac{1}{2}(j\omega)^2+(j\omega)+1\right]} \tag{6.11}$$

对应于不同 K 值时的 $G(j\omega)$ 轨迹如图 6.14 所示。

间隙非线性特性的描述函数为

$$N(A) = \frac{1}{A}\sqrt{A_1^2+B_1^2}\cdot e^{j\angle\arctan\frac{A_1}{B_1}} \quad (A>a) \tag{6.12}$$

式中

$$A_1 = \frac{4A}{\pi}\left[\left(\frac{a}{A}\right)^2-\left(\frac{a}{A}\right)\right] \tag{6.13}$$

$$B_1 = \frac{A}{\pi} \left[\frac{\pi}{2} + \sin\left(1 - 2\frac{a}{A}\right) + \right.$$

$$\left. 2\left(1 - 2\frac{a}{A}\right)\sqrt{\frac{a}{A} - \left(\frac{a}{A}\right)^2} \right] \tag{6.14}$$

根据式(6.12)~(6.14)绘制的$-1/N(A)$特性示
于图6.14中。

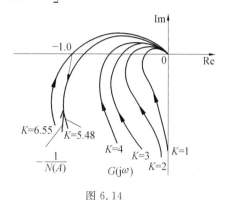

图 6.14

从图6.14可见,由于特性$-1/N(A)$与$K=$
5.48时的频率特性$G(j\omega)$相切,所以能使系统稳
定的K的取值范围是

$$0 < K < 5.48$$

五、消除非线性系统自振荡的主要方法是:
对其线性部分进行通常的线性校正(主要是超前
校正),通过校正后线性部分频率响应$G(j\omega)$产生
的变形,使$G(j\omega)$与特性$-1/N(A)$的交点消失,
从而达到稳定非线性系统的目的。

例9 设某非线性系统的方框图如图6.15所示,

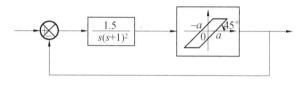

图 6.15

(1)试确定自振荡的振幅与频率;

(2)若线性部分采用串联超前校正:$(1+0.8s)/(1+0.4s)$,能否消除自振荡;

(3)若系统采用传递函数为$H(s) = 1 + 0.4s$的反馈校正,能否消除自振荡。

解 在图6.15所示非线性系统中,线性部分的频率响应为

$$G(j\omega) = \frac{1.5}{(j\omega)\left[(j\omega) + 1\right]^2} \tag{6.15}$$

间隙非线性特性的描述函数$N(A)$如式(6.12)~(6.14)所示。

将特性$G(j\omega)$及$-1/N(A)$绘制在Nichols图上,如图6.16所示。二特性在Nichols
图上有两个交点P与Q,其中Q点具有收敛性,即是稳定交点。由Q点求得自振荡频率
$\omega_0 = 0.84$ rad/s,自振荡振幅由与Q点对应的$a/A = 0.16$来确定。

通过串联超前校正$G_c(s) = (1+0.8s)/(1+0.4s)$及反馈校正$H(s) = 1 + 0.4s$后的
线性部分频率响应$G(j\omega)G_c(j\omega)$及$G(j\omega)H(j\omega)$分别绘制在图6.17及图6.18的
Nichols图上,图上同时还画出了特性$-1/N(A)$。

从图6.17及图6.18看出,在产生自振荡的非线性系统中,引进串联超前校正
$G_c(s) = (1+0.8s)/(1+0.4s)$及反馈校正$H(s) = 1 + 0.4s$都可以消除原非线性系统的
自振荡。

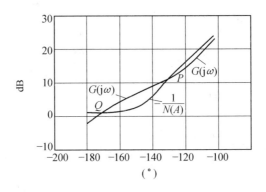

图 6.16

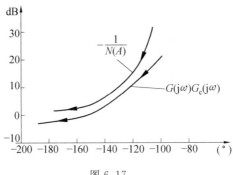

图 6.17

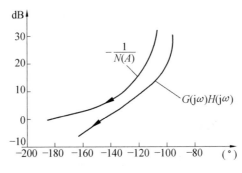

图 6.18

六、应用相平面法分析二阶非线性系统时,要求绘制系统的相轨迹。绘制相轨迹之前,需写出系统输出变量与输入变量间或系统误差与输入变量间的非线性运动方程式。基于运动方程式绘制相轨迹,主要应注意以下几个问题:

(1)相平面的分区

根据非线性特性的分段,可将相平面分成若干区域。每区内相应地有用于绘制该区相轨迹的运动方程式。

(2)相轨迹的走向

因为 $\dot{c}\text{-}c$ 相平面($\dot{e}\text{-}e$ 相平面)的上半平面有 $\dot{c}>0(\dot{e}>0)$,所以这部分相轨迹的走向应从左向右;而下半平面有 $\dot{c}<0(\dot{e}<0)$,所以这部分相轨迹的走向应从右向左。

(3)相轨迹的起始点

在 $\dot{c}\text{-}c$ 平面上,相轨迹的起始点由系统输出变量 $c(t)$ 在 $t=0^+$ 时的初始值 $\dot{c}(0^+)$ 及 $c(0^+)$ 来确定;若在 $\dot{e}\text{-}e$ 平面上,相轨迹的起始点则由误差信号在 $t=0^+$ 时的初始值 $\dot{e}(0^+)$ 及 $e(0^+)$ 来确定。对于单位负反馈系统,由于误差信号 $e(t)=r(t)-c(t)$,这里 $r(t)$ 为系统输入信号,则 $\dot{e}\text{-}e$ 平面上相轨迹的起始点由系统输出信号与输入信号的初始值共同确定。

(4)相轨迹的奇点

在相轨迹上,斜率为不定的点,即 $\dfrac{\mathrm{d}\dot{c}}{\mathrm{d}c}\left(\text{或}\dfrac{\mathrm{d}\dot{e}}{\mathrm{d}e}\right)=\dfrac{0}{0}$ 的点称为相轨迹的奇点。因此,将 $\ddot{c}=0(\ddot{e}=0)$ 及 $\dot{c}=0(\dot{e}=0)$ 代入系统的运动方程式便可确定奇点的位置。奇点在本区的称为实奇点,奇点落在它区的称为虚奇点。一个二阶系统最多只能有一个实奇点。

(5)相轨迹的渐近线

渐近线是一条等倾线,同时也是一条相轨迹。在渐近线上,等倾线的斜率与相轨迹的斜率相等。

例 10　试确定下列二阶非线性运动方程式的奇点及其类别。
$$\ddot{e}+0.5\dot{e}+2e+e^2=0 \tag{6.16}$$

解　根据奇点定义,由
$$\frac{\mathrm{d}\dot{e}}{\mathrm{d}e}=\frac{-0.5\dot{e}-2e-e^2}{\dot{e}}=\frac{0}{0}$$
解出 $\dot{e}=0,e=0$ 及 $\dot{e}=0,e=-2$ 为运动方程式(6.16)的两个奇点。

(1)在奇点 $\dot{e}=0,e=0$ 邻域,方程式(6.16)可近似为
$$\ddot{e}+0.5\dot{e}+2e=0 \tag{6.17}$$
方程式(6.17)的特征根为
$$\lambda_{1,2}=-0.25\pm j1.39$$
由于特征根 $\lambda_{1,2}$ 均具有负实部,故奇点 $\dot{e}=0,e=0$ 为稳定焦点。

(2)在奇点 $\dot{e}=0,e=-2$ 处,令
$$x=e+2 \tag{6.18}$$
由式(6.18)解 $e=x-2$,并代入式(6.16),得
$$\ddot{x}+0.5\dot{x}-2x+x^2=0 \tag{6.19}$$
在奇点 $\dot{e}=0,e=-2$ 邻域,也即在 $\dot{x}=0$、$x=0$ 邻域,方程式(6.19)可近似为
$$\ddot{x}+0.5\dot{x}-2x=0 \tag{6.20}$$
由方程式(6.20)解得其特征根为
$$\lambda_{1,2}=\frac{-0.5\pm\sqrt{0.5^2+8}}{2}$$
$$\lambda_1=1.19,\ \lambda_2=-1.69$$
根据上述特征根可知奇点 $\dot{e}=0,e=-2$ 为鞍点。

例 11　设某二阶非线性系统方框图如图 6.19 所示。其中 $e_0=0.2,M=0.2,K=4$ 及 $T=1\mathrm{s}$。试分别画出输入信号取下列函数时系统相轨迹的大致图形,设系统原处于静止状态。

$(1)r(t) = 2 \cdot 1(t)$

$(2)r(t) = -2 \cdot 1(t) + 0.4t$

$(3)r(t) = -2 \cdot 1(t) + 0.8t$

$(4)r(t) = -2 \cdot 1(t) + 1.2t$

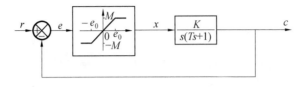

图 6.19

解 从图 6.19 写出非线性系统的运动方程式为

$$T\ddot{c} + \dot{c} = Kx \tag{6.21}$$

其中

$$x = \begin{cases} e & (|e| < 0.2) \\ 0.2 & (e > 0.2) \\ -0.2 & (e < -0.2) \end{cases}$$

因为 $e = r - c, \dot{e} = \dot{r} - \dot{c}, \ddot{e} = \ddot{r} - \ddot{c}, T = 1$,所以式(6.21)还可通过误差信号 e 及其一、二阶导数 $\dot{e}, \ddot{e}$ 表示,即

$$\ddot{e} + \dot{e} + 4x = \ddot{r} + \dot{r} \tag{6.22}$$

式中

$$x = \begin{cases} e & (|e| < 0.2) \\ 0.2 & (e > 0.2) \\ -0.2 & (e < -0.2) \end{cases}$$

(1) $r(t) = 2 \cdot 1(t)$ 时的相轨迹图

因为 $r(t) = 2$,故 $\ddot{r} = \dot{r} = 0$。这时,式(6.22)变为

$$\ddot{e} + \dot{e} + 4x = 0 \tag{6-23}$$

其中

$$x = \begin{cases} e & (|e| < 0.2) & (\text{Ⅰ 区}) \\ 0.2 & (e > 0.2) & (\text{Ⅱ 区}) \\ -0.2 & (e < -0.2) & (\text{Ⅲ 区}) \end{cases}$$

分别将 x 按饱和非线性特性三个分段的取值代入式(6.23),求得相平面内Ⅰ、Ⅱ、Ⅲ三个区域的运动方程式为

$$\ddot{e} + \dot{e} + 4e = 0 \quad (|e| < 0.2) \quad (\text{Ⅰ 区}) \tag{6.24}$$

$$\ddot{e} + \dot{e} + 0.8 = 0 \quad (e > 0.2) \quad (\text{Ⅱ 区}) \tag{6.25}$$

$$\ddot{e} + \dot{e} - 0.8 = 0 \quad (e < -0.2) \quad (\text{Ⅲ 区}) \tag{6.26}$$

由式(6.24)看出,对于系统的线性工作状态(Ⅰ区),其奇点类别是稳定焦点。在方程式(6.24)中令 $\ddot{e} = 0, \dot{e} = 0$,得奇点位置为 $\dot{e} = 0, e = 0$。由于奇点位于Ⅰ区内,故为实奇点。

将 $\ddot{e} = \dot{e}\mathrm{d}\dot{e}/\mathrm{d}e$ 代入方程式(6.25),得 Ⅱ 区的等倾线方程式

$$\dot{e} = \frac{-0.8}{1+\alpha} \tag{6.27}$$

式中，$a = \mathrm{d}\dot{e}/\mathrm{d}e$ 为等倾线斜率。

从式(6.27)可见，等倾线是一族斜率为 0 的水平线。令相轨迹的斜率等于等倾线的斜率，即令 $\alpha = 0$，由式(6.27)求得 Ⅱ 区的渐近线方程式为

$$\dot{e} = -0.8 \tag{6.28}$$

同理，由式(6.26)可求得 Ⅲ 区的等倾线及渐近线方程式分别为

$$\dot{e} = \frac{0.8}{1+\alpha} \tag{6.29}$$

$$\dot{e} = 0.8 \tag{6.30}$$

$|e| > e_0 = 0.2$ 范围内(Ⅱ及Ⅲ区)的相平面图如图 6.20(a)所示。

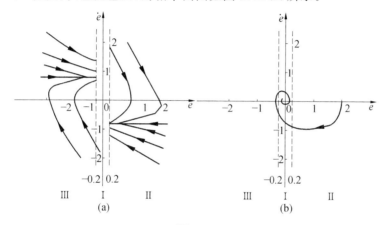

图 6.20

起始点的位置由

$$e(0^+) = r(0^+) - c(0^+) \tag{6.31}$$

$$\dot{e}(0^+) = \dot{r}(0^+) - \dot{c}(0^+) \tag{6.32}$$

确定。将表征原系统处于静止状态的初始值 $c(0^+) = 0$、$\dot{c}(0^+) = 0$ 以及 $r(0^+) = 2$，$\dot{r}(0^+) = 0$ 代入式(6.31) $\sim$ (6.32)，得

$$e(0^+) = 2, \dot{e}(0^+) = 0$$

切换线方程为 $e = 0.2$ 及 $e = -0.2$。

在阶跃输入 $r(t) = 2 \cdot 1(t)$ 作用下，图 6.19 所示二阶非线性系统的相轨迹图如图 6.20(b)所示。从图可见，相轨迹收敛于实奇点$(0,0)$，稳态误差等于零。

(2)$r(t) = -2 \cdot 1(t) + 0.4t$ 时的相轨迹图

由于这时 $\dot{r} = 0.4$ 及 $\ddot{r} = 0$，由式(6.22)求得系统的运动方程式为

$$\ddot{e} + \dot{e} + 4e = 0.4 \quad (|e| < 0.2) \quad (Ⅰ 区) \tag{6.33}$$

$$\ddot{e} + \dot{e} + 0.8 = 0.4 \quad (e > 0.2) \quad (Ⅱ 区) \tag{6.34}$$

$$\ddot{e} + \dot{e} - 0.8 = 0.4 \quad (e < -0.2) \quad (Ⅲ 区) \tag{6.35}$$

由式(6.33)看出，对于系统的线性工作状态(Ⅰ区)，其奇点类别为稳定焦点。在式(6.33)中，令 $\ddot{e} = 0$ 及 $\dot{e} = 0$，求得奇点位置为 $\dot{e} = 0$，$e = 0.1$。由于奇点位于 Ⅰ 区内，故为实

奇点。

对于系统的非线性工作状态,等倾线方程式为

$$\dot{e} = \frac{-0.4}{1+\alpha} \quad (e > 0.2) \quad (\text{Ⅱ 区}) \tag{6-36}$$

$$\dot{e} = \frac{1.2}{1+\alpha} \quad (e < -0.2) \quad (\text{Ⅲ 区}) \tag{6-37}$$

由式(6-36)及式(6-37)可见,渐近线方程式分别为

$$\dot{e} = -0.4$$
$$\dot{e} = 1.2$$

起始点坐标由

$$e(0^+) = r(0^+) - c(0^+) = -2$$
$$\dot{e}(0^+) = \dot{r}(0^+) - \dot{c}(0^+) = 0.4$$

确定为 $(-2, 0.4)$。

$r(t) = -2 \cdot 1(t) + 0.4t$ 时系统的相轨迹图如图 6.21(a) 所示。从图可见,相轨迹收敛于实奇点 $(0.1, 0)$,稳态误差等于 0.1。

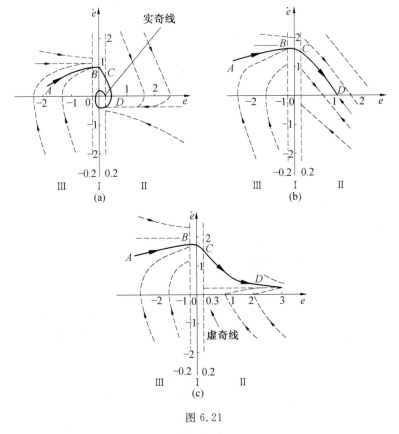

图 6.21

(3) $r(t) = -2 \cdot 1(t) + 0.8t$ 时的相轨迹图

由于这时 $\dot{r} = 0.8, \ddot{r} = 0$,由式(6.22)求得系统的运动方程为

$$\ddot{e} + \dot{e} + 4e = 0.8 \quad (|e| < 0.2) \quad (\text{Ⅰ 区}) \tag{6.38}$$

$$\ddot{e}+\dot{e}+0.8=0.8 \quad (e>0.2) \quad (\text{II 区}) \tag{6.39}$$

$$\ddot{e}+\dot{e}-0.8=0.8 \quad (e<-0.2) \quad (\text{III 区}) \tag{6.40}$$

从式(6.38)看出,对于系统的线性工作状态,其奇点类别仍为稳定焦点。在式(6.38)中,令 $\ddot{e}=0$ 及 $\dot{e}=0$,求得奇点位置为 $\dot{e}=0$ 及 $e=0.2$,处于 I 区和 II 区的分界线上。

对于非线性工作状态的 II 区,在方程式(6.39)中令 $\ddot{e}=\dot{e}\,\mathrm{d}\dot{e}/\mathrm{d}e$ 及 $\mathrm{d}\dot{e}/\mathrm{d}e=a$,得

$$\dot{e}(1+a)=0 \tag{6.41}$$

从式(6.41)解出 $\dot{e}=0$ 或 $a=-1$。该区的相轨迹为 $\dot{e}=0$ 的水平线或斜率为 -1 的斜线。

对于非线性工作状态的 III 区,由式(6.40)求得等倾线方程式为

$$\dot{e}=\frac{1.6}{1+a} \tag{6.42}$$

其渐近线方程式为

$$\dot{e}=1.6$$

相轨迹的起始点由下式

$$e(0^{+})=r(0^{+})-c(0^{+})=-2$$
$$\dot{e}(0^{+})=\dot{r}(0^{+})-\dot{c}(0^{+})=0.8$$

确定为 $(-2,0.8)$。

$r(t)=-2.1(t)+0.8t$ 时系统的相轨迹图如图 6.21(b) 所示。从图可见,相轨迹收敛于 e 轴从 0.2 到 ∞ 区段上的某点,其稳态误差为大于 0.2 的一个有限值。

(4) $r(t)=-2 \cdot 1(t)+1.2t$ 时的相轨迹图

由于这时 $\dot{r}=1 \cdot 2,\ddot{r}=0$,由式(6.22)求得系统的运动方程式为

$$\ddot{e}+\dot{e}+4e=1.2 \quad (|e|<0.2) \quad (\text{I 区}) \tag{6.43}$$

$$\ddot{e}+\dot{e}+0.8=1.2 \quad (e>0.2) \quad (\text{II 区}) \tag{6.44}$$

$$\ddot{e}+\dot{e}-0.8=1.2 \quad (e<-0.2) \quad (\text{III 区}) \tag{6.45}$$

从式(6.43)看出,对于系统的线性工作状态,其奇点类别为稳定焦点。在式(6.43)中,令 $\ddot{e}_r=0$ 及 $\dot{e}=0$ 求得奇点位置为 $\dot{e}=0,e=0.3$。奇点$(0.3,0)$ 位于 II 区而不在描述系统线性工作状态的 I 区,故为虚奇点。

对于系统的非线性工作状态、等倾线方程式为

$$\dot{e}=0.4/(1+a) \quad (e>0.2) \quad (\text{II 区}) \tag{6.46}$$

$$\dot{e}=2.0/(1+a) \quad (e<-0.2) \quad (\text{III 区}) \tag{6.47}$$

由式(6.46)及(6.47)分别求得渐近线方程式为

$$\dot{e}=0.4$$
$$\dot{e}=2.0$$

相轨迹起始点坐标由

$$e(0^{+})=r(0^{+})-c(0^{+})=-2$$
$$\dot{e}(0^{+})=\dot{r}(0^{+})-\dot{c}(0^{+})=1.2$$

确定为 $(-2,1.2)$。

$r(t)=-2 \cdot 1(t)+1.2t$ 时系统的相轨迹图如图 6.21(c) 所示。从图可见,相轨迹沿

渐近线 $\dot{e}=0.4$ 趋于无穷远,故系统的稳态误差为无穷大。

本例重点要求掌握在绘制相轨迹图过程中确定奇点类别及其坐标、等倾线方程式、渐近线方程式、起始点坐标、稳态误差等概念,特别要掌握好非线性二阶系统在匀速输入作用下相轨迹图的绘制方法。

例 12 设某控制系统采用非线性反馈时的方框图如图 6.22 所示。试绘制系统响应 $r(t) = R \cdot 1(t)$ 时的相轨迹图,其中 R 为常值。

解

(1)从图 6.22 可写出描述给定非线性系统的如下方程组

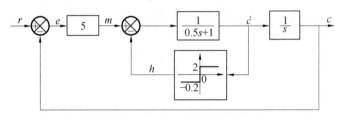

图 6.22

$$0.5\ddot{c} + \dot{c} = x$$
$$x = m - h$$
$$m = 5e$$
$$h = \begin{cases} +2 & (\dot{c} > 0) \\ -2 & (\dot{c} < 0) \end{cases}$$
$$e = r - c$$

由上列方程组最终得到系统响应 $r(t) = R \cdot 1(t)$ 时的运动方程式为

$$0.5\ddot{e} + \dot{e} + 5(e - 0.4) = 0 \qquad (\dot{e} < 0)(\text{I 区}) \tag{6.48}$$
$$0.5\ddot{e} + \dot{e} + 5(e + 0.4) = 0 \qquad (\dot{e} > 0)(\text{II 区}) \tag{6.49}$$

(2)令 $e - 0.4 = e_1$、$e + 0.4 = e_2$,式(6.48)与式(6.49)可分别改写成

$$0.5\ddot{e}_1 + \dot{e}_1 + 5e_1 = 0 \qquad (\dot{e} < 0) \tag{6.50}$$
$$0.5\ddot{e}_2 + \dot{e}_2 + 5e_2 = 0 \qquad (\dot{e} > 0) \tag{6.51}$$

从式(6.50)及式(6.51)可见,两种情况下的奇点均为稳定焦点。由式(6.48)求得第一个奇点位置为 $\dot{e} = 0, e = 0.4$,而由式(6.49)求得第二个奇点位置为 $\dot{e} = 0, e = -0.4$。

(3)相轨迹的起始点坐标由

$$e(0^+) = r(0^+) - c(0^+) = R - c(0^+)$$
$$\dot{e}(0^+) = \dot{r}(0^+) - \dot{c}(0^+) = -\dot{c}(0^+)$$

确定。其中 $c(0^+)$ 与 $\dot{c}(0^+)$ 为系统输出变量 $c(t)$ 在 $t = 0^+$ 时刻的初始值。

(4)系统从静止状态响应阶跃输入的相轨迹图如图 6.23 所示。系统的稳态误差 $-0.4 < e_{ss} < 0.4$。

注意,应用相平面法分析非线性环节位于内反馈通道的多环系统时,主要应掌握正确列写系统运动方程式的方法。写出系统的运动方程式之后,关于相轨迹图的绘制以及基

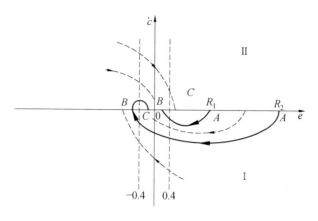

图 6.23

于相轨迹图的系统分析均与一般单环系统相同。

习　题

6.1　设某非线性系统的方框图如图 6.24 所示。试应用描述函数法分析该系统的稳定性。

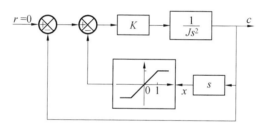

图 6.24

6.2　设某非线性系统的方框图如图 6.25 所示。试确定该系统的自振荡振幅与频率。

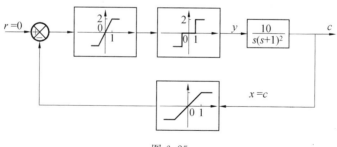

图 6.25

6.3　设某非线性系统的方框图如图 6.26(a)所示,其中线性部分的频率响应 $G(j\omega)$ 如图 6.26(b)所示,非线性环节 N 的特性示于图 6.27(a),(b),(c),(d),(e)中。试应用描述函数法分析具有图 6.27 所示典型非线性特性的系统的稳定性。

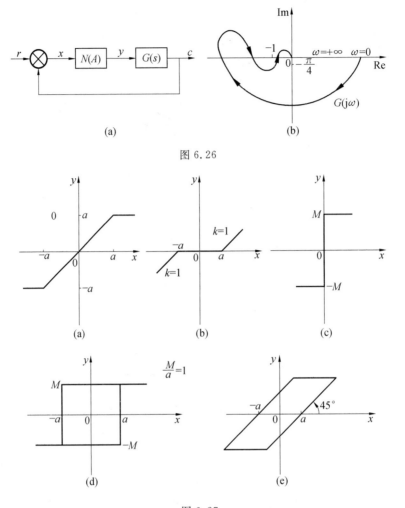

图 6.26

图 6.27

6.4 设某非线性系统的方框图如图 6.28 所示,其中

$$G(s) = \frac{Ke^{-0.1s}}{s(0.1s+1)}$$

试应用描述函数法判定 $K=0.1$ 时系统的稳定性,并确定系统不产生自振荡的参数 K 的取值范围 。

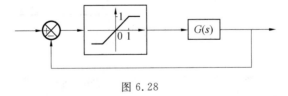

图 6.28

6.5 试确定图 6.29 所示非线性系统自振荡的振幅与频率。

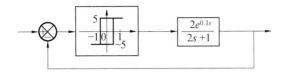

图 6.29

6.6 设某非线性系统的方框图如图 6.30 所示,其中 $G_c(s)$ 为校正环节的传递函数,若取 $G_c(s) = (a\tau s + 1)/(\tau s + 1)$,试分析:

(1) $0 < a < 1$

(2) $a > 1$

时系统自振荡的情况。

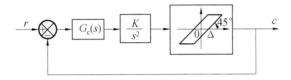

图 6.30

6.7 设某非线性系统的方框图如图 6.31 所示,试绘制:

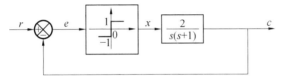

图 6.31

(1) $r(t) = R \cdot 1(t)$

(2) $r(t) = R \cdot 1(t) + Vt$

时 $\dot{e}$-e 平面上的相轨迹图。设 R、V 为常数,$c(0) = \dot{c}(0) = 0$。

6.8 设某非线性系统的方框图如图 6.32 所示,试绘制 $r(t) = 1(t)$ 时 $\dot{e}$-e 平面上的相轨迹图。已知 $\dot{c}(0) = c(0) = 0$。

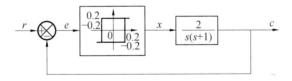

图 6.32

6.9 设某非线性系统的方框图如图 6.24 所示,其中 $K = 5, J = 1$。试在 $\dot{e}$-e 平面上绘制不同初始条件下的相轨迹图。设系统起始处于静止状态。

6.10 具有非线性阻尼的控制系统的方框图如图 6.33(a) 所示,其中非线性特性 N 示于图 6.33(b) 中。当误差信号较大时,即 $|e| > 0.2$ 时,阻尼作用消失;而误差信号较小时,系统具有 $K_0 \dot{c}$ 的阻尼,即速度反馈大小受到非线性控制。设系统起始处于静止状态,参数为 $K = 4, K_0 = 1, e_0 = 0.2$,输入信号分别为

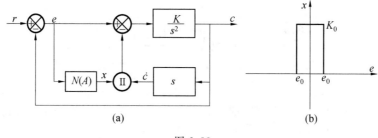

图 6.33

(1) $r(t) = 1(t)$

(2) $r(t) = 0.75 + 0.1t$

(3) $r(t) = 0.7t$

试在 $\dot{e}$-e 平面上绘制相轨迹图。

第7章 离散系统分析与综合的基本概念

例 题

一、对离散系统进行时域分析时,要重点掌握 Z 变换,Z 反变换、脉冲传递函数、系统动态响应等基本概念。

例 1 试求取 $X(s)=(1-\mathrm{e}^{-s})/s^2(s+1)$ 的 Z 变换。

解 应用部分分式法求取以拉普拉斯变换的象函数 $X(s)$ 形式给出的函数 $x(t)$ 的 Z 变换是很方便的,即将已知的 $X(s)$ 展开成部分分式,然后求取每一部分分式项的 Z 变换,并将它们组合在一起。

将给定的 $X(s)$ 展开成部分分式,有

$$X(s)=\frac{1-\mathrm{e}^{-s}}{s^2(s+1)}=$$
$$(1-\mathrm{e}^{-s})\left[\frac{1}{s^2}-\frac{1}{s}+\frac{1}{s+1}\right] \tag{7.1}$$

分别求取式(7.1)每一部分分式项及因子 $(1-\mathrm{e}^{-s})$ 的 Z 变换,得

$$X(z)=(1-z^{-1})\left[\frac{z}{(z-1)^2}-\frac{z}{z-1}+\frac{z}{z-\mathrm{e}^{-T_0}}\right] \tag{7.2}$$

式中 T_0 为采样周期。

对式(7.2)进行组合整理,求得 $X(s)$ 的 Z 变换为

$$X(z)=\frac{\mathrm{e}^{-T_0}z+1-2\mathrm{e}^{-T_0}}{z^2-(1+\mathrm{e}^{-T_0})z+\mathrm{e}^{-T_0}}\bigg|_{T_0=1}$$

注意,对于每一部分分式项,可应用预先给出的 Z 变换表直接查出与之对应的 Z 变换式。

例 2 试求取 $X(z)=10z/(z-1)(z-2)$ 的 z 反变换 $x(kT_0)$。

解 当已知 Z 变换 $X(z)$ 时,求取相应的 Z 反变换 $x(kT_0)$ 主要有三种方法:

(1) 幂级数法(长除法)

应用幂级数法求取 $X(z)$ 的 Z 反变换时,首先需将 $X(z)$ 的分子、分母关于变量 z 的多项式改写成以 z^{-1} 的升幂形式表示的多项式,如

$$X(z)=\frac{10z}{z^2-3z+2}=\frac{10z^{-1}}{1-3z^{-1}+2z^{-2}} \tag{7.3}$$

即用分母多项式中的 z^n 除以分子、分母多项式的每一项,其中 n 为分母多项式的最高次幂。

用长除法展开式(7.3),得

$$\begin{array}{r}
10z^{-1} + 30z^{-2} + 70z^{-3} + 150z^{-4} + \cdots
\end{array}$$

$$1 - 3z^{-1} \left| \underline{10z^{-1}} \right.$$
$$+ 2z^{-2} \left| \underline{10z^{-1} - 30z^{-2} + 20z^{-3}} \right.$$
$$\underline{30z^{-2} - 20z^{-3}}$$
$$\underline{30z^{-2} - 90z^{-3} + 60z^{-4}}$$
$$\underline{70z^{-3} - 60z^{-4}}$$
$$\underline{70z^{-3} - 210z^{-4} + 140z^{-5}}$$
$$\underline{150z^{-4} - 140z^{-5}}$$
$$\underline{150z^{-4} - 450z^{-5} + 300z^{-6}}$$
$$310z^{-5} - 300z^{-6}$$
$$\cdots \qquad \cdots$$

所以

$$X(z) = 10z^{-1} + 30z^{-2} + 70z^{-3} + 150z^{-4} + \cdots \tag{7.4}$$

由式(7.4)求得各采样时刻的 $x(kT_0)(k=0,1,2,\cdots)$ 值为

$$x(0) = 0$$
$$x(T_0) = 10$$
$$x(2T_0) = 30$$
$$x(3T_0) = 70$$
$$x(4T_0) = 150$$
$$\vdots$$

(2)部分分式法

首先将 $X(z)/z$ 展开成部分分式,即由

$$X(z) = \frac{10z}{(z-1)(z-2)}$$

展成

$$\frac{X(z)}{z} = \frac{-10}{z-1} + \frac{10}{z-2} \tag{7.5}$$

其次由式(7.5)重新写出 $X(z)$ 表达示,并对其中每一个部分分式项查 Z 变换表求取相应的 Z 反变换,便得 $X(z)$ 的原函数,即由

$$X(z) = -10\frac{z}{z-1} + 10\frac{z}{z-2}$$

求得

$$x(kT_0) = -10 + 10 \times 2^k =$$
$$10(-1 + 2^k) \quad (k=0,1,2,\cdots) \tag{7.6}$$

因此

$$x(0) = 0$$
$$x(T_0) = 10$$
$$x(2T_0) = 30$$
$$x(3T_0) = 70$$

$$x(4T_0) = 150$$
$$\vdots$$

所得结果与解法1的结果完全一致。

（3）留数法

根据留数定理得

$$x(kT_0) = \sum \mathrm{Res}\llbracket X(z) z^{k-1} \rrbracket \tag{7.7}$$

式中，$\mathrm{Res}\llbracket \cdot \rrbracket$表示函数的留数。

式(7.7)表明，$x(kT_0)$等于$X(z) z^{k-1}$在其所有极点上的留数之和。

$$x(kT_0) = \sum \mathrm{Res}\left[\frac{10z}{(z-1)(z-2)} \cdot z^{k-1} \right] =$$
$$\sum \mathrm{Res}\left[\frac{10z^k}{(z-1)(z-2)} \right] =$$
$$\left. \frac{10z^k}{z-2} \right|_{z=1} + \left. \frac{10z^k}{z-1} \right|_{z=2} =$$
$$-10 + 10 \times 2^k \quad (k=0,1,2,\cdots)$$

即
$$x(0) = 0$$
$$x(T_0) = 10$$
$$x(2T_0) = 30$$
$$x(3T_0) = 70$$
$$x(4T_0) = 150$$
$$\vdots$$

所得结果与解法1及解法2完全一致。

例3 试求取图7.1所示离散系统的脉冲传递函数$C(z)/R(z)$。

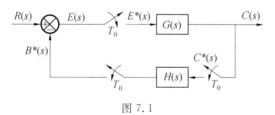

图 7.1

解 从图7.1得

$$C(s) = E^*(s) G(s) \tag{7.8}$$

对式(7.8)取Z变换，得

$$C(z) = E(z) G(z) \tag{7.9}$$

又因为

$$E(s) = R(s) - B^*(s) =$$
$$R(s) - C^*(s) H(s) \tag{7.10}$$

对式(7.10)取Z变换，得

$$E(z) = R(z) - C(z) H(z) \tag{7.11}$$

将式(7.11)代入式(7.9),整理后求得输出变量的 Z 变换为

$$C(z) = \frac{G(z)R(z)}{1 + G(z)H(z)} \qquad (7.12)$$

最后,给定离散系统的脉冲传递函数 $C(z)/R(z)$ 由式(7.12)求得为

$$\frac{C(z)}{R(z)} = \frac{G(z)}{1 + G(z)H(z)} \qquad (7.13)$$

例 4　试求取图 7.2 所示离散系统输出变量的 Z 变换 $C(z)$。

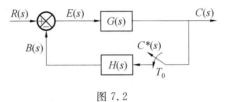

图 7.2

解　从图 7.2,可写出

$$C(s) = G(s)E(s)$$
$$E(s) = R(s) - B(s)$$
$$B(s) = H(s)C^*(s)$$

由上列三式,得

$$C(s) = G(s)R(s) - G(s)H(s)C^*(s) \qquad (7.14)$$

对式(7.14)求取 Z 变换,得

$$C(z) = GR(z) - GH(z)C(z)$$

整理后得输出变量的 Z 变换为

$$C(z) = \frac{GR(z)}{1 + GH(z)} \qquad (7.15)$$

注意,求取离散系统的脉冲传递函数时,一定要明确在相邻两个串联环节间是否有采样开关存在。如有采样开关存在,如图 7.3(a)所示,则其脉冲传递函数为

$$\frac{X_2(z)}{X_1(z)} = G_1(z)G_2(z) \qquad (7.16)$$

若无采样开关存在,如图 7.3(b)所示,则其脉冲传递函数为

$$\frac{X_2(z)}{X_1(z)} = G_1G_2(z) \qquad (7.17)$$

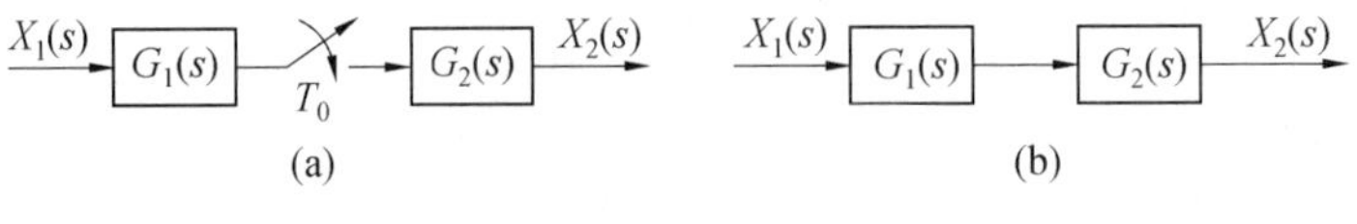

图 7.3

式(7.16)表明,脉冲传递函数 $G_1(z)G_2(z)$ 为分别对 $G_1(s)$ 与 $G_2(s)$ 求取 Z 变换后的乘积。而式(7.17)所示脉冲传递函数 $G_1G_2(z)$ 则是先对 $G_1(s),G_2(s)$ 求乘积 $G_1(s)G_2(s)$,然后再对乘积求取 Z 变换的结果。

另外,还需特别注意,在系统输出变量的 Z 变换 $C(z)$ 中,若系统输入变量的 Z 变换单独存在时,如式(7.12),则可由 $C(z)$ 求取脉冲传递函数 $C(z)/R(z)$,如式(7.13)。若系统

输入变量的 Z 变换在 $C(z)$ 表达式中不单独存在,如式(7.15),则该系统在输出变量 $c(t)$ 与输入变量 $r(t)$ 间不存在脉冲传递函数。

几种离散系统输出变量的 Z 变换 $C(z)$ 记入表 7.1。

表 7.1

系统方框图	输出变量 Z 变换 $C(z)$	脉冲传递 函数 $C(z)/R(z)$
1 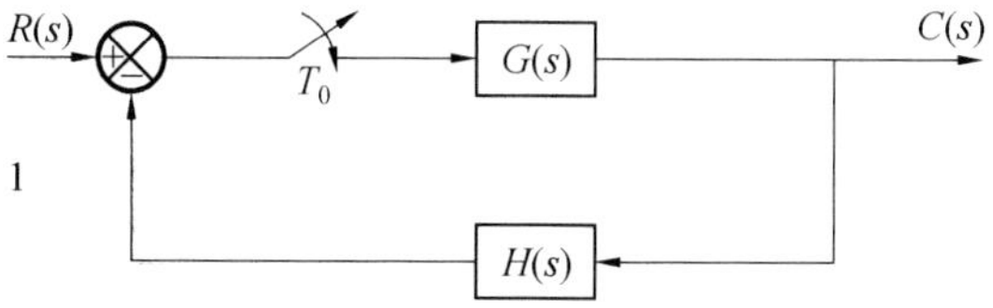	$\dfrac{G(z)R(z)}{1+GH(z)}$	$\dfrac{G(z)}{1+GH(z)}$
2 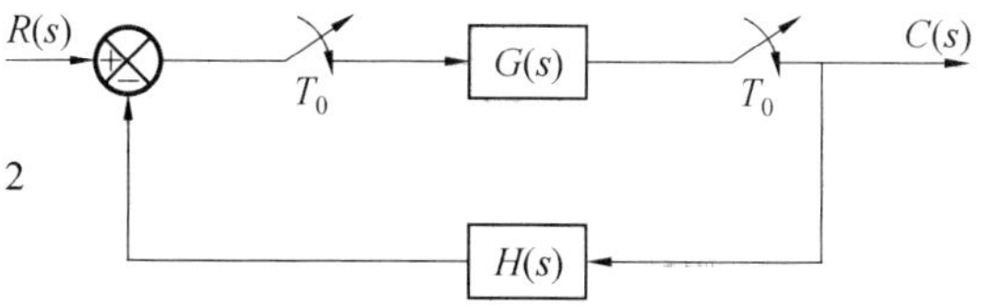	$\dfrac{G(z)R(z)}{1+G(z)H(z)}$	$\dfrac{G(z)}{1+G(z)H(z)}$
3 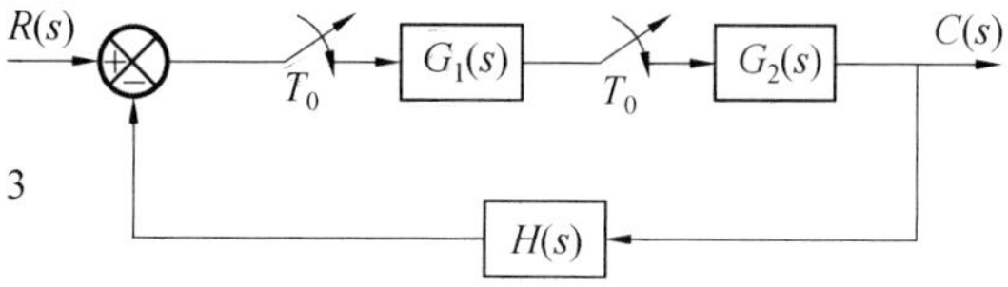	$\dfrac{G_1(z)G_2(z)R(z)}{1+G_1(z)G_2H(z)}$	$\dfrac{G_1(z)G_2(z)}{1+G_1(z)G_2H(z)}$
4 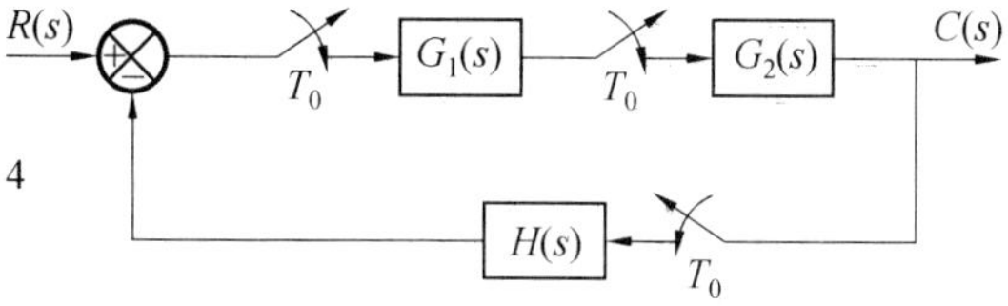	$\dfrac{G_1(z)G_2(z)R(z)}{1+G_1(z)G_2(z)H(z)}$	$\dfrac{G_1(z)G_2(z)}{1+G_1(z)G_2(z)H(z)}$
5 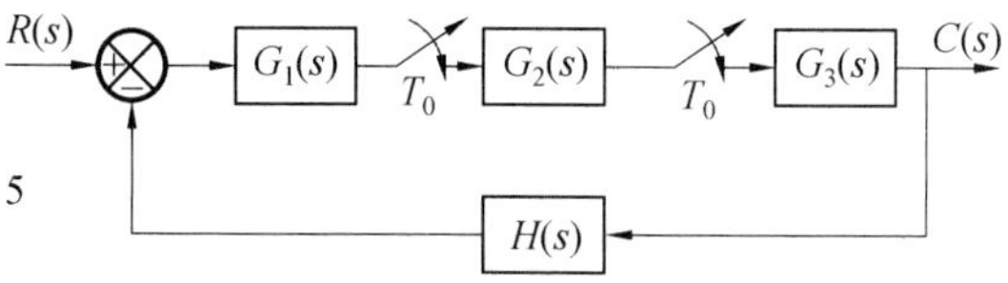	$\dfrac{G_2(z)G_3(z)G_1R(z)}{1+G_2(z)G_1G_3H(z)}$	

例 5　设某离散系统的方框图如图 7.4 所示,试求取该系统的单位阶跃响应 $c(kT_0)$。设采样周期 $T_0=1$ s。

解

(1) 从图 7.4 求取给定系统的开环脉冲传递函数 $G(z)$

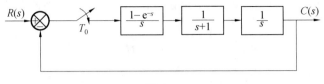

图 7.4

由于

$$G(s) = \frac{1-e^{-s}}{s^2(s+1)} = (1-e^{-s})\left(\frac{1}{s^2} - \frac{1}{s} + \frac{1}{s+1}\right)$$

所以

$$G(z) = Z\{G(z)\} =$$

$$(1-z^{-1})\left[\frac{z}{(z-1)^2} - \frac{z}{z-1} + \frac{z}{z-e^{-T_0}}\right] =$$

$$\frac{e^{-1}z + 1 - 2e^{-1}}{z^2 - (1+e^{-1})z + e^{-1}} =$$

$$\frac{0.368z + 0.264}{z^2 - 1.368z + 0.368} \tag{7.18}$$

(2)求取给定系统输出变量的 Z 变换 $C(z)$

从图 7.4 及式(7.18)求得给定系统闭环脉冲传递函数为

$$\frac{C(z)}{R(z)} = \frac{\dfrac{0.368z + 0.264}{z^2 - 1.368z + 0.368}}{1 + \dfrac{0.368z + 0.264}{z^2 - 1.368z + 0.368}} =$$

$$\frac{0.368z + 0.264}{z^2 - z + 0.632} \tag{7.19}$$

考虑到单位阶跃输入变量的 Z 变换 $R(z) = z/(z-1)$,由式(7.19)求得系统输出变量的 Z 变换为

$$C(z) = \frac{(0.368z + 0.264)z}{(z^2 - z + 0.632)(z-1)} \tag{7.20}$$

(3)根据式(7.20),应用长除法求取给定离散系统的单位阶跃响应。

为此,需将式(7.20)的分子、分母多项式改写成 z^{-1} 的升幂形式,即分子、分母多项式各项同除以 z^3,得

$$C(z) = \frac{0.368z^{-1} + 0.264z^{-2}}{1 - 2z^{-1} + 1.632z^{-2} - 0.632z^{-3}} =$$

$$0.368z^{-1} + z^{-2} + 1.4z^{-3} + 1.4z^{-4} + 1.147z^{-5} +$$

$$0.895z^{-6} + 0.802z^{-7} + \cdots \tag{7.21}$$

由式 (7.21) 求得单位阶跃响应在各采样时刻上的数值 $c(kT_0)(k=0,1,2,\cdots)$ 如下

$$c(0) = 0$$

$$c(T_0) = 0.368$$

$$c(2T_0) = 1$$

$$c(3T_0) = 1.4$$

$$c(4T_0) = 1.4$$
$$c(5T_0) = 1.147$$
$$c(6T_0) = 0.895$$
$$c(7T_0) = 0.802$$
$$\vdots$$

图 7.4 所示离散系统的单位阶跃响应如图 7.5 所示。

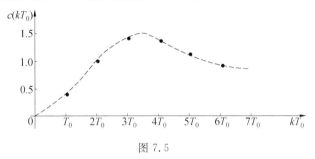

图 7.5

注意,由于 Z 反变换不能给出相邻两采样时刻之间的数据,所以图 7.5 只能画出各采样时刻上的值。图中的虚线只表示一种近似曲线。

从图 7.5 所示近似曲线可见,系统单位阶跃响应的超调量约为 40%,上升时间约为 2s,峰值时间约为 3.5s,而调整时间较长。

二、根据离散系统的特征方程式分析其稳定性时,可采用:

(1) 直接求解特征方程式法

若解出的特征根 $z_i (i = 1, 2, \cdots, n)$ 全部位于 z 平面上以原点为圆心的单位圆内,即 $|z_i| < 1$,则系统稳定。

(2) 代数判据法

首先需将以 z 为变量的特征方程式进行 ω 变换,即令 $z = (1+\omega)/(1-\omega)$,然后基于以 ω 为变量的特征方程式,再应用 Routh 稳定判据来分析系统的稳定性。

一般来说,特征方程式的阶次较低时,如二三阶,采用直接求解法较方便;而当特征方程式的阶次较高时,则采用代数判据法为宜。

例 6 设某离散系统的方框图如图 7.6 所示。试分析该系统的稳定性,并确定使系统稳定时参数 K 的取值范围。

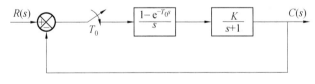

图 7.6

解 从图 7.6 求得系统的开环传递函数 $G(s)$ 为

$$G(s) = \frac{K(1 - \mathrm{e}^{-T_0 s})}{s(s+1)} \tag{7.22}$$

由式(7.22)通过 Z 变换求得系统的开环脉冲传递函数 $G(z)$ 为

$$G(z) = \frac{K(1-\mathrm{e}^{-T_0})}{z - \mathrm{e}^{-T_0}} \tag{7.23}$$

从图7.6所示单位反馈系统知,系统的特征方程式为

$$1 + G(z) = 0$$
$$z + K(1-\mathrm{e}^{-T_0}) - \mathrm{e}^{-T_0} = 0 \tag{7.24}$$

由式(7.24)可见,系统特征方程式的阶次为1,故采用直接求解法求解其特征根,得

$$z_1 = K\mathrm{e}^{-T_0} + \mathrm{e}^{-T_0} - K \tag{7.25}$$

根据系统稳定的充要条件$|z_1| < 1$确定参数K的取值范围。满足条件$|z_1| < 1$有下列两种情况:

① $z_1 < 1$,即

$$K\mathrm{e}^{-T_0} + \mathrm{e}^{-T_0} - K < 1$$

求得

$$K > \frac{1-\mathrm{e}^{-T_0}}{\mathrm{e}^{-T_0} - 1}$$
$$K > -1 \tag{7.26}$$

② $z_1 > -1$,即

$$K\mathrm{e}^{-T_0} + \mathrm{e}^{-T_0} - K > -1$$

求得

$$K < \frac{1+\mathrm{e}^{-T_0}}{1-\mathrm{e}^{-T_0}} \tag{7.27}$$

最后由式(7.26)及式(7.27)求得使给定系统稳定的参数K的取值范围为

$$-1 < K < \frac{1+\mathrm{e}^{-T_0}}{1-\mathrm{e}^{-T_0}}$$

例7 试分析图7.7所示离散系统的稳定性,设采样周期$T_0 = 0.2\mathrm{s}$。

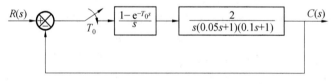

图7.7

解

(1)从图7.7求得系统的开环传递函数为

$$G(s) = \frac{2(1-\mathrm{e}^{-T_0 s})}{s^2(0.05s+1)(0.1s+1)}$$

通过对$G(s)$取Z变换,系统的开环脉冲传递函数$G(z)$为

$$G(z) = \frac{0.1522z^2 + 0.1796z + 0.008}{(z-0.0183)(z-0.135)(z-1)} \tag{7.28}$$

根据式(7.28),由$1 + G(z) = 0$求得给定系统的特征方程式为

$$z^3 - 1.001z^2 + 0.3354z + 0.0055 = 0 \tag{7.29}$$

(2)应用代数判据法分析给定系统稳定性

令 $z=(1+\omega)/(1-\omega)$，由式(7.29)求得以 ω 为变量的特征方程式为

$$2.3309\omega^3 + 3.6821\omega^2 + 1.6471\omega + 0.3399 = 0 \quad (7.30)$$

根据特征方程式(7.30)写出 Routh 计算表

ω^3	2.3309	1.6471
ω^2	3.6821	0.3399
ω^1	1.4319	0
ω^0	0.3399	

按照 Routh 稳定判据，由 Routh 计算表第一列各元素符号无变号可知，图 7.7 所示离散系统是稳定的。

三、基于 Z 变换理论分析离散系统的响应误差时，可应用 Z 变换的终值定理通过系统误差信号的 Z 变换 $E(z)$ 来计算系统的稳态误差。

例 8 试计算图 7.8 所示离散系统在输入信号：

(1) $r(t) = 1(t)$

(2) $r(t) = t$

(3) $r(t) = t^2$

作用下的稳态误差。已知采样周期 $T_0 = 0.1\text{s}$。

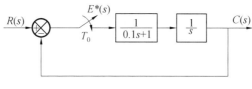

图 7.8

解 由开环传递函数

$$G(s) = \frac{1}{s(0.1s+1)}$$

求得开环脉冲传递函数为

$$G(z) = \frac{0.632z}{z^2 - 1.368z + 0.368} \quad (7.31)$$

根据式(7.31)，求得图 7.8 所示离散系统误差信号的 Z 变换为

$$E(z) = \frac{1}{1+G(z)}R(z) =$$

$$\frac{(z-1)(z-0.368)}{z^2 - 0.736z + 0.368}R(z) \quad (7.32)$$

(1) 当 $r(t) = 1(t)$ 时，$R(z) = z/(z-1)$。

应用终值定理，式(7.32)求得 $r(t) = 1(t)$ 时的系统稳态误差为

$$\lim_{t \to \infty} e(t) = \lim_{z \to 1}\left[(z-1) \cdot \frac{(z-1)(z-0.368)}{z^2 - 0.736z + 0.368} \cdot \frac{z}{z-1}\right] = 0$$

(2) 当 $r(t) = t$ 时，$R(z) = T_0 z/(z-1)^2$。

应用终值定理，式(7.32)求得 $r(t) = t$ 时的系统稳态误差为

$$\lim_{t \to \infty} e(t) = \lim_{z \to 1}\left[(z-1) \cdot \frac{(z-1)(z-0.368)}{z^2 - 0.736z + 0.368)} \cdot \frac{T_0 z}{(z-1)^2}\right]$$
$$= 0.1$$

式中，$T_0 = 0.1\text{s}$。

(3) 当 $r(t) = t^2$ 时，$R(z) = z(z+1)T_0^2/(z-1)^3$。

应用终值定理，由式(7.32)求得 $r(t) = t^2$ 时的系统稳态误差为

$$\lim_{t \to \infty} e(t) = \lim_{z \to 1}\left[(z-1) \cdot \frac{(z-1)(z-0.368)}{z^2 - 0.736z + 0.368} \times \right.$$
$$\left. \frac{z(z+1)T_0^2}{(z-1)^3}\right] = \infty$$

四、离散系统综合的目的在于选取合适的校正环节，使系统具有理想脉冲传递函数。从而使系统对输入信号的响应既无稳态误差又能在有限拍内结束。

对于单位反馈系统，一些情况下的理想脉冲传递函数 $\Phi(z)$ 见表 7.2 所示：

表　7.2

q	v	$\Phi(z)$	t_s
1	Ⅰ	z^{-1}	T_0
	Ⅱ	$2z^{-1} - z^{-2}$	$2T_0$
	Ⅲ	$3z^{-1} - 3z^{-2} + z^{-3}$	$3T_0$
2	Ⅰ	z^{-2}	$2T_0$
	Ⅱ	$3z^{-2} - 2z^{-3}$	$3T_0$
	Ⅲ	$6z^{-2} - 8z^{-3} + 3z^{-4}$	$4T_0$
3	Ⅰ	z^{-3}	$3T_0$
	Ⅱ	$4z^{-3} - 3z^{-4}$	$4T_0$
	Ⅲ	$10z^{-3} - 15z^{-4} + 6z^{-5}$	$4T_0$

表中 v 代表校正后系统应具有的型别，如 Ⅰ 型、Ⅱ 型、Ⅲ 型；q 为未校正系统开环脉冲传递函数 $G(z)$ 分母、分子多项式的阶数差；t_s 为校正后系统响应过程的调整时间。

按要求选定系统的理想脉冲传递函数 $\Phi(z)$ 之后，由未校正系统的开环脉冲传递函数 $G(z)$ 按下式确定校正环节的脉冲传递函数 $D(z)$，即

$$D(z) = \frac{\Phi(z)}{G(z)[1 - \Phi(z)]} \tag{7.33}$$

注意，式(7.33)只适用于 $G(z)$ 在单位圆上及单位圆外无零点与极点的情况。

例 9　设某单位负反馈离散系统的开环传递函数为

$$G(s) = \frac{1 - e^{-T_0 s}}{s} \cdot \frac{10}{s(s+1)} \tag{7.34}$$

式中，T_0 为采样周期，已知 $T_0 = 1\text{s}$。试确定在匀速输入信号 $r(t) = t$ 作用下，使校正后系统响应输入信号时既无稳态误差又能在有限拍内结束的串联校正环节的脉冲传递函数 $D(z)$。

解 由式(7.34)通过 Z 变换求得给定系统开环脉冲传递函数 $G(z)$ 为

$$G(z) = \frac{3.68(z+0.718)}{(z-1)(z-0.368)} \tag{7.35}$$

由式(7.35)可见,给定系统的 $G(z)$ 在单位圆外无零点也无极点,并且 $q=1$。要求校正后系统响应 $r(t)=t$ 时无稳态误差,这说明校正后系统应为 Ⅱ 型,即 $v=$ Ⅱ。

根据 $q=1$ 及 $v=$ Ⅱ,由表 7.2 查得给定系统的理想脉冲传递函数 $\Phi(z)$ 为

$$\Phi(z) = 2z^{-1} - z^{-2} \tag{7.36}$$

将式(7.35)及式(7.36)代入式(7.33),求得串联校正环节的脉冲传递函数 $D(z)$ 为

$$D(z) = \frac{(z-1)(z-0.368)}{3.68(z+0.718)} \times \frac{2z^{-1} - z^{-2}}{1 - 2z^{-1} + z^{-2}} =$$

$$\frac{0.543(z-0.368)(z-0.5)}{(z-1)(z+0.718)}$$

例 10 设某单位负反馈离散系统的开环脉冲传递函数 $G(z)$ 为

$$G(z) = \frac{1}{a_2 z^2 + a_1 z + a_0} \tag{7.37}$$

设 $G(z)$ 的极点位于单位圆内。试确定在输入信号 $r(t)=r_0 \cdot 1(t) + r_1 t$ 作用下,使系统响应既无稳态误差又能在有限拍内结束响应过程的串联校正环节的脉冲传递函数 $D(z)$,设 r_0, r_1 均为常数。

解 由式(7.37)知,$q=2$。根据系统响应无稳态误差的要求,校正后系统应是 Ⅱ 型,即 $v=$ Ⅱ。据此查表 7.2 可得理想脉冲传递函数为

$$\Phi(z) = 3z^{-2} - 2z^{-3} \tag{7.38}$$

将式(7.37)及式(7.38)代入式(7.33),计算得串联校正环节的脉冲传递函数为

$$D(Z) = \frac{3(z - \frac{2}{3})(a_2 z^2 + a_1 z + a_0)}{z^3 - 3z + 2}$$

习　题

7.1　试求取 $X(s) = (s+3)/(s+1)(s+2)$ 的 Z 变换。

7.2　试应用幂级数法、部分分式法和留数法求取 $X(z) = (-3+z^{-1})/(1 - 2z^{-1} + z^{-2})$ 的 Z 反变换,即求取 $X(z)$ 的原函数。

7.3　试求图 7.9 所示离散系统输出变量的 Z 变换 $C(z)$。

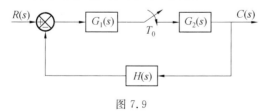

图 7.9

7.4　试求图 7.10 所示多环离散系统输出变量的 Z 变换 $C(z)$。

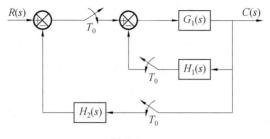

图 7.10

7.5 设某离散系统的方框图如图 7.11 所示。试求该系统的单位阶跃响应,并计算其超调量、上升时间与峰值时间。已知 $T_0 = 1$ s。

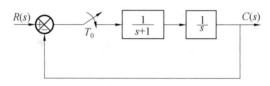

图 7.11

7.6 设某离散系统的方框图如图 7.12 所示,试求其单位阶跃响应。已知 $T_0 = 1$ s。

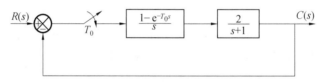

图 7.12

7.7 设某离散系统的方框图如图 7.13 所示,其中参数 $T > 0, K > 0$。试确定系统稳定时参数 K 的取值范围。

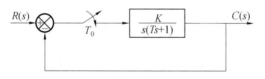

图 7.13

7.8 试计算图 7.14 所示离散系统响应 $r(t) = 1(t), t, t^2$ 时的稳态误差,设 $T_0 = 1$ s。

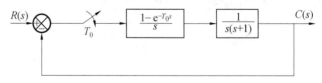

图 7.14

7.9 设某离散系统的方框图如图 7.15 所示,已知 $T_0 = 1$ s。试设计使系统响应输入信号 $r(t) = r_0 \cdot 1(t) + r_1 t$ 时无稳态误差、且在有限拍内结束响应过程的串联校正环节的脉冲传递函数 $D(z)$,其中 r_0, r_1 均为常数。

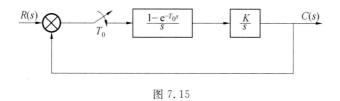

图 7.15

第8章 关于线性系统理论的基本概念

例 题

一、线性齐次状态方程

$$\dot{\boldsymbol{X}}(t) = \boldsymbol{A}\boldsymbol{X}(t) \tag{8.1}$$

的解为

$$\boldsymbol{X}(T) = \Phi(t)\boldsymbol{X}(0) \tag{8.2}$$

式中 $\boldsymbol{X}(0)$ 为 $t=0$ 时的初始状态；$\Phi(t)$ 为一个 $n \times n$ 矩阵，称为状态转移矩阵，它表示系统从初始状态 $\boldsymbol{X}(0)$ 到任意状态 $\boldsymbol{X}(t)$ 的转移特性，即表示系统自由响应过程的特征。

需要掌握状态转移矩阵的下列诸项性质

$$\Phi(0) = e^{\boldsymbol{A} \cdot 0} = \boldsymbol{I} \tag{8.3}$$

$$\Phi^{-1}(t) = \Phi(-t) \tag{8.4}$$

$$\Phi(t_1 + t_2) = \Phi(t_1) \cdot \Phi(t_2) = $$

$$\Phi(t_2) \cdot \Phi(t_1) \tag{8.5}$$

$$\Phi(t_2 - t_0) = \Phi(t_2 - t_1)\Phi(t_1 - t_0) \tag{8.6}$$

$$[\Phi(t)]^k = \Phi(kt) \quad (k \text{ 为整数}) \tag{8.7}$$

$$\frac{\partial}{\partial t}\Phi(t) = \boldsymbol{A}\Phi(t) \tag{8.8}$$

从式(8.2)可见，齐次状态方程的求解问题就是求取状态转移矩阵 $\Phi(t)$ 的问题。计算 $\Phi(t)$ 有多种方法，应很好地掌握这些方法。

例 1 试应用矩阵指数法计算系统的状态转移矩阵 $\Phi(t)$。已知系统的系数矩阵 $\boldsymbol{A}$ 为

$$\boldsymbol{A} = \begin{bmatrix} 0 & 1 \\ -2 & -3 \end{bmatrix}$$

解 状态转移矩阵 $\Phi(t)$ 也可通过矩阵指数 $e^{\boldsymbol{A}t}$ 来表示，即

$$\Phi(t) = e^{\boldsymbol{A}t} \tag{8.9}$$

其中

$$e^{\boldsymbol{A}t} = \boldsymbol{I} + \boldsymbol{A}t + \frac{1}{2!}(\boldsymbol{A}t)^2 + \frac{1}{3!}(\boldsymbol{A}t)^3 + \cdots + $$

$$\frac{1}{k!}(\boldsymbol{A}t)^k + \cdots \tag{8.10}$$

将已知系数矩阵 $\boldsymbol{A}$ 代入式(8.10)，求得状态转移矩阵

$$e^{At} = \begin{bmatrix} 1 & 0 \\ 0 & 1 \end{bmatrix} + \begin{bmatrix} 0 & 1 \\ -2 & -3 \end{bmatrix} t + \frac{1}{2!} \begin{bmatrix} 0 & 1 \\ -2 & -3 \end{bmatrix}^2 t^2 + \cdots =$$

$$\begin{bmatrix} 1 + 0 \cdot t - 2\frac{1}{2!}t^2 + \cdots & 0 + t - 3\frac{1}{2!}t^2 + \cdots \\ 0 - 2t + 6\frac{1}{2!}t^2 + \cdots & 1 - 3t + 7\frac{1}{2!}t^2 + \cdots \end{bmatrix} =$$

$$\begin{bmatrix} 2\left(1 - t + \frac{t^2}{2!} - \cdots\right) - \left(1 - 2t + 4\frac{t^2}{2!} - \cdots\right) \\ -2\left(1 - t + \frac{t^2}{2!} - \cdots\right) + 2\left(1 - 2t + 4\frac{t^2}{2!} - \cdots\right) \end{bmatrix}$$

$$\begin{bmatrix} \left(1 - t + \frac{t^2}{2!} - \cdots\right) - \left(1 - 2t + 4\frac{t^2}{2!} - \cdots\right) \\ -\left(1 - t + \frac{t^2}{2!} - \cdots\right) + 2\left(1 - 2t + 4\frac{t^2}{2!} - \cdots\right) \end{bmatrix} =$$

$$\begin{bmatrix} 2e^{-t} - e^{-2t} & e^{-t} - e^{-2t} \\ -2e^{-t} + 2e^{-2t} & -e^{-t} + 2e^{-2t} \end{bmatrix}$$

例 2 试应用拉普拉斯变换法计算系统的状态转移矩阵 $\Phi(t)$。已知系统的系数矩阵 A 为

$$A = \begin{bmatrix} 0 & 1 \\ -2 & -3 \end{bmatrix}$$

解 根据关系式

$$\Phi(t) = e^{At} = L^{-1}\{(sI - A)^{-1}\} \tag{8.11}$$

通过对逆矩阵 $(sI - A)^{-1}$ 取拉普拉斯反变换来计算系统的状态转移矩阵 $\Phi(t)$。

(1)计算逆矩阵 $(sI - A)^{-1}$

$$sI - A = \begin{bmatrix} s & 0 \\ 0 & s \end{bmatrix} - \begin{bmatrix} 0 & 1 \\ -2 & -3 \end{bmatrix} =$$

$$\begin{bmatrix} s & -1 \\ 2 & s + 3 \end{bmatrix}$$

$$(sI - A)^{-1} = \frac{\text{adj}(sI - A)}{|sI - A|} \tag{8.12}$$

式中

$$|sI - A| = \begin{vmatrix} s & -1 \\ 2 & s + 3 \end{vmatrix} = s(s + 3) + 2 =$$

$$(s + 1)(s + 2) \tag{8.13}$$

$$\text{adj}(sI - A) = \begin{bmatrix} s + 3 & 1 \\ -2 & s \end{bmatrix} \tag{8.14}$$

将式(8.13)及式(8.14)代入式(8.12),得

$$(sI - A)^{-1} = \begin{bmatrix} \dfrac{s + 3}{(s + 1)(s + 2)} & \dfrac{1}{(s + 1)(s + 2)} \\ \dfrac{-2}{(s + 1)(s + 2)} & \dfrac{s}{(s + 1)(s + 2)} \end{bmatrix} \tag{8.15}$$

（2）计算状态转移矩阵 $\boldsymbol{\Phi}(t)$

对式(8.15)所示逆矩阵$(s\boldsymbol{I}-\boldsymbol{A})^{-1}$取拉普拉斯反变换,得

$$\boldsymbol{\Phi}(t)=L^{-1}\{(s\boldsymbol{I}-\boldsymbol{A})^{-1}\}=$$

$$\begin{bmatrix} L^{-1}\left\{\dfrac{s+3}{(s+1)(s+2)}\right\} & L^{-1}\left\{\dfrac{1}{(s+1)(s+2)}\right\} \\ L^{-1}\left\{\dfrac{-2}{(s+1)(s+2)}\right\} & L^{-1}\left\{\dfrac{s}{(s+1)(s+2)}\right\} \end{bmatrix}=$$

$$\begin{bmatrix} 2e^{-t}-e^{-2t} & e^{-t}-e^{-2t} \\ -2e^{-t}+2e^{-2t} & -e^{-t}+2e^{-2t} \end{bmatrix}$$

所得结果与例1相同。

例3 试利用对角化法计算系统的状态转移矩阵 $\boldsymbol{\Phi}(t)$。已知系统的系统矩阵 $\boldsymbol{A}$ 为

$$\boldsymbol{A}=\begin{bmatrix} 0 & 1 \\ -2 & -3 \end{bmatrix}$$

解

（1）求 $\boldsymbol{A}$ 的特征值

由

$$|s\boldsymbol{I}-\boldsymbol{A}|=\begin{vmatrix} s & -1 \\ 2 & s+3 \end{vmatrix}=(s+1)(s+2)=0$$

解出特征值 $s_1=-1,s_2=-2$。

（2）选取变换矩阵 $\boldsymbol{P}$ 使 $\boldsymbol{P}^{-1}\boldsymbol{A}\boldsymbol{P}$ 对角化

由于系统矩阵 $\boldsymbol{A}$ 具有"友"矩阵形式,故变换矩阵 $\boldsymbol{P}$ 可选如下形式

$$\boldsymbol{P}=\begin{bmatrix} 1 & 1 & \cdots & 1 \\ s_1 & s_2 & \cdots & s_n \\ s_1^2 & s_2^2 & \cdots & s_n^2 \\ \vdots & \vdots & & \vdots \\ s_1^{n-1} & s_2^{n-1} & \cdots & s_n^{n-1} \end{bmatrix}_{n\times n} \tag{8.16}$$

式中 $s_1,s_2,\cdots,s_n$ 为系统矩阵 $\boldsymbol{A}$ 的 n 个特征值。

对本例,将特征值 $s_1=-1$、$s_2=-2$ 代入式(8.16),得变换矩阵

$$\boldsymbol{P}=\begin{bmatrix} 1 & 1 \\ -1 & -2 \end{bmatrix} \tag{8.17}$$

$$\boldsymbol{P}^{-1}=\begin{bmatrix} 2 & 1 \\ -1 & -1 \end{bmatrix} \tag{8.18}$$

从而有

$$\boldsymbol{P}^{-1}\boldsymbol{A}\boldsymbol{P}=\begin{bmatrix} 2 & 1 \\ -1 & -1 \end{bmatrix}\begin{bmatrix} 0 & 1 \\ -2 & -3 \end{bmatrix}\begin{bmatrix} 1 & 1 \\ -1 & -2 \end{bmatrix}=\begin{bmatrix} -1 & 0 \\ 0 & -2 \end{bmatrix}$$

即已将给定的系统矩阵 $\boldsymbol{A}$ 对角化。

注意,经对角化处理的系数矩阵 $\boldsymbol{A}$ 是一个对角阵,其主对角线上的元素是系矩阵 $\boldsymbol{A}$ 的特征值。

（3）根据关系式

$$e^{At} = Pe^{P^{-1}APt}P^{-1} \tag{8.19}$$

计算状态转移矩阵 $\Phi(t)$。

式（8.19）中

$$e^{P^{-1}APt} = e^{\begin{bmatrix} -1 & 0 \\ 0 & -2 \end{bmatrix}t} = \begin{bmatrix} e^{-t} & 0 \\ 0 & e^{-2t} \end{bmatrix} \tag{8.20}$$

将式（8.17）、（8.18）及式（8.20）代入式（8.19），得

$$\Phi(t) = e^{At} = \begin{bmatrix} 1 & 1 \\ -1 & -2 \end{bmatrix} \begin{bmatrix} e^{-t} & 0 \\ 0 & e^{-2t} \end{bmatrix} \begin{bmatrix} 2 & 1 \\ -1 & -1 \end{bmatrix} =$$
$$\begin{bmatrix} 2e^{-t} - e^{-2t} & e^{-t} - e^{-2t} \\ -2e^{-t} + 2e^{-2t} & -e^{-t} + 2e^{-2t} \end{bmatrix}$$

所得结果与例1、例2相同。

例4 试应用Caylay-Hamilton余数法计算系统的状态转移矩阵 $\Phi(t)$。已知系统的系矩阵 A 为

$$A = \begin{bmatrix} 0 & 1 \\ -2 & -3 \end{bmatrix}$$

解

（1）求系统矩阵 A 的特征值

已求得给定系统矩阵 A 的特征值为 $s_1 = -1, s_2 = -2$。

（2）一般情况下，对于 n 个互不相重的特征值 $s_1, s_2, \cdots, s_n$ 写出如下方程组

$$\left. \begin{array}{l} a_0 + a_1 s_1 + a_2 s_1^2 + \cdots + a_{n-1} s_1^{n-1} = e^{s_1 t} \\ a_0 + a_1 s_2 + a_2 s_2^2 + \cdots + a_{n-1} s_2^{n-1} = e^{s_2 t} \\ \cdots \quad \cdots \quad \cdots \quad \cdots \quad \cdots \\ a_0 + a_1 s_n + a_2 s_n^2 + \cdots + a_{n-1} s_n^{n-1} = e^{s_n t} \end{array} \right\} \tag{8.21}$$

并由方程组（8.21）解出 $a_0(t), a_1(t), a_2(t), \cdots, a_{n-1}(t)$。

对本例来说，因为只有两个互不相重的特征值 s_1 与 s_2，所以将 s_1, s_2 代入方程组（8.21），得方程组

$$\left. \begin{array}{l} a_0 + a_1 s_1 = e^{s_1 t} \\ a_0 + a_1 s_2 = e^{s_2 t} \end{array} \right\} \tag{8.22}$$

考虑到 $s_1 = -1, s_2 = -2$，由方程组（8.22）解出

$$a_0(t) = 2e^{-t} - e^{-2t} \tag{8.23}$$

$$a_1(t) = e^{-t} - e^{-2t} \tag{8.24}$$

（3）计算状态转移矩阵 $\Phi(t)$

对于系统具有 n 个特征值 $s_1, s_2, \cdots, s_n$ 的情况，按下式计算 $\Phi(t)$，即

$$\Phi(t) = a_0(t)I + a_1(t)A + a_2(t)A^2 + \cdots +$$
$$a_{n-1}(t)A^{n-1} \tag{8.25}$$

对本例来说，将式（8.23）、（8.24）及给定的系数矩阵 A 代入式（8.25），得

$$\Phi(t) = a_0(t)\boldsymbol{I} + a_1(t)\boldsymbol{A} =$$

$$(2e^{-t} - e^{-2t})\begin{bmatrix} 1 & 0 \\ 0 & 1 \end{bmatrix} + (e^{-t} - e^{-2t})\begin{bmatrix} 0 & 1 \\ -2 & -3 \end{bmatrix} =$$

$$\begin{bmatrix} 2e^{-t} - e^{-2t} & e^{-t} - e^{-2t} \\ -2e^{-t} + 2e^{-2t} & -e^{-t} + 2e^{-2t} \end{bmatrix}$$

所得结果与例 1、例 2 及例 3 相同。

注意,对于特征值中有相重值的情况,例如有两个 s_i,这时方程组(8.21)中的第 i 个及第 $i+1$ 个方程式应分别写成如下形式

$$a_0 + a_1 s_i + 2a_2 s_i^2 + \cdots + a_{n-1} s_i^{n-1} = e^{s_i t}$$

$$\frac{\mathrm{d}}{\mathrm{d}s_i}[a_0 + a_1 s_i + a_2 s_i^2 + \cdots + a_{n-1} s_i^{n-1}] = \frac{\mathrm{d}}{\mathrm{d}s_i}e^{s_i t}$$

而与单特征值对应的其它方程式和方程组(8.21)所列相同。

如果特征值 s_i 有 k 个相重时,对应 s_i 应有 k 个方程式

$$a_0 + a_1 s_i + a_2 s_i^2 + \cdots + a_{n-1} s_i^{n-1} = e^{s_i t}$$

$$\frac{\mathrm{d}}{\mathrm{d}s_i}[a_0 + a_1 s_i + a^2 s_i^2 + \cdots + a_{n-1} s_i^{n-1}] = \frac{\mathrm{d}}{\mathrm{d}s_i}e^{s_i t}$$

$$\cdots \quad\quad \cdots \quad\quad \cdots \quad\quad \cdots$$

$$\frac{\mathrm{d}^{k-1}}{\mathrm{d}s_i^{k-1}}[a_0 + a_1 s_i + a_2 s_i^2 + \cdots + a_{n-1} s_i^{n-1}] = \frac{\mathrm{d}^{k-1}}{\mathrm{d}s_i^{k-1}}e^{s_i t}$$

例 5　设控制系统的状态方程为

$$\dot{\boldsymbol{X}}(t) = \boldsymbol{A}\boldsymbol{X}(t) \tag{8.26}$$

已知当
$$\boldsymbol{X}(0) = \begin{bmatrix} 1 \\ -1 \end{bmatrix} \text{时}, \quad \boldsymbol{X}(t) = \begin{bmatrix} e^{-2t} \\ -e^{-2t} \end{bmatrix} \tag{8.27}$$

当 $\boldsymbol{X}($
$$0) = \begin{bmatrix} 2 \\ -1 \end{bmatrix} \text{时}, \quad \boldsymbol{X}(t) = \begin{bmatrix} 2e^{-t} \\ -e^{-t} \end{bmatrix} \tag{8.28}$$

试求取系统矩阵 $\boldsymbol{A}$ 及系统的状态转移矩阵 $\Phi(t)$。

解　式(8.26)所示齐次方程的解为

$$\boldsymbol{X}(t) = \Phi(t)\boldsymbol{X}(0) \tag{8.29}$$

(1)计算状态转移矩阵 $\Phi(t)$

设

$$\Phi(t) = \begin{bmatrix} \varphi_{11}(t) & \varphi_{12}(t) \\ \varphi_{21}(t) & \varphi_{22}(t) \end{bmatrix} \tag{8.30}$$

将式(8.27)(8.28)及式(8.30)分别代入式(8.29),得

$$\begin{bmatrix} e^{-2t} \\ -e^{-2t} \end{bmatrix} = \begin{bmatrix} \varphi_{11}(t) & \varphi_{12}(t) \\ \varphi_{21}(t) & \varphi_{22}(t) \end{bmatrix} \begin{bmatrix} 1 \\ -1 \end{bmatrix} =$$

$$\begin{bmatrix} \varphi_{11}(t) - \varphi_{12}(t) \\ \varphi_{21}(t) - \varphi_{22}(t) \end{bmatrix} \tag{8.31}$$

$$\begin{bmatrix} 2e^{-t} \\ -e^{-t} \end{bmatrix} = \begin{bmatrix} \varphi_{11}(t) & \varphi_{12}(t) \\ \varphi_{21}(t) & \varphi_{22}(t) \end{bmatrix} \begin{bmatrix} 2 \\ -1 \end{bmatrix} =$$

$$\begin{bmatrix} 2\varphi_{11}(t) - \varphi_{12}(t) \\ 2\varphi_{21}(t) - \varphi_{22}(t) \end{bmatrix} \tag{8.32}$$

由式(8.31)及式(8.32)写出下列方程组

$$\left. \begin{array}{l} \varphi_{11}(t) - \varphi_{12}(t) = e^{-2t} \\ \varphi_{21}(t) - \varphi_{22}(t) = -e^{-2t} \\ 2\varphi_{11}(t) - \varphi_{12}(t) = 2e^{-t} \\ 2\varphi_{21}(t) - \varphi_{22}(t) = -e^{-t} \end{array} \right\} \tag{8.33}$$

解方程组(8.33)得

$$\varphi_{11}(t) = 2e^{-t} - e^{-2t}$$

$$\varphi_{12}(t) = 2e^{-t} - 2e^{-2t}$$

$$\varphi_{21}(t) = -e^{-t} + e^{-2t}$$

$$\varphi_{22}(t) = -e^{-t} + 2e^{-2t}$$

将上列结果代入式(8.30),求得给定系统的状态转移矩阵 $\Phi(t)$ 为

$$\Phi(t) = \begin{bmatrix} 2e^{-t} - e^{-2t} & 2e^{-t} - 2e^{-2t} \\ -e^{-t} + e^{-2t} & -e^{-t} + 2e^{-2t} \end{bmatrix} \tag{8.34}$$

(2)计算系统矩阵 $\boldsymbol{A}$

已知系统的状态转移矩阵 $\Phi(t)$,可按式(8.8)计算相应的系统矩阵 $\boldsymbol{A}$,即

$$\boldsymbol{A} = \left[\frac{\partial}{\partial t}\Phi(t) \right] \cdot \Phi^{-1}(t) \tag{8.35}$$

将式(8.34)所示 $\Phi(t)$ 对时间 t 求导,得

$$\frac{\partial}{\partial t}\Phi(t) = \begin{bmatrix} \dfrac{\partial}{\partial t}(2e^{-t} - e^{-2t}) & \dfrac{\partial}{\partial t}(2e^{-t} - 2e^{-2t}) \\ \dfrac{\partial}{\partial t}(-e^{-t} + e^{-2t}) & \dfrac{\partial}{\partial t}(-e^{-t} + 2e^{-2t}) \end{bmatrix} =$$

$$\begin{bmatrix} -2e^{-t} + 2e^{-2t} & -2e^{-t} + 4e^{-2t} \\ e^{-t} - 2e^{-2t} & e^{-t} - 4e^{-2t} \end{bmatrix} \tag{8.36}$$

按式(8.4)及式(8.34)求得 $\Phi^{-1}(t)$ 为

$$\Phi^{-1}(t) = \begin{bmatrix} 2e^{t} - e^{2t} & 2e^{t} - 2e^{2t} \\ -e^{t} + e^{2t} & -e^{t} + 2e^{2t} \end{bmatrix} \tag{8.37}$$

将式(8.36)及式(8.37)代入式(8.35),得

$$\boldsymbol{A} = \begin{bmatrix} -2e^{-t} + 2e^{-2t} & -2e^{-t} + 4e^{-2t} \\ e^{-t} - 2e^{-2t} & e^{-t} - 4e^{-2t} \end{bmatrix}$$

$$\begin{bmatrix} 2e^{t} - e^{2t} & 2e^{t} - 2e^{2t} \\ -e^{t} + e^{2t} & -e^{t} + 2e^{2t} \end{bmatrix} = \begin{bmatrix} 0 & 2 \\ -1 & -3 \end{bmatrix}$$

注意,系统的状态转移矩阵 $\Phi(t)$ 还可由式(8.27)及式(8.28)根据式(8.29)构成的下列关系式求取

$$\begin{bmatrix} e^{-2t} & 2e^{-t} \\ -e^{-2t} & -e^{-t} \end{bmatrix} = \boldsymbol{\Phi(t)} \begin{bmatrix} 1 & 2 \\ -1 & -1 \end{bmatrix} \tag{8.38}$$

由于

$$\text{rank} = \begin{bmatrix} 1 & 2 \\ -1 & -1 \end{bmatrix} = 2$$

所以有逆存在,即

$$\begin{bmatrix} 1 & 2 \\ -1 & -1 \end{bmatrix}^{-1} = \begin{bmatrix} -1 & -2 \\ 1 & 1 \end{bmatrix} \tag{8.39}$$

由式(8.38)解出

$$\Phi(t) = \begin{bmatrix} e^{-2t} & 2e^{-t} \\ -e^{-2t} & -e^{-t} \end{bmatrix} \begin{bmatrix} 1 & 2 \\ -1 & -1 \end{bmatrix}^{-1} \tag{8.40}$$

将式(8.39)代入式(8.40)最终求得给定系统的状态转移矩阵 $\Phi(t)$ 为

$$\Phi(t) = \begin{bmatrix} 2e^{-t} - e^{-2t} & 2e^{-t} - 2e^{-2t} \\ -e^{t} + e^{-2t} & -e^{-t} + 2e^{-2t} \end{bmatrix}$$

与式(8.37)所示相同。

例 6 已知某控制系统的齐次状态方程为

$$\dot{\boldsymbol{X}}(t) = \begin{bmatrix} 0 & 1 \\ 2 & -1 \end{bmatrix} \boldsymbol{X}(t) \tag{8.41}$$

当系统的时域响应 $\boldsymbol{X}(t) = \begin{bmatrix} 2 \\ 5 \end{bmatrix}$ 时,试计算系统的初始状态 $\boldsymbol{X}(0)$。

解 齐次状态方程(8.41)的解为

$$\boldsymbol{X}(t) = \Phi(t)\boldsymbol{X}(0) \tag{8.42}$$

从式(8.42)可见,由于 $\boldsymbol{X}(t)$ 已知,所以只要求得系统的状态转移矩阵 $\Phi(t)$,便可计算出与 $\boldsymbol{X}(t)$ 对应的初始状态 $\boldsymbol{X}(0)$。

(1)计算状态转移矩阵 $\Phi(t)$

由式(8.41)可知,系统的系统矩阵 $\boldsymbol{A}$ 为

$$\boldsymbol{A} = \begin{bmatrix} 0 & 1 \\ 2 & -1 \end{bmatrix} \tag{8.43}$$

应用对角化法计算 $\Phi(t)$。

式(8.43)所示系统矩阵 $\boldsymbol{A}$ 具有"友"矩阵形式,其特征值由

$$|s\boldsymbol{I} - \boldsymbol{A}| = s^2 + s - 2 = (s-1)(s+2) = 0$$

求得为 $s_1 = 1, s_2 = -2$。

根据特征值 s_1, s_2 构成变换矩阵 $\boldsymbol{P}$ 如下

$$\boldsymbol{P} = \begin{bmatrix} 1 & 1 \\ 1 & -2 \end{bmatrix} \tag{8.44}$$

其逆矩阵 $\boldsymbol{P}^{-1}$ 为

$$\boldsymbol{P}^{-1} = \begin{bmatrix} \dfrac{2}{3} & \dfrac{1}{3} \\ \dfrac{1}{3} & -\dfrac{1}{3} \end{bmatrix} \tag{8.45}$$

由式(8.43)～(8.45)计算得

$$\mathbf{e}^{P^{-1}APt} = \begin{bmatrix} \mathrm{e}^t & 0 \\ 0 & \mathrm{e}^{-2t} \end{bmatrix} \tag{8.46}$$

最后根据式(8.19),即

$$\Phi(t) = \mathbf{e}^{At} = P\mathbf{e}^{P^{-1}APt}P^{-1}$$

考虑到式(8.44)～(8.46),得

$$\Phi(t) = \frac{1}{3} \begin{bmatrix} 2\mathrm{e}^t + \mathrm{e}^{-2t} & \mathrm{e}^t - \mathrm{e}^{-2t} \\ 2\mathrm{e}^t - 2\mathrm{e}^{-2t} & \mathrm{e}^t + 2\mathrm{e}^{-2t} \end{bmatrix} \tag{8.47}$$

(2)计算初始状态 $\boldsymbol{X}(0)$

由式(8.42)解出

$$\boldsymbol{X}(0) = \Phi^{-1}(t)\boldsymbol{X}(t) \tag{8.48}$$

根据式(8.4)及式(8.47)求得

$$\Phi^{-1}(t) = \Phi(-t) =$$
$$\frac{1}{3} \begin{bmatrix} 2\mathrm{e}^{-t} + \mathrm{e}^{2t} & \mathrm{e}^{-t} - \mathrm{e}^{2t} \\ 2\mathrm{e}^{-t} - 2\mathrm{e}^{2t} & \mathrm{e}^{-t} + 2\mathrm{e}^{2t} \end{bmatrix} \tag{8.49}$$

将已知 $\boldsymbol{X}(t) = \begin{bmatrix} 2 \\ 5 \end{bmatrix}$ 及式(8.49)代入式(8.48)最后计算出与系统时域响应 $\boldsymbol{X}(t) = \begin{bmatrix} 2 \\ 5 \end{bmatrix}$ 对应的初始状态 $\boldsymbol{X}(0)$ 为

$$\boldsymbol{X}(0) = \frac{1}{3} \begin{bmatrix} 2\mathrm{e}^{-t} + \mathrm{e}^{2t} & \mathrm{e}^{-t} - \mathrm{e}^{2t} \\ 2\mathrm{e}^{-t} - 2\mathrm{e}^{2t} & \mathrm{e}^{-t} + 2\mathrm{e}^{2t} \end{bmatrix} \begin{bmatrix} 2 \\ 5 \end{bmatrix} =$$
$$\begin{bmatrix} 3\mathrm{e}^{-t} - \mathrm{e}^{2t} \\ 3\mathrm{e}^{-t} + 2\mathrm{e}^{2t} \end{bmatrix}$$

二、判别控制系统

$$\dot{\boldsymbol{X}}(t) = \boldsymbol{A}\boldsymbol{X}(t)\boldsymbol{B}u(t)$$
$$\boldsymbol{y}(t) = \boldsymbol{C}\boldsymbol{X}(t)$$

的能控性及能观测性,重要的是掌握系统状态完全能控与状态完全能观测的充要条件。充要条件分别是系统的能控性矩阵与能观测性矩阵应为满秩,即

$$\mathrm{rank}[\boldsymbol{B} \ \boldsymbol{AB} \ \boldsymbol{A}^2\boldsymbol{B}\cdots\boldsymbol{A}^{n-1}\boldsymbol{B}] = n \tag{8.50}$$
$$\mathrm{rank}[\boldsymbol{C}^T \ \boldsymbol{A}^T\boldsymbol{C}^T (\boldsymbol{A}^T)^2\boldsymbol{C}^T\cdots(\boldsymbol{A}^T)^{n-1}\boldsymbol{C}^T] = n \tag{8.51}$$

式中,n 为系统的阶数;$\boldsymbol{C}^T$,$\boldsymbol{A}^T$ 分别为输出矩阵与系统矩阵的转置矩阵。

系统输出完全能控的充要条件是输出能控性矩阵满秩,即

$$\mathrm{rank}[\boldsymbol{CB} \ \boldsymbol{CAB} \ \boldsymbol{CA}^2\boldsymbol{B}\cdots\boldsymbol{CA}^{n-1}\boldsymbol{B}] = l \tag{8.52}$$

式中,l 为系统输出的个数。

例 7 已知某控制系统的状态方程及输出方程分别为

$$\dot{\boldsymbol{X}}(t) = \begin{bmatrix} -4 & 5 \\ 1 & 0 \end{bmatrix}\boldsymbol{X}(t) + \begin{bmatrix} -5 \\ 1 \end{bmatrix}u(t) \tag{8.53}$$

$$\boldsymbol{y}(t) = \begin{bmatrix} 1 & -1 \end{bmatrix}\boldsymbol{X}(t) \tag{8.54}$$

试判别该系统的状态能控性及输出能控性。

解

（1）判别状态能控性

由式（8.53）知

$$\boldsymbol{A} = \begin{bmatrix} -4 & 5 \\ 1 & 0 \end{bmatrix} \qquad \boldsymbol{B} = \begin{bmatrix} -5 \\ 1 \end{bmatrix}$$

由矩阵 $\boldsymbol{A}$ 及 $\boldsymbol{B}$ 算得

$$\boldsymbol{AB} = \begin{bmatrix} -4 & 5 \\ 1 & 0 \end{bmatrix} \begin{bmatrix} -5 \\ 1 \end{bmatrix} = \begin{bmatrix} 25 \\ -5 \end{bmatrix}$$

将上列矩阵 $\boldsymbol{B}$、$\boldsymbol{AB}$ 代入式（8.50），得

$$\operatorname{rank} \begin{bmatrix} -5 & 25 \\ 1 & -5 \end{bmatrix} = 1 \neq n$$

式中，$n = 2$。

因为系统的能控性矩阵不满秩，所以给定系统是状态不完全能控的。

（2）判别输出能控性

由式（8.54）知

$$\boldsymbol{C} = \begin{bmatrix} 1 & -1 \end{bmatrix}$$

并计算

$$\boldsymbol{CB} = \begin{bmatrix} 1 & -1 \end{bmatrix} \begin{bmatrix} -5 \\ 1 \end{bmatrix} = -6$$

$$\boldsymbol{CAB} = \begin{bmatrix} 1 & -1 \end{bmatrix} \begin{bmatrix} -4 & 5 \\ 1 & 0 \end{bmatrix} \begin{bmatrix} -5 \\ 1 \end{bmatrix} = 30$$

将上列矩阵 $\boldsymbol{CB}$、$\boldsymbol{CAB}$ 代入式（8.52），得

$$\operatorname{rank} \begin{bmatrix} -6 & 30 \end{bmatrix} = 1 = l$$

式中，l 为给定系统输出的个数。

由于输出能控性矩阵 $[\boldsymbol{CB}、\boldsymbol{CAB}]$ 满秩，所以给定系统是输出完全能控的。

注意，一般来说，系统的状态能控性与输出能控性之间是不等价的，即系统状态完全能控不是输出完全能控的必要条件，也就是说输出能控不能必然导致状态能控，而状态能控也不能必然导致输出能控。

例 8 设某控制系统的方框图如图（8.1）所示，试判别该系统的能控性与能观测性。

解

（1）列写给定系统的状态方程与输出方程

由图 8.1 可写出

$$\dot{x}_1 = -2x_1 + 3x_2 + u$$
$$\dot{x}_2 = x_1 + u$$
$$y = x_1$$

由上列方程写出系统的状态方程与输出方程分别为

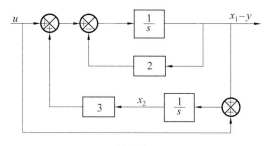

图 8.1

$$\dot{\boldsymbol{X}}(t) = \begin{bmatrix} -2 & 3 \\ 1 & 0 \end{bmatrix} \boldsymbol{X}(t) + \begin{bmatrix} 1 \\ 1 \end{bmatrix} u(t) \tag{8.55}$$

$$\boldsymbol{y}(t) = \begin{bmatrix} 1 & 0 \end{bmatrix} \boldsymbol{X}(t) \tag{8.56}$$

（2）判别给定系统的能控性与能观测性

由式(8.55)及式(8.56)分别得

$$\boldsymbol{A} = \begin{bmatrix} -2 & 3 \\ 1 & 0 \end{bmatrix} \quad \boldsymbol{B} = \begin{bmatrix} 1 \\ 1 \end{bmatrix} \quad \boldsymbol{C} = \begin{bmatrix} 1 & 0 \end{bmatrix}$$

将上列矩阵 $\boldsymbol{A}$、$\boldsymbol{B}$ 代入式(8.50)得

$$\mathrm{rank} \begin{bmatrix} 1 & 1 \\ 1 & 1 \end{bmatrix} = 1 \neq n$$

式中，$n = 2$。

由于系统的能控性矩阵$[\boldsymbol{B} \quad \boldsymbol{A}\boldsymbol{B}]$不满秩，所以给定系统状态不完全能控。

将上列矩阵 $\boldsymbol{A}$、$\boldsymbol{C}$ 代入式(8.51)，得

$$\mathrm{rank} \begin{bmatrix} 1 & -2 \\ 0 & 3 \end{bmatrix} = 2 = n$$

由于系统的能观测性矩阵$[\boldsymbol{C}^T \boldsymbol{A}^T \boldsymbol{C}^T]$满秩，所以给定系统状态完全能观测。

例 9 设某控制系统的运动方程为

$$\ddot{y} + 2\dot{y} + y = \dot{u} + u \tag{8.57}$$

选状态变量为

$$x_1 = y \tag{8.58}$$

$$x_2 = \dot{y} - u \tag{8.59}$$

试列写系统的状态方程及输出方程，并判别系统的能控性与能观测性。

解

（1）列写给定系统的状态方程及输出方程

由式(8.58)及式(8.59)得

$$\dot{x}_1 = \dot{y} = x_2 + u \tag{8.60}$$

由式(8.59)及式(8.57)得

$$\dot{x}_2 = \ddot{y} - \dot{u} =$$
$$-2\dot{y} - y + \dot{u} + u - \dot{u} =$$
$$-x_1 - 2x_2 - u \tag{8.61}$$

由式(8.60)及式(8.61)写出给定系统的状态方程为

$$\dot{\boldsymbol{X}}(t) = \begin{bmatrix} 0 & 1 \\ -1 & -2 \end{bmatrix} \boldsymbol{X}(t) + \begin{bmatrix} 1 \\ -1 \end{bmatrix} u(t) \tag{8.62}$$

由式(8.58)得给定系统的输出方程为

$$\boldsymbol{y}(t) = \begin{bmatrix} 1 & 0 \end{bmatrix} \boldsymbol{X}(t) \tag{8.63}$$

(2)判别给定系统的能控性及能观测性

从式(8.62)知

$$\boldsymbol{A} = \begin{bmatrix} 0 & 1 \\ -1 & -2 \end{bmatrix} \quad \boldsymbol{B} = \begin{bmatrix} 1 \\ -1 \end{bmatrix}$$

将上列矩阵 $\boldsymbol{A}, \boldsymbol{B}$ 代入式(8.50),得

$$\operatorname{rank} \begin{bmatrix} 1 & -1 \\ -1 & 1 \end{bmatrix} = 1 \neq n$$

式中,$n=2$。

由于系统的能控性矩阵$\begin{bmatrix} \boldsymbol{B} & \boldsymbol{AB} \end{bmatrix}$不满秩,所以给定系统是状态不完全能控的。

从式(8.63)知

$$\boldsymbol{C} = \begin{bmatrix} 1 & 0 \end{bmatrix}$$

将上列矩阵 $\boldsymbol{A}, \boldsymbol{C}$ 代入式(8.51),得

$$\operatorname{rank} \begin{bmatrix} 1 & 0 \\ 0 & 1 \end{bmatrix} = 2 = n$$

由于系统的能观测性矩阵$\begin{bmatrix} \boldsymbol{C}^T & \boldsymbol{A}^T \boldsymbol{C}^T \end{bmatrix}$满秩,所以给定系统是状态完全能观测的。

例 10 已知某控制系统的状态方程及输出方程分别为

$$\dot{\boldsymbol{X}}(t) = \begin{bmatrix} a & b \\ c & d \end{bmatrix} \boldsymbol{X}(t) + \begin{bmatrix} 1 \\ 1 \end{bmatrix} u(t) \tag{8.64}$$

$$\boldsymbol{y}(t) = \begin{bmatrix} 1 & 0 \end{bmatrix} \boldsymbol{X}(t) \tag{8.65}$$

试确定系统满足状态完全能控和状态完全能观测的 a, b, c, d 值。

解 从式(8.64)及式(8.65)知

$$\boldsymbol{A} = \begin{bmatrix} a & b \\ c & d \end{bmatrix} \quad \boldsymbol{B} = \begin{bmatrix} 1 \\ 1 \end{bmatrix} \quad \boldsymbol{C} = \begin{bmatrix} 1 & 0 \end{bmatrix}$$

将矩阵 $\boldsymbol{A}, \boldsymbol{B}$ 代入式(8.50),得

$$\operatorname{rank} \begin{bmatrix} \boldsymbol{B} & \boldsymbol{AB} \end{bmatrix} = \operatorname{rank} \begin{bmatrix} 1 & a+b \\ 1 & c+d \end{bmatrix} \tag{8.66}$$

将矩阵 $\boldsymbol{A}, \boldsymbol{C}$ 代入式(8.51),得

$$\operatorname{rank} \begin{bmatrix} \boldsymbol{C}^T & \boldsymbol{A}^T \boldsymbol{C}^T \end{bmatrix} = \operatorname{rank} \begin{bmatrix} 1 & a \\ 0 & b \end{bmatrix} \tag{8.67}$$

从式(8.66)可看出,满足状态完全能控的充要条件是式(8.66)满秩,为此 a, b, c, d 必须满足

$$(c+d) - (a+b) \neq 0$$

而从式(8.67)看出,满足状态完全能观测的充要条件是 a, b, c, d 必须满足

$$b \neq 0$$

三、设线性系统的状态方程为

$$\dot{X}(t) = AX(t)$$

其中，A 为 $n \times n$ 常系数矩阵，且设为非奇异矩阵。

若系统稳定，则关系式

$$A^T P + PA = -Q \tag{8.68}$$

必须满足：

(1)矩阵 P 对称正定。

(2)矩阵 Q 对称正定，即 $A^T P + PA$ 负定。

也就是说，若给定对称正定矩阵 Q，总能求得对称正定矩阵 P，则系统稳定。通常做法是取 $Q = I$，再由式(8.68)解出 P。

应用式(8.68)判别线性系统稳定性的方法称为李雅普诺夫第二法(直接法)。

例11　设某系统的状态方程为

$$\dot{X}(t) = \begin{bmatrix} -1 & -2 \\ 1 & -4 \end{bmatrix} X(t) \tag{8.69}$$

试应用李雅普诺夫第二法判别系统的稳定性。

解　从式(8.69)知，系统矩阵 A 为

$$A = \begin{bmatrix} -1 & -2 \\ 1 & -4 \end{bmatrix}$$

取矩阵 Q 等于单位阵 I，即

$$Q = I = \begin{bmatrix} 1 & 0 \\ 0 & 1 \end{bmatrix}$$

(1)计算矩阵 P

设矩阵 P 具有如下对称形式

$$P = \begin{bmatrix} p_{11} & p_{12} \\ p_{12} & p_{22} \end{bmatrix}$$

将系统矩阵 A、$Q = I$ 以及上列对称矩阵 P 代入式(8.68)得

$$\begin{bmatrix} -1 & 1 \\ -2 & -4 \end{bmatrix} \begin{bmatrix} p_{11} & p_{12} \\ p_{12} & p_{22} \end{bmatrix} + \begin{bmatrix} p_{11} & p_{12} \\ p_{12} & p_{22} \end{bmatrix} \begin{bmatrix} -1 & -2 \\ 1 & -4 \end{bmatrix} =$$

$$\begin{bmatrix} -1 & 0 \\ 0 & -1 \end{bmatrix} \tag{8.70}$$

由式(8.70)写出下列方程组

$$\left. \begin{array}{r} -2p_{11} + 2p_{12} = -1 \\ -2p_{11} - 5p_{12} + p_{22} = 0 \\ -4p_{12} - 8p_{22} = -1 \end{array} \right\} \tag{8.71}$$

解方程组(8.71)，得

$$p_{11} = \frac{23}{60}$$

$$p_{12} = -\frac{7}{60}$$

$$p_{22} = \frac{11}{60}$$

因此

$$P = \begin{bmatrix} \dfrac{23}{60} & -\dfrac{7}{60} \\ -\dfrac{7}{60} & \dfrac{11}{60} \end{bmatrix} \qquad\qquad (8.72)$$

（2）验算对称矩阵 P 的正定性

从式(8.72)，得

$$\Delta_1 = |\ p_{11}\ | = \frac{23}{60} > 0$$

$$\Delta_2 = \begin{vmatrix} p_{11} & p_{12} \\ p_{12} & p_{22} \end{vmatrix} = \begin{vmatrix} \dfrac{23}{60} & -\dfrac{7}{60} \\ -\dfrac{7}{60} & \dfrac{11}{60} \end{vmatrix} = \frac{204}{60^2} > 0$$

因此，对称矩阵 P 具有正定性。

（3）由于矩阵 P 是对称正定矩阵，根据李雅普诺夫第二法，判定给定系统是稳定的。

又从状态方程 $\dot{X}(t) = AX(t)$ 知，若 $\dot{X}(t) = 0$，则 $X(t) = 0$，即状态空间原点 $X = 0$ 是系统的一个平衡点，所以给定系统对 $X = 0$ 是渐近稳定的。

四、所谓极点配置问题，就是通过适当选择状态反馈阵，使系统的闭环极点处于预先指定的一组希望极点的位置上。这里的一组希望极点表征闭环系统的期望特性。实现闭环系统极点配置的理论根据是能镇定定理及极点配置定理，即：

能镇定定理

若线性系统状态完全能控，则一定存在一个线性状态反馈阵 F，使闭环系统极点可以任意配置。

若线性系统状态完全能观测，则一定存在一个由系统输出到 $\dot{X}(t)$ 的线性反馈阵 F_y，使闭环系统极点可以任意配置。

极点配置定理

（1）对于线性系统

$$\dot{X}(t) = AX(t) + B u(t)$$

式中　　$u(t) = v(t) - FX(t)$

存在线性状态反馈阵 F，使闭环系统

$$\dot{X}(t) = (A - BF)X(t) + B v(t) \qquad\qquad (8.73)$$

具有任意配置极点的充要条件是系统的状态完全能控。

（2）对于线性系统

$$\dot{X}(t) = AX(t) + B u(t)$$

$$y(t) = CX(t)$$

存在一个由输出 $y(t)$ 到 $\dot{X}(t)$ 的线性反馈阵 F_y 使闭环系统

$$\dot{X}(t) = (A - F_yC)X(t) + Bu(t) \tag{8.74}$$

具有任意配置极点的充要条件是系统的状态完全能观测。

例 12 已知某系统的状态方程为

$$\dot{X} = \begin{bmatrix} 0 & 1 & 0 \\ 0 & 0 & 1 \\ 0 & -2 & -3 \end{bmatrix} X(t) + \begin{bmatrix} 0 \\ 0 \\ 1 \end{bmatrix} u(t) \tag{8.75}$$

试确定状态反馈阵 F,以使闭环系统的极点配置在 $s_{1,2} = -1 \pm j$ 及 $s_3 = -2$ 位置上。

解

(1)判别给定系统的能控性

从式(8.75)可见,给定系统的系统矩阵 A 及控制矩阵 B 具有能控标准形,即

$$A = \begin{bmatrix} 0 & 1 & 0 \\ 0 & 0 & 1 \\ 0 & -2 & -3 \end{bmatrix} \quad B = \begin{bmatrix} 0 \\ 0 \\ 1 \end{bmatrix}$$

因此给定系统是状态完全能控的。

(2)确定状态反馈阵 F

根据极点配置定理,该系统具备通过状态反馈任意配置闭环极点的充要条件。设状态反馈阵 F 为

$$F = \begin{bmatrix} f_1 & f_2 & f_3 \end{bmatrix} \tag{8.76}$$

由已知的矩阵 A, B 及式(8.76),得

$$A - BF = \begin{bmatrix} 0 & 1 & 0 \\ 0 & 0 & 1 \\ -f_1 & -2-f_2 & -3-f_3 \end{bmatrix} \tag{8.77}$$

具有状态反馈阵 F 的闭环系统的特征方程式为

$$|sI - (A - BF)| = 0$$

将式(8.77)代入上式,求得给定系统实现状态反馈 F 时的特征方程为

$$s^3 + (3+f_3)s^2 + (2+f_2)s + f_1 = 0 \tag{8.78}$$

由指定的闭环极点 $s_{1,2} = -1 \pm j$、$s_3 = -2$ 确定的闭环系统特征方程为

$$(s+1-j)(s+1+j)(s+2) = 0$$
$$s^3 + 4s^2 + 6s + 4 = 0 \tag{8.79}$$

为使具有状态反馈 F 的闭环系统的极点配置到指定的一组希望极点上,特征方程(8.78)与特征方程(8.79)的变量 s 的同次幂系数应相等,即

$$f_1 = 4$$
$$2 + f_2 = 6$$
$$3 + f_3 = 4$$

解得

$$f_1 = 4$$
$$f_2 = 4$$
$$f_3 = 1$$

故 $$\boldsymbol{F} = \begin{bmatrix} 4 & 4 & 1 \end{bmatrix} \tag{8.80}$$

式(8.80)说明状态变量 x_1, x_2, x_3 分别通过反馈系数 $4, 4, 1$ 反馈到系统的输入端。因为是负反馈,所以反馈信号 $4x_1, 4x_2, x_3$ 将从系统输入信号 $v(t)$ 中被减掉而构成被控过程的直接输入 $u(t)$,即

$$u(t) = v(t) - \boldsymbol{FX}(t) =$$

$$v(t) - \begin{bmatrix} 4 & 4 & 1 \end{bmatrix} \begin{bmatrix} x_1(t) \\ x_2(t) \\ x_3(t) \end{bmatrix} =$$

$$v(t) - 4x_1(t) - 4x_2(t) - x_3(t)$$

五、状态观测器是对原系统状态 $\boldsymbol{X}(t)$ 进行估计的一种状态估计器,它的输入由原系统的输入 $u(t)$ 及原系统输出 $\boldsymbol{y}(t)$ 与观测器输出 $\hat{\boldsymbol{y}}(t)$ 之差 $\boldsymbol{y}(t) - \hat{\boldsymbol{y}}(t)$ 构成。状态观测器的状态方程与输出方程分别为

$$\left. \begin{aligned} \dot{\hat{\boldsymbol{X}}} &= \boldsymbol{A}\hat{\boldsymbol{X}} + \boldsymbol{B}u + \boldsymbol{G}(\boldsymbol{y} - \hat{\boldsymbol{y}}) \\ \hat{\boldsymbol{y}} &= \boldsymbol{C}\hat{\boldsymbol{X}} \end{aligned} \right\}$$

$$\left. \begin{aligned} \dot{\hat{\boldsymbol{X}}} &= (\boldsymbol{A} - \boldsymbol{G}\boldsymbol{C})\hat{\boldsymbol{X}} + \boldsymbol{B}u + \boldsymbol{G}\hat{\boldsymbol{y}} \\ \hat{\boldsymbol{y}} &= \boldsymbol{C}\hat{\boldsymbol{X}} \end{aligned} \right\} \tag{8.81}$$

式中 u 及 y 分别为原系统

$$\left. \begin{aligned} \dot{\boldsymbol{X}} &= \boldsymbol{A}\boldsymbol{X} + \boldsymbol{B}u \\ \boldsymbol{y} &= \boldsymbol{C}\boldsymbol{X} \end{aligned} \right\} \tag{8.82}$$

的输入与输出;$\boldsymbol{G}$ 为一种状态反馈阵。

令 $\tilde{\boldsymbol{X}}(t)$ 为状态估计误差,其定义是

$$\tilde{\boldsymbol{X}} = \boldsymbol{X}(t) - \hat{\boldsymbol{X}}(t)$$

由式(8.81)及式(8.82)求得关于状态估计误差 $\tilde{\boldsymbol{X}}(t)$ 的齐次方程为

$$\dot{\tilde{\boldsymbol{X}}}(t) = (\boldsymbol{A} - \boldsymbol{G}\boldsymbol{C})\boldsymbol{X}(t)$$

其解为

$$\tilde{\boldsymbol{X}}(t) = \mathrm{e}^{(\boldsymbol{A} - \boldsymbol{G}\boldsymbol{C})t}\tilde{\boldsymbol{X}}(0) \tag{8.83}$$

欲使式(8.83)所示状态估计误差从初始值 $\tilde{\boldsymbol{X}}(0)$ 按希望速度衰减到零,即希望

$$\lim_{t \to \infty} \tilde{\boldsymbol{X}}(t) = \boldsymbol{0}$$

需将特征方程

$$| s\boldsymbol{I} - (\boldsymbol{A} - \boldsymbol{G}\boldsymbol{C}) | = \boldsymbol{0} \tag{8.84}$$

的特征根 $s_1, s_2, \cdots, s_n$ 配置在 s 平面左半部的希望位置上。这与通过状态反馈配置闭环系统极点的概念是完全一致的,因而两者在确定状态反馈阵的方法上也是相同的。

综上所述,可得如下结论:

(1)原系统状态完全能控及完全能观测是构成状态观测器的充分条件,而且状态观测器的极点应可以任意配置;

(2)实现在任意控制输入 $u(t)$ 作用下和在任意初始误差 $\tilde{\boldsymbol{X}}(\boldsymbol{0})$ 下,均满足 $\lim\limits_{t \to \infty} \tilde{\boldsymbol{X}}(t) = \boldsymbol{0}$

的状态观测器的充要条件为矩阵$(A-GC)$的全部特征值均具有负实部。

例 13 已知某系统的状态方程及输出方程分别为

$$\dot{X}(t) = \begin{bmatrix} 0 & 1 \\ -2 & -3 \end{bmatrix} X(t) + \begin{bmatrix} 0 \\ 1 \end{bmatrix} u(t)$$

$$y(t) = \begin{bmatrix} 2 & 0 \end{bmatrix} X(t)$$

式中

$$A = \begin{bmatrix} 0 & 1 \\ -2 & -3 \end{bmatrix} \quad B = \begin{bmatrix} 0 \\ 1 \end{bmatrix} \quad C = \begin{bmatrix} 2 & 0 \end{bmatrix}$$

试设计一个状态观测器,使其极点配置在 $s_1 = s_2 = -10$ 位置上。

解

(1)判别给定系统的能控性与能观测性

从已知矩阵 A、B 可见,A、B 具有能控标准形,故给定系统是状态完全能控的。

计算给定系统能观测性矩阵的秩,即

$$\text{rank}\begin{bmatrix} C^T & A^T C^T \end{bmatrix} = \text{rank} \begin{bmatrix} 2 & 0 \\ 0 & 2 \end{bmatrix} = 2 = n$$

由于给定系统的能观测性矩阵满秩,所以它是状态完全能观测的。

综上分析可见,给定系统具备构成状态观测器的充分条件。

(2)确定状态反馈阵 G

设状态反馈阵 G 具有如下形式,即

$$G = \begin{bmatrix} g_1 \\ g_2 \end{bmatrix}$$

根据已知矩阵 A、C 及上列状态反馈阵 G,计算得

$$A - GC = \begin{bmatrix} 0 & 1 \\ -2 & -3 \end{bmatrix} - \begin{bmatrix} g_1 \\ g_2 \end{bmatrix} \begin{bmatrix} 2 & 0 \end{bmatrix} =$$

$$\begin{bmatrix} -2g_1 & 1 \\ -2-2g_2 & -3 \end{bmatrix} \tag{8.85}$$

将式(8.85)代入式(8.84),可求得状态观测器的特征方程为

$$| sI - (A - GC) | = \begin{vmatrix} s + 2g_1 & -1 \\ 2 + 2g_2 & s + 3 \end{vmatrix} = 0$$

$$s^2 + (2g_1 + 3)s + (6g_1 + 2g_2 + 2) = 0 \tag{8.86}$$

根据对状态观测器极点配置的要求,求得状态观测器应具有的特征方程为

$$(s + 10)(s + 10) = 0$$

$$s^2 + 20s + 100 = 0 \tag{8.87}$$

若通过状态反馈阵 G 将状态观测器的极点配置到希望极点 $s_1 = s_2 = -10$ 位置上,则式(8.86)与式(8.87)两特征方程中的变量 s 的同次幂项的系数应相等,即有

$$2g_1 + 3 = 20$$

$$6g_1 + 2g_2 + 2 = 100$$

由上列方程组解出状态反馈阵 G 的二元素为

$$g_1 = 8.5$$

$$g_2 = 23.5$$

即

$$\boldsymbol{G} = \begin{bmatrix} 8.5 \\ 23.5 \end{bmatrix} \tag{8.88}$$

式(8.88)说明,基于给定系统构造状态观测器,需将给定系统输出与状态观测器输出之差通过反馈阵 $\boldsymbol{G} = \begin{bmatrix} 8.5 \\ 23.5 \end{bmatrix}$ 反馈到观测器的 $\dot{\boldsymbol{X}}$ 处。

习　　题

8.1　试分别应用对角化法及 Caylay-Hamilton 法计算系统的状态转移矩阵 $\Phi(t)$。已知系统的系统矩阵 $\boldsymbol{A}$ 为

$$\boldsymbol{A} = \begin{bmatrix} 0 & 1 & 0 \\ 0 & 0 & 1 \\ -6 & -11 & -6 \end{bmatrix}$$

8.2　设系统的状态方程为

$$\dot{\boldsymbol{X}}(t) = \boldsymbol{A}\boldsymbol{X}(t)$$

已知:当 $\boldsymbol{X}(0) = \begin{bmatrix} 1 \\ -2 \end{bmatrix}$ 时，　$\boldsymbol{X}(t) = \begin{bmatrix} \mathrm{e}^{-2t} \\ -2\mathrm{e}^{-2t} \end{bmatrix}$

当 $\boldsymbol{X}(0) = \begin{bmatrix} 1 \\ -1 \end{bmatrix}$ 时，　$\boldsymbol{X}(t) = \begin{bmatrix} \mathrm{e}^{-t} \\ -\mathrm{e}^{-t} \end{bmatrix}$

试求系统的状态转移矩阵 $\Phi(t)$ 及系统矩阵 $\boldsymbol{A}$。

8.3　已知系统的状态方程及输出方程分别为

$$\dot{\boldsymbol{X}}(t) = \begin{bmatrix} 0 & 1 \\ -2 & -3 \end{bmatrix} \boldsymbol{X}(t) + \begin{bmatrix} 0 \\ 2 \end{bmatrix} u(t)$$

$$\boldsymbol{y}(t) = \begin{bmatrix} 3 & 1 \end{bmatrix} \boldsymbol{X}(t)$$

设当 $t=0$ 时输入 $u(t) = 1(t)$，初始状态 $\boldsymbol{X}(0) = \begin{bmatrix} 0 \\ 1 \end{bmatrix}$，试计算系统输出 $\boldsymbol{y}(t)$。

8.4　已知系统的状态方程为

$$\dot{\boldsymbol{X}}(t) = \begin{bmatrix} s_1 & 1 & 0 \\ 0 & s_1 & 1 \\ 0 & 0 & s_1 \end{bmatrix} \boldsymbol{X}(t) + \begin{bmatrix} a \\ b \\ c \end{bmatrix} u(t)$$

试确定满足系统状态完全能控条件的控制矩阵元素 a,b,c。

8.5　设系统的状态方程为

$$\dot{\boldsymbol{X}}(t) = \begin{bmatrix} 0 & 1 \\ -1 & -1 \end{bmatrix} \boldsymbol{X}(t)$$

试应用李雅普诺夫第二法判别系统的稳定性。

8.6　设系统的状态方程及输出方程为

$$\dot{\boldsymbol{X}}(t) = \boldsymbol{A}\boldsymbol{X}(t) + \boldsymbol{B}u(t)$$

$$y(t) = \boldsymbol{C}\boldsymbol{X}(t)$$

式中　　　　　　　　$\boldsymbol{A} = \begin{bmatrix} 0 & 1 \\ 0 & -5 \end{bmatrix}$　$\boldsymbol{B} = \begin{bmatrix} 0 \\ 100 \end{bmatrix}$　$\boldsymbol{C} = \begin{bmatrix} 1 & 0 \end{bmatrix}$

要求通过状态反馈将系统的闭环极点配置在 $s_{1,2} = -7.0 \pm j7.07$ 位置上,试确定状态反馈阵 $\boldsymbol{F}$。

又设状态变量 x_1, x_2 不可实测,试设计一个状态观测器,要求其极点全部为 -50,即需确定状态反馈阵 $\boldsymbol{G}$。

8.7　设系统的状态方程及输出方程为

$$\dot{\boldsymbol{X}}(t) = \begin{bmatrix} 0 & 0 & -2 \\ 1 & 0 & 9 \\ 0 & 1 & 0 \end{bmatrix} \boldsymbol{X}(t) + \begin{bmatrix} 3 \\ 2 \\ 1 \end{bmatrix} u(t)$$

$$y(t) = \begin{bmatrix} 0 & 0 & 1 \end{bmatrix} \boldsymbol{X}(t)$$

试设计一个状态观测器,要求其极点为 $-3, -4$ 和 -5,确定反馈阵 $\boldsymbol{G}$,并写出状态观测器的状态方程。

附 录 1

哈尔滨工业大学自动控制原理
研究生考试试题(1979～1986)

1.1 1979 年试题

1.试根据图 79.1 所示压力控制系统原理图绘制其方框图,并找出该系统的控制量、被控制量、控制器和被控制对象。 (4 分)

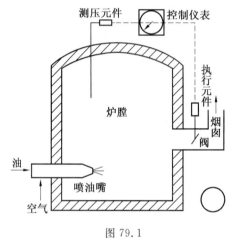

图 79.1

2.化简图 79.2 所示系统方框图,并求取传递函数$C(s)/R(s)$。 (5 分)

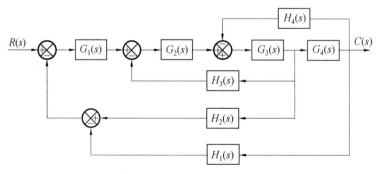

图 79.2

3.已知控制信号 $r(t)=4+6t+3t^2$,试求取图 79.3 所示控制系统的稳态误差。

(8 分)

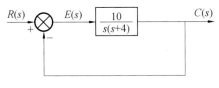

图 79.3

4.已知控制系统的特征方程式为

（a）$s^5 + s^4 + 4s^3 + 4s^2 + 2s + 1 = 0$

（b）$s^3 + 10s^2 + 16s + 160 = 0$

试应用 Routh 稳定判据分析上列系统的稳定性，并指出具有负实部根、正实部根及纯虚根的个数。 （8分）

5.试根据图 79.4 所示开环频率响应，应用 Nyquist 稳定判据分析闭环系统的稳定性。已知开环传递函数 $G(s)H(s)$ 中不包含具有正实部的极点。 （5分）

6.已知控制系统的开环传递函数为

$$G(s) = \frac{14}{s(s+1)(0.1s+1)}$$

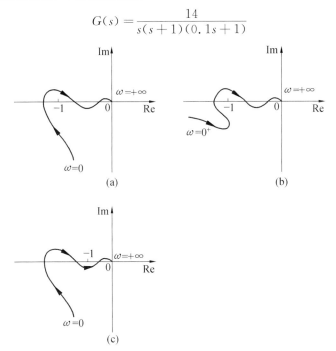

图 79.4

试绘制开环对数频率特性（Bode 图），并求取该系统的剪切频率 ω_c 及相角裕度 $\gamma(\omega_c)$。

（15分）

7.已知控制系统的开环传递函数如下

（a）$\qquad G(s) = \dfrac{K}{s^2}$

（b）$\qquad G(s) = \dfrac{K(s+1)}{s^2}$

(c) $\qquad G(s)=\dfrac{K(s+1)}{s^2(0.1s+1)}$

(d) $\qquad G(s)=\dfrac{K(s+1)}{s(s^2+8s+16)}$

(e) $\qquad G(s)=\dfrac{K(s+0.1)^2}{s^2(s^2+9s+20)}$

试绘制上列系统根轨迹的大致图形,并计算一些特征量(如渐近线的位置,实轴上会合点的坐标、开环复数极点处的出射角等)的数值。 (15 分)

8.设单位负反馈系统的开环传递函数为

$$G(s)=\frac{1}{s^2}$$

要求系统具有下列性能指标:

(1) 闭环系统的谐振频率 $\omega_r=3$ rad/s;

(2) 闭环幅频特性的相对谐振峰值 $M_r=3$ dB(1.414)。

试设计一个满足上列要求的串联校正环节。 (20 分)

9.设非线性系统的方框图如图 79.5 所示,其中线性部分的传递函数为

$$G(s)=\frac{4.92}{s(s+1)(0.5s+1)}$$

非线性环节具有饱和特性,如图 79.6 所示。试应用描述函数法计算系统的自振荡频率及振幅。 (15 分)

图 79.5

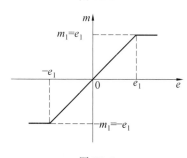

图 79.6

10.试说明一种根据已知相轨迹图求取相应时间函数的方法。 (5 分)

1.2 1980 年试题

1.已知某控制系统的特征方程式为

$$s^4+2s^3+s^2+s+K=0$$

试应用 Routh 稳定判据确定使系统稳定时参数 K 的取值范围。 (10 分)

2.根据图 80.1 所示开环对数幅频特性,试确定:

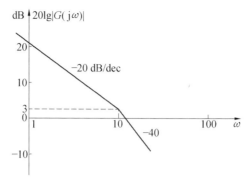

图 80.1

（1）系统的剪切频率 ω_c；

（2）系统的相角裕度 $\gamma(\omega_c)$。 （15 分）

3. 设单位负反馈系统的开环传递函数为

$$G(s) = \frac{1000}{s(0.2s+1)}$$

试计算当控制信号为

$$r(t) = 1 + t + at^2 \quad (a \geqslant 0)$$

时系统的稳态误差。 （15 分）

4. 设某控制系统的方框图如图 80.2 所示。要求系统的单位阶跃响应的超调量 $\sigma\% = 25\%$，峰值时间 $t_p = 1$ s。试确定参数 K 与 k 之值；利用根轨迹图定性地说明反馈校正 $1+ks$ 的作用。 （20 分）

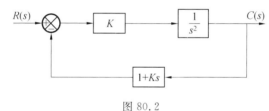

图 80.2

5. 设非线性系统的方框图如图 80.3 所示。试确定自振荡的频率与振幅。 （20 分）

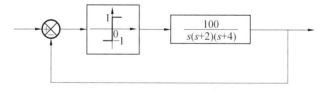

图 80.3

6. 设某离散系统的方框图如图 80.4 所示，已知参数 $K=1$，$a=1$ 及采样周期 $T_0=1$s，试求取该系统的单位阶跃响应。 （20 分）

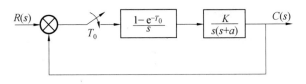

图 80.4

1.3　1981 年试题

1. 化简图 81.1 所示控制系统方框图,并求取传递函数 $C(s)/R(s)$。　　　　　　(8 分)

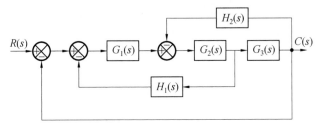

图 81.1

2. 试应用 Mason 公式求图 81.2 所示由信号流图描述的系统的传递函数 $C(s)/R(s)$。

(7 分)

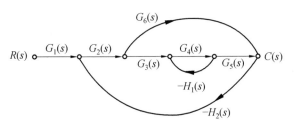

图 81.2

3. 设控制系统具有如图 81.3 所示方框图。已知该系统闭环幅频特性的谐振峰值 $M_r=1.36$ 及谐振频率 $\omega_r=2.83$ rad/s。试确定参数 K 及 k。　　　　　　(10 分)

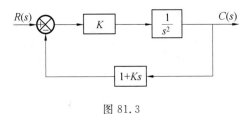

图 81.3

4. 设单位负反馈系统的开环传递函数为

$$G(s)=\frac{100}{s(s+4)}$$

已知控制信号 $r(t)=1+t+at^2$,以及 $t=5$ s 时的误差等于0.4568,试计算系数 a。　　　　　　(10 分)

5. 设控制系统的方框图如图 81.4 所示。试绘制以 a 为参变量的根轨迹图,并确定使系统具有阻尼比 $\zeta=0.707$ 时参数 a 之值。　　　　　　(15 分)

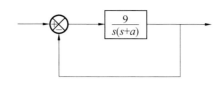

图 81.4

6. 设最小相位系统的开环对数幅频特性 $20\lg|G(j\omega)|$ 如图 81.5 所示,已知其中振荡环节的阻尼比 $\zeta = 0.01$。试确定一种合适的校正型式及校正参数,使系统的幅值裕度 $20\lg K_g$ 不低于 6 dB。要求开环增益保持不变。 (15 分)

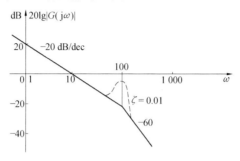

图 81.5

7. 设非线性系统的方框图如图 81.6(a) 所示。其中线性部分的传递函数为

$$G(s) = \frac{3}{s(0.5s+1)(s+1)}$$

非线性特性 N 为图 81.6(b) 所示的理想继电特性。试应用描述函数法计算自振荡的振幅和频率。 (15 分)

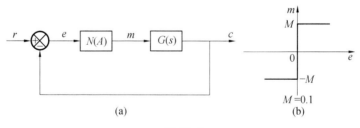

图 81.6

8. 设非线性系统的方框图如图 81.7(a) 所示。其中非线性特性 N 示于图 81.7(b) 中。试画出单位阶跃信号 $r(t) = 1(t)$ 作用下的系统相轨迹的大致图形。已知 $c(0) = \dot{c}(0) = 0$。 (15 分)

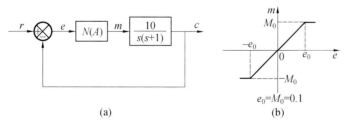

图 81.7

9.试应用 Z 变换方法分析图 81.8 所示离散系统的稳定性。已知采样周期 $T_0=1$ s。

(10 分)

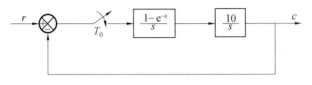

图 81.8

10.设最小相位单位负反馈系统的开环渐近对数幅频特性 $20\lg|G(j\omega)|$ 如图 81.9 所示。试计算该系统单位阶跃响应的超调量 $\sigma\%$、峰值时间 t_p 及调整时间 t_s。 (10 分)

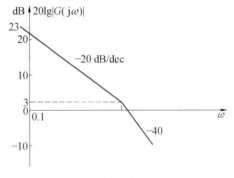

图 81.9

11.设最小相位单位负反馈系统的开环对数幅频特性 $20\lg|G(j\omega)|$ 如图 81.10 所示。试计算该系统的相角裕度,绘制该系统的根轨迹图,证明根轨迹的一部分是圆,并确定该圆的圆心与半径。 (10 分)

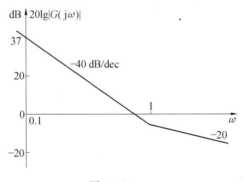

图 81.10

注:

(1) 在第 10 题与第 11 题当中可任选一题;

(2)在第 7 题与第 8 题当中可任选一题。

1.4 1982 年试题

1.图 82.1 所示为热水电加热器示意图。为保持所期望的温度,由温控开关轮流接通或断开电加热器的电源。在使用热水时,水槽流出热水并补充冷水。试画出该闭环控制系统的方框图,并标出控制量、被控制量、反馈量、测量元件及被控制对象。 (5 分)

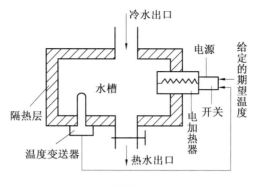

图 82.1

2. 试绘制图 82.2 所示 RC 电路的方框图,并写出传递函数 $U_0(s)/U_i(s)$　　　(10分)

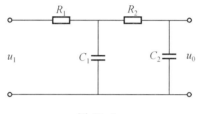

图 82.2

3. 设单位负反馈系统的闭环传递函数为

$$\frac{C(s)}{R(s)} = \frac{a_n}{s^n + a_1 s^{n-1} + \cdots + a_{n-1} s + a_n}$$

试证明系统响应阶跃输入时的稳态误差为零,并计算当控制信号 $r(t) = R_1 t, R_2 t^2/2$ 时系统的稳态误差。已知 R_1, R_2 为常数。　　　(15分)

4. 设负反馈系统的开环传递函数为

$$G(s)H(s) = \frac{K(s+1)}{s(s-1)(s^2+4s+16)}$$

试绘制该系统根轨迹的大致图形,并确定能使系统稳定的参数 K 的取值范围。　　　(15分)

5. 设负反馈系统前向通道及反馈通道的传递函数分别为

$$G(s) = \frac{10}{s(s-1)}$$

$$H(s) = 1 + \tau s$$

要求该系统具有 45° 的相角裕度,试确定参数 τ。　　　(10分)

6. 设有如图 82.3 所示控制系统,其中

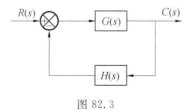

图 82.3

$$G(s) = \frac{K}{s^2}$$

试设计一适当的反馈校正,使该系统具有谐振峰值 $M_r = \sqrt{2}$ 及谐振频率 $\omega_r = 3$ rad/s,并计算在这种情况下的参数 K 的值。 (10 分)

7. 要求图 82.4 所示离散系统稳定,试计算当 $T_0 = 1$ s 时参数 K 的取值范围,并分析采样周期 T_0 对系统稳定性的影响。图中 T_0 为采样周期;H_0 为零阶保持器;K 为开环增益。 (10 分)

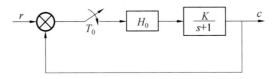

图 82.4

8. 试应用相平面法分析图 82.5 所示非线性系统。已知
$$r(t) = R = \text{const}$$
$$c(0) = \dot{c}(0) = 0$$

讨论当 $r(t)$ 取不同常数 $R_1, R_2, R_3 \cdots$ 时的系统响应过程。

(10 分)

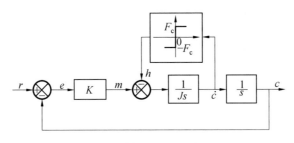

图 82.5

图中 K, J, F_c 均为常数。

9. 在图 82.6 所示多输入-多输出系统中,已知

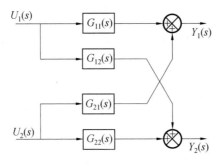

图 82.6

$$G_{11}(s) = \frac{1}{s+a} \qquad G_{12}(s) = \frac{1}{s+b}$$

$$G_{21}(s) = \frac{1}{s+c} \qquad G_{22}(s) = \frac{1}{s+d}$$

其中 a,b,c,d 为常数。试绘制该系统的状态变量图,并由状态变量图写出状态方程式与输出方程式。计算系统的状态转移矩阵。 （10分）

10. 试分析下列系统平衡状态的稳定性

$$\dot{x}_1 = -x_1 + x_2 - x_1(x_1^2 + x_2^2)$$
$$\dot{x}_2 = -x_1 - x_2 - x_2(x_1^2 + x_2^2)$$ （5分）

1.5 1983 年试题

1. 应用信号流图求取图 83.1 所示电路的传递函数 $U_2(s)/U_1(s)$。（8分）

2. 已知图 83.2 所示系统的脉冲响应为 $k(t) = 1 - e^{-t}$。试求取当 $r(t) = 0.4t$ 时系统的输出响应 $c(t)$。 （8分）

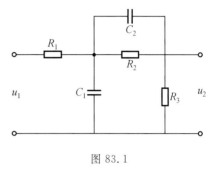

图 83.1

图 83.2

3. 已知某系统的方框图如图 83.3 所示。要求在保持原有稳定性前提下,改变系统的结构形式,使系统响应控制信号 $r(t) = 1 + t + t^2/2$ 时的稳态误差为零。试绘制变换后系统的方框图,并标出相应参数值。 （10分）

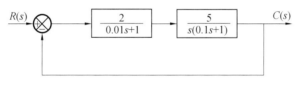

图 83.3

4. 设系统的开环传递函数为

$$G(s) = \frac{k(s+a)}{s^2(s+b)}$$

式中,$a > 0$,$b > 0$。试分别绘制出下列三种情况下系统根轨迹的大致图形,以及系统频率响应 $G(j\omega)$ 的大致图形（$0 < \omega < +\infty$）：

(1) $a > b$

(2) $a = b$

(3) $a < b$

并分析三种不同情况时系统的工作状态。 （10分）

5. 由实验测得单位反馈二阶系统的单位阶跃响应如图 83.4 所示。

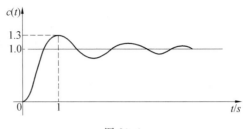

图 83.4

要求：

(1)绘制系统的方框图，并标出参数值；

(2)使系统的单位阶跃响应的超调量 $\sigma = 20\%$，峰值时间 $t_p = 0.5$ s。

在给定系统中设计适当的校正环节，并画出校正后系统的方框图，标出相应参数值。

(12 分)

6. 设单位负反馈系统的开环对数幅频特性如图 83.5 所示。试：

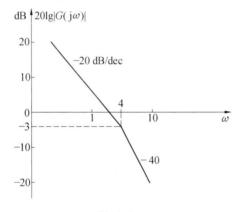

图 83.5

(1)求取系统的相角裕度；

(2)计算系统响应控制信号 $r(t) = 0.1t$ 时的稳态误差。 (10 分)

7. 设某离散系统的方框图如图 83.6 所示。

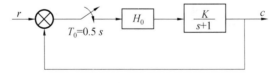

图 83.6

图中，H_0 为零阶保持器。试：

(1)求取保证系统稳定的增益 K 的临界值；

(2)确定使系统的单位阶跃响应最快的增益 K。 (10 分)

8. 设非线性系统的方框图如图 83.7 所示。

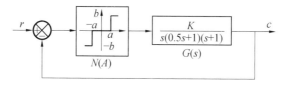

图 83.7

图中 $N(A)$ 为带死区的继电器特性的描述函数

$$N(A) = \frac{4\alpha}{\pi}\left(\frac{a}{A}\right)\sqrt{1-\left(\frac{a}{A}\right)^2}$$

式中，$\alpha = \dfrac{b}{a}$。试：

（1）应用描述函数法分析当 $\alpha = b/a = 2.5/1$、$K = 3$ 时给定系统的稳定性，并计算自振荡的振幅与频率；

（2）调整参数 a 或 K（任调一个），使给定系统不产生自振荡。　　　　(12 分)

9.设控制系统的方框图如图 83.8 所示。试确定一组补偿器，令其传递矩阵为

$$G_c(s) = \begin{bmatrix} G_{c11}(s) & G_{c12}(s) \\ G_{c21}(s) & G_{c22}(s) \end{bmatrix}$$

使补偿后系统的传递矩阵为

$$\Phi(s) = \begin{bmatrix} \dfrac{1}{s+1} & 0 \\ 0 & \dfrac{1}{2s+1} \end{bmatrix} \qquad (12 分)$$

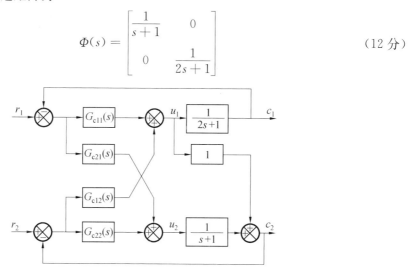

图 83.8

10.试确定下列系统在原点处的稳定点

$$\begin{aligned} \dot{x}_1 &= -x_1 - x_2{}^2 \\ \dot{x}_2 &= -x_2 \end{aligned} \qquad (8 分)$$

1.6　1984 年试题

1.已知控制系统的方框图如图 84.1(a)所示,该系统的单位脉冲响应如图 84.1(b)所示。试计算匀速输入(匀速值 $\Omega i = 1.5$ rad/s)时系统的稳态误差。　　　　(15 分)

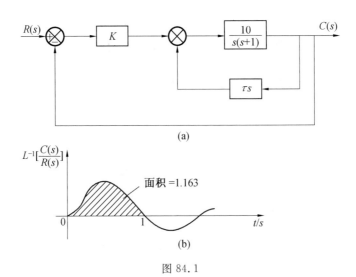

(a)

图 84.1

2.已知某最小相位系统开环 Bode 图的渐近对数幅频特性如图 84.2 所示。试：

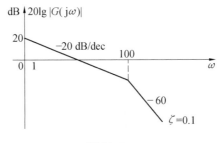

图 84.2

(1)由渐近对数幅频特性计算开环增益 K；

(2)由渐近对数幅频特性计算剪切频率 ω_c；

(3)根据渐近对数幅频特性，画出对数相频特性的大致图形。 （12 分）

3.已知系统的开环传递函数为

(1) $G(s) = \dfrac{k(s+4)(s+40)}{s^3(s+200)(s+900)}$

(2) $G(s) = \dfrac{k(s+1)^2}{s(s^2+0.09)}$

试：

(1)绘制相应根轨迹的大致图形，并标明全部特性值；

(2)计算能使系统稳定的开环增益 K 的取值范围。 （24 分）

4.已知控制系统的方框图如图 84.3 所示。试应用 Bode 图法确定实现相角裕度为 $30°$ 时的 K_1 及 K_2 值(提示:满足相角裕度 $\gamma=30°$ 条件下,剪切频率 ω_c 可以自选)。

（16 分）

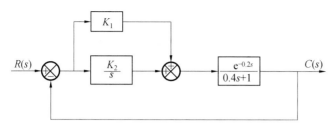

图 84.3

5.已知某离散系统的方框图如图 84.4 所示。

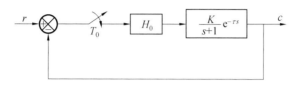

图 84.4

图中,H_0 为零阶保持器;T_0 为采样周期,$T_0 = 17$ s;τ 为时滞时间,$\tau = 34$ s $= 2T_0$;K 为开环增益;T 为惯性环节的时间常数,$T = 285$ s。

试:

(1)计算 $r(t) = 1(t)$ 时系统的稳态误差;

(2)分析闭环系统的稳定性,并确定开环增益 K 的临界值。 （10 分）

6.已知非线性系统的方框图如图 84.5 所示。试在 $\dot{e}\text{-}e$ 平面上绘制 $c(0) = -0.05$,$\dot{c}(0) = 0$ 及 $r(t) = t$ 时的相轨迹。 （12 分）

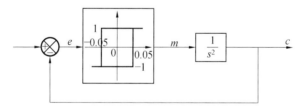

图 84.5

7.已知某控制系统的状态方程及输出方程分别为

$$\dot{\boldsymbol{X}}(t) = \begin{bmatrix} 0 & 1 \\ 0 & -70 \end{bmatrix} \boldsymbol{X}(t) + \begin{bmatrix} 0 \\ 1 \end{bmatrix} u(t)$$

$$c(t) = \begin{bmatrix} 1 & 0 \end{bmatrix} \boldsymbol{X}(t)$$

其中

$$\boldsymbol{X}(t) = \begin{bmatrix} x_1(t) \\ x_2(t) \end{bmatrix}$$

要求通过状态反馈使闭环控制系统具有下列参数:

$$\zeta = 0.707$$

$$\omega_n = 50 \text{ rad/s}$$

$$C(s)/R(s) \mid_{s=0} = 1$$

其中 $R(s)$ 为闭环系统控制信号 $r(t)$ 的拉普拉斯变换象函数。试确定状态反馈参数。

(11 分)

1.7 1985 年试题

1. 若已知系统的单位阶跃响应为

$$(1) \quad c(t) = 1 - 1.8e^{-4t} + 0.8e^{-9t} \quad (t \geqslant 0)$$

$$(2) \quad c(t) = 1 + e^{-t} - e^{-2t} \quad (t \geqslant 0)$$

试分别求取上列两系统的传递函数。 (15 分)

2. 试绘制图 85.1 所示系统 K 从 $0 \rightarrow \infty$ 的根轨迹的大致图形,并确定使系统稳定工作的 K 值范围。 (15 分)

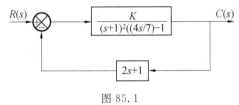

图 85.1

3. 已知最小相位系统的开环对数幅频特性如图 85.2 所示。试分别写出图 85.2(a)(b)对应的系统开环传递函数。 (15 分)

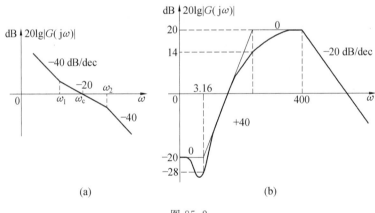

(a)   (b)

图 85.2

4. 设单位反馈控制系统的开环传递函数为

$$G(s) = \frac{K}{(0.01s + 1)^3}$$

试确定相角裕度等于 $45°$ 的 K 值。 (10 分)

5. 在图 85.3 所示系统中,要求闭环幅频特性的相对谐振峰值 $M_r = 1.3$,试计算放大器的增益 K。 (15 分)

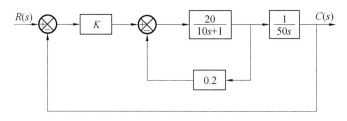

图 85.3

6. 为使在图 85.4 所示非线性控制系统中不产生自振荡,应如何调整继电器的参数 a,b。 (15 分)

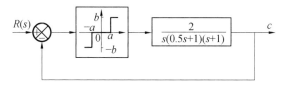

图 85.4

7. 设系统的系统矩阵

$$A = \begin{bmatrix} 0 & 1 \\ -2 & -3 \end{bmatrix}$$

试通过化 A 为对角线矩阵求取矩阵指数 e^{At}。 (15 分)

1.8 1986 年试题

1. 根据图 86.1 所示方框图,求取传递函数 $C(s)/R(s)$。 (15 分)

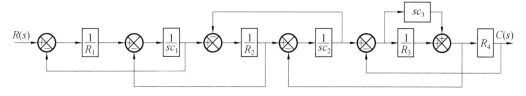

图 86.1

2. 一单位负反馈系统的开环传递函数为

$$G(s) = \frac{K}{s(T_c s + 1)(T_f s + 1)}$$

要求在输入信号 $r(t) = (a + bt) \cdot 1(t)$($a,b$ 为正常数)作用下,该闭环系统可测到的稳态误差 $e_{ss}(t)$ 小于 ε(ε 为正的小数),试确定系统开环增益 K 的取值范围。 (10 分)

3. 一单位负反馈系统的开环传递函数为

$$G(s) = \frac{k(s + 0.2)(-s + 32)}{s^2(s + 0.25)(s - 0.009)}$$

要求:

(1)绘制该系统根轨迹的大致图形,并在其上标出各特征值的数值;

(2)绘制该系统的开环渐近对数幅频特性和相频特性的大致图形(k 可取任意值);

(3)分析该闭环系统的稳定性。 (20 分)

4.给定系统如图 86.2 所示。

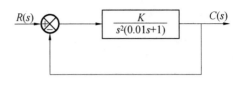

图 86.2

要求性能指标为：

(1)系统的剪切频率 $\omega_c = 50$ rad/s，相角裕度 $\gamma(\omega_c) = +45°$；

(2)响应 $r(t) = 10t^2$ rad 的稳态误差 $e_{ss}(t) \leqslant 0.025$ rad。试设计校正环节。 （20 分）

5.一个具有非线性反馈增益的二阶系统如图 86.3 所示。图中参数 K, J, k 均为常数，输出变量 c 为角位移。试分析该闭环系统的稳定性。 （15 分）

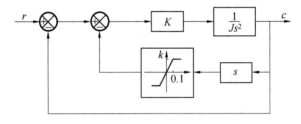

图 86.3

6.系统的状态变量图如图 86.4 所示。要求经状态反馈后，系统的极点配置在 $s_1 = -3 + j5, s_2 = -3 - j5$ 位置上。试计算状态反馈阵 F，并在图 86.4 上绘出状态反馈形式。 （20 分）

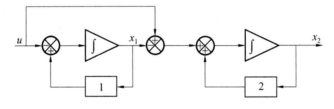

图 86.4

附　录　2

部分习题参考答案

第　1　章

1.1

图 1.20　$\dfrac{U_0(s)}{U_i(s)} = \dfrac{R_2 Cs + 1}{(R_1 + R_2)Cs + 1}$

图 1.21　$\dfrac{U_0(s)}{U_i(s)} = \dfrac{C_1 C_2 R^2 s^2 + R(C_1 + C_2)s + 1}{C_1 C_2 R^2 s^2 + R(2C_1 + C_2)s + 1}$

图 1.22　$\dfrac{U_0(s)}{U_i(s)} = \dfrac{R_1 R_2 C^2 s^2 + C(R_1 + R_2)s + 1}{R_1 R_2 C^2 s^2 + C(2R_1 + R_2)s + 1}$

1.2

图 1.23　$\dfrac{U_0(s)}{U_i(s)} = -\dfrac{R_2 + R_3}{R_1}\left(\dfrac{R_2 R_3}{R_2 + R_3}Cs + 1\right)$

图 1.24　$\dfrac{U_0(s)}{U_i(s)} = -\dfrac{1}{\alpha}\cdot\dfrac{R_1}{R_0}\cdot\dfrac{R_1 C_1 s + 1}{R_1 C_1 s}$

图 1.25　$\dfrac{U_0(s)}{U_i(s)} = -\dfrac{R_1}{R_0}\cdot\dfrac{R_2 C_2 s + 1}{(R_1 + R_2)C_2 s + 1}$

1.3

图 1.26　$\dfrac{Y(s)}{F_i(s)} = \dfrac{\dfrac{f}{k_2}s}{1 + \dfrac{k_1 + k_2}{k_1 k_2}fs}$

图 1.27　$\dfrac{Y(s)}{F_i(s)} = \dfrac{k_1}{k_1 + k_2}\cdot\dfrac{1 + \dfrac{f}{k_1}s}{1 + \dfrac{f}{k_1 + k_2}s}$

1.4

$$\dfrac{G(s)}{R(s)} = \dfrac{G_1(s)G_2(s)G_3(s)G_4(s)}{\begin{array}{l}1 + G_1(s)G_2(s)G_3(s)G_4(s)[G_7(s) - G_8(s)] + \\ G_2(s)G_3(s)G_6(s) + G_3(s)G_4(s)G_5(s)\end{array}}$$

1.5

图 1.28　$\dfrac{C(s)}{R(s)} = \dfrac{G_1(s)G_2(s)}{\begin{array}{l}1 + G_1(s)G_2(s)H_1(s)H_2(s) - \\ G_1(s)H_1(s)\end{array}}$

图 1.29　$\dfrac{C(s)}{R(s)} = \dfrac{G_1(s) + G_2(s) - 2G_1(s)G_2(s)}{1 + G_1(s) + G_2(s) - 3G_1(s)G_2(s)}$

1.6

$$\frac{C(s)}{N(s)} = \frac{G_2(s) - G_1(s)G_2(s)H_1(s)}{1 + G_1(s)G_2(s)H_3(s) - G_2(s)H_2(s)}$$

1.8

$$\frac{C(s)}{R(s)} = \frac{G_1(s)G_2(s)G_3(s) + G_1(s)G_4(s)}{1 + G_1(s)G_2(s)G_3(s) + G_1(s)G_4(s) +}$$
$$G_1(s)G_2(s)H_1(s) + G_2(s)G_3(s)H_2(s) +$$

1.10
$$G_4(s)H_2(s)$$

$$\frac{C(s)}{R(s)} = G_4(s) + \frac{G_1(s)G_2(s)G_3(s)}{1 - G_1(s)G_2(s)H_1(s) + G_2(s)H_1(s) +}$$
$$G_2(s)G_3(s)H_2(s)$$

第 2 章

2.1

$\zeta = 0.6$，$\omega_n = 2$

$\sigma = 9.5\%$，$t_p = 1.96$ s，$t_s(2\%) = 3.33$ s

2.2

(a) $\zeta = 0$，$\omega_n = 1$，等幅振荡

(b) $\zeta = 0.5$，$\omega_n = 1$，$\sigma = 29.9\%$，$t_s(2\%) = 8$ s

(c) $\zeta = 0.5$，$\omega_n = 1$，$\sigma = 16.4\%$，$t_s(2\%) = 8$ s

2.3

$\sigma = 30\%$ 时，$\zeta = 0.357$，$K\tau = 1.96$

$\sigma = 5\%$ 时，　$\zeta = 0.69$，$K\tau = 0.53$

　　　　　　　$\zeta = 0.707$，$K\tau = 0.5$

2.4

$K = 38.75$，$\tau = 0.115$

2.5

$a = 0$ 时，$\zeta = 1/\sqrt{8} = 0.354$，$\omega_n = \sqrt{8} = 2.828$

$\zeta = 0.7$ 时，$a = 0.245$

2.6

$K = 2.62$，$\tau = 0.47$ s

2.7

$\tau = 0.116$

$\sigma = 17.5\%$，$t_s(2\%) = 2.45$ s

$\tau = 0$ 时，$\sigma = 35\%$，$t_s(2\%) = 4$ s

2.8

$(a)\sigma = 23.7\%$，$t_p = 0.887$ s，$t_s(2\%) = 2.59$ s

$(b)\sigma = 18.4\%$，$t_p = 1.13$ s，$t_s(2\%) = 2.67$ s

2.9

(1) $\sigma = 35.13\%$，$t_s(2\%) = 4$ s

(2) $\sigma = 37.1\%$，$t_s(2\%) = 3.95$ s

(3)稳态误差

(a)当 $\tau_1 = 0$，$\tau_2 = 0.1$ 时,系统响应 $r(t) = t$ 时的稳态误差为 0.2；

(b)当 $\tau_1 = 0.1$，$\tau_2 = 0$ 时,系统响应 $r(t) = t$ 时的稳态误差为 0.1。

2.10

系统不稳定,在 s 平面右半部有两个特征根。

2.11

在 s 平面右半部有两个特征根:共轭虚根为 $\pm j\sqrt{2}$ 。

2.12

$T > 0$，　$0 < K < (T+2)/(T-2)$

2.13

$\tau > 0$

2.14

$\tau > 1$

2.15

$1/K_1 K_2 + 1/K_1$

2.16

(1)响应 $n(t) = 1(t)$ 时的稳态误差为 $-1/K_1$；

响应 $n(t) = t$ 时的稳态误率为 ∞ 。

(2)响应 $n(t) = 1(t)$ 时的稳态误差为 0；

响应 $n(t) = t$ 时的稳态误差为 $-1/K_1$。

2.17

$\lambda_1 = 0.02$，　$\lambda_2 = 0.024$

第　3　章

3.1

根轨迹与实轴交点坐标为 $(-4.16, j0)$

3.2

渐近线与实轴交点坐标为 $(-4.5, j0)$

根轨迹与实轴交点坐标为 $(-2.5, j0)$，$(-4, j0)$ 。

3.3

渐近线与实轴交点坐标为 $(-352, j0)$；根轨迹与虚轴交点 $\omega = \pm 14.8$，$K_1 = 799$；

$\omega = \pm 362.7$，$K_2 = 128776$。

3.4

渐近线与实轴交点坐标：

(1) $(-1/3, j0)$

(2) $(0, j0)$

(3) $(-1/2, j0)$

根轨迹与虚轴交点：

(1) $\omega = \pm 1, K = 1$

(2) $\omega = \pm \sqrt{2}, K = 1$

在保持开环极点不变的情况下，增加开环零点的作用在于使闭环系统的稳定性得到改善，且零点越靠近虚轴，其效果越佳。

3.5

渐近线共有四条，其中一条与实轴正方向重合；另一条与实轴负方向重合；其余两条与实轴垂直，二者在实轴上的交点坐标为 $(-2, j0)$。

根轨迹与实轴交点（分离点）坐标为 $(-2.225, j0)$。

3.6

根轨迹与实轴交点坐标：分离点 $(1, j0)$，会合点 $(-3, j0)$。

根轨迹与虚轴交点 $\omega = \pm \sqrt{3}, k = 3$。

3.7

两条渐近线分别为虚轴的正半轴与负半轴，二者在实轴上的交点为坐标原点。

根轨迹与虚轴交点 $\omega = \pm 3.47, k = 34.125$。

3.8

根轨迹与实轴交点坐标：分离点 $(-1.464, j0)$，会合点 $(+5.464, j0)$。

根轨迹与虚轴交点 $\omega = \pm 2.83, K = 2$。

3.9

根轨迹与实轴交点坐标为 $(-\sqrt{10}, j0)$。

3.10

渐近线与实轴交点坐标为 $(-500, j0)$。

第 4 章

4.1

$\omega_c = 50 \text{ rad/s}$

4.2

$K = 0.0568$

4.3

$K_{max} = 10, \omega_c = 3.12 \text{ rad/s}$

4.4

$0 < \tau < 0.01$

4.5
$$G(s) = \frac{0.1(10s+1)}{s^2(s+1)}$$

4.6
(a) $G(s) = \dfrac{10^4 s^2}{(25s+1)^2}$

(b) $G(s) = \dfrac{10\left[\left(\dfrac{1}{80}\right)^2 s^2 + 2 \times 0.1 \times \dfrac{1}{80}s + 1\right]}{\left(\dfrac{1}{5}\right)^2 s^2 + 2 \times 0.2 \times \dfrac{1}{5}s + 1}$

(c) $G(s) = \dfrac{\dfrac{1}{10^4}(25s+1)^2}{s^2}$

(d) $G(s) = \dfrac{31.62s}{(10s+1)(100s+1)}$

4.7
(a)稳定；

(b)不稳定；

(c)稳定；

(d)不稳定；

(e)稳定。

4.8
$25 < K < 10^4$ 系统稳定，$K < 10$ 系统稳定；

$10 < K < 25$ 系统不稳定，$K > 10^4$ 系统不稳定。

4.9
$K = 10 \ \text{s}^{-1}$

$\omega_c = 10 \ \text{rad/s}, \ \gamma(\omega_c) = 88.8°$

$\omega_g = 100 \ \text{rad/s}, \ 20\lg K_g = +6 \ \text{dB}$

4.10
$\omega_c = 58.79 \ \text{rad/s}$

$T = 0.0234 \ \text{s}$

$M_r = 1.62$

4.11
$K = 100 \ \text{s}^{-2}, \ e_{ss} = 0.01$

$\omega_c = 25 \ \text{rad/s}, \ \gamma(\omega_c) = 73.8°$

4.12
$\zeta = 0.64, \ \omega_n = 8.97 \ \text{rad/s}$

$\sigma = 7.3\%, \ t_s(5\%) = 0.523 \ \text{s}, \ t_s(2\%) = 0.697 \ \text{s}$

4.13
$\omega_c \approx 6 \ \text{rad/s}, \ \gamma(\omega_c) = 65°$

$M_r = 1.1$

$$\sigma = 20\%$$
$$t_s = 1.14 \text{ s}$$

第 5 章

5.1

校正前　$\gamma(\omega_c) = 15°$

校正后　$G_c(s) = \dfrac{0.376s + 1}{0.128s + 1}$

　　　　$\gamma(\omega_c) = 42°$

5.2

$$G_c(s) = \frac{0.33s + 1}{0.13s + 1}$$

5.3

校正前　$\omega_c = 4.1 \text{ rad/s}$, $\gamma(\omega_c) = 3.7°$

　　　　$\omega_g = 4.47 \text{ rad/s}$, $20\lg K_g = 1.58 \text{ dB}$

校正后　$\omega_c = 5 \text{ rad/s}$, $\gamma(\omega_c) = 37.7°$

　　　　$\omega_g = 18 \text{ rad/s}$, $20\lg K_g = 18.6 \text{ dB}$

5.4

校正后　$G_c(s) = \dfrac{20s + 1}{113.6s + 1}$

　　　　$\omega_c = 0.5 \text{ rad/s}$, $\gamma(\omega_c) = 40.2°$

5.5

校正前　$\omega_c = 2.25 \text{ rad/s}$, $\gamma(\omega_c) = 4°$

校正后　$G_c(s) = \dfrac{7.7s + 1}{77s + 1}$

　　　　$\omega_c = 0.52 \text{ rad/s}$, $\gamma(\omega_c) = 42°$

5.6

校正前　$\gamma(\omega_c) = -22°$

校正后　$G_c(s) = \dfrac{10s + 1}{100s + 1}$

　　　　$\gamma(\omega_c) = 39.54°$

5.7

校正前　$\omega_c = 11 \text{ rad/s}$, $\gamma(\omega_c) = -24°$

校正后　$G_c(s) = \dfrac{(s + 1)(0.425s + 1)}{(10s + 1)(0.0425s + 1)}$

　　　　$\gamma(\omega_c) = 48°$

　　　　$\omega_b = 13 \text{ rad/s}$

5.8

$$G_c(s) = \frac{(1.667s + 1)(0.32s + 1)}{(20.83s + 1)(0.0257s + 1)}$$

5.9

　　　　$\tau = 0.033 \text{ s}$, $b = 0.0186$

第 6 章

6.1

系统稳定,无自振荡。

6.2

等效非线性特性为带死区无滞环继电器特性,死区 $\Delta = 0.5$,输出幅度 $M = 2$。

振荡频率 $\omega_0 = 1$ rad/s

振荡振幅 $A_0 = 12.65$

6.3

(a) $G(j\omega)$ 与 $-1/N(A)$ 有一个交点对应稳定自振荡;

(b) $G(j\omega)$ 与 $-1/N(A)$ 有一个交点对应稳定自振荡;

(c) $G(j\omega)$ 与 $-1/N(A)$ 有两个交点对应稳定自振荡;

(d) $G(j\omega)$ 与 $-1/N(A)$ 有两个交点对应稳定自振荡;

(e) $G(j\omega)$ 与 $-1/N(A)$ 有一个交点对应稳定自振荡。

6.4

(1) $K = 0.1$ 时系统稳定,不产生自振荡;

(2) 不使系统产生自振荡时,应有 $0 < K < 1$。

6.5

振荡频率 $\omega_0 = 7.5$ rad/s;

振荡振幅 $A_0 = 1.282$。

6.6

(1) $0 < a < 1$ 时,系统不稳定;

(2) $a > 1$ 时,系统存在稳定自振荡。

6.7

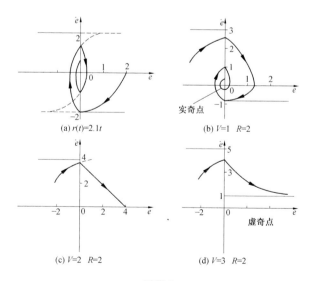

图附 1

6.8

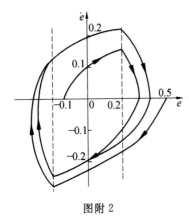

图附 2

6.9

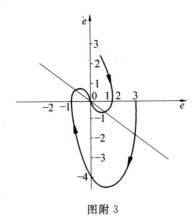

图附 3

6.10

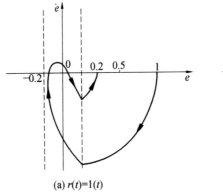

(a) $r(t)=1(t)$

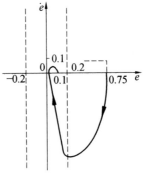

(b) $r(t)=0.75+0.1(t)$

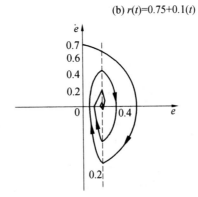

(c) $r(t)=0.7(t)$

图附 4

7.1

$$X(z) = \frac{2z}{z - e^{-T_0}} - \frac{z}{z - e^{-2T_0}}$$

7.2

$$X(kT_0) = -2^k - 3 \quad (k = 0, 1, 2 \cdots)$$

7.3

$$C(z) = \frac{G_2(z) \cdot RG_1(z)}{1 + G_1 G_2 H(z)}$$

7.4

$$C(z) = \frac{G_1(z) R(z)}{1 + G_1 H_1(z) + G_1(z) H_2(z)}$$

7.5

$$c(0) = 0$$

$$c(T_0) = 0.632$$

$$c(2T_0) = 1.1$$

$$c(3T_0) = 1.21$$

$$c(4T_0) = 1.12$$

$$c(5T_0) = 1.02$$

$$\vdots$$

$$\sigma = 20\%, t_r < 2 \text{ s}, t_p \approx 3 \text{ s}$$

7.6

$$c(0) = 0$$

$$c(T_0) = 1.264$$

$$c(2T_0) = 0.13$$

$$c(3T_0) = 1.237$$

$$\vdots$$

7.7

$$0 < K < \frac{2(1 + e^{-\frac{T_0}{T}})}{1 - e^{-\frac{T_0}{T}}}$$

7.8

当 $r(t) = 1(t)$ 时，$\lim\limits_{t \to \infty} e(t) = 0$

当 $r(t) = t$ 时，$\lim\limits_{t \to \infty} e(t) = 1$

当 $r(t) = t^2$ 时，$\lim\limits_{t \to \infty} e(t) = \infty$

7.9

$$D(z) = \frac{1}{K} \cdot \frac{2 - z^{-1}}{1 - z^{-1}}$$

8.1

$$\Phi(t) = \begin{bmatrix} 3e^{-t} - 3e^{-2t} + e^{-3t} & \dfrac{5}{2}e^{-t} - 4e^{-2t} + \dfrac{3}{2}e^{-3t} \\[2mm] -3e^{-t} + 6e^{-2t} - 3e^{-3t} & -\dfrac{5}{2}e^{-t} + 8e^{-2t} - \dfrac{9}{2}e^{-3t} \\[2mm] 3e^{-t} - 12e^{-2t} + 9e^{-3t} & \dfrac{5}{2}e^{-t} - 16e^{-2t} + \dfrac{27}{2}e^{-3t} \end{bmatrix}$$

$$\begin{bmatrix} \dfrac{1}{2}e^{-t} - e^{-2t} + \dfrac{1}{2}e^{-3t} \\[2mm] -\dfrac{1}{2}e^{-t} + 2e^{-2t} - \dfrac{3}{2}e^{-3t} \\[2mm] \dfrac{1}{2}e^{-t} - 4e^{-2t} + \dfrac{9}{2}e^{-3t} \end{bmatrix}$$

8.2

$$A = \begin{bmatrix} 0 & 1 \\ -2 & -3 \end{bmatrix}$$

$$\Phi(t) = \begin{bmatrix} 2e^{-t} - e^{-2t} & e^{-t} - e^{-2t} \\ -2e^{-t} + 2e^{-2t} & -e^{-t} + 2e^{-2t} \end{bmatrix}$$

8.3

$$y(t) = 3 - 2e^{-t}$$

8.4

a, b 可任意选取,但 c 不能等于零。

8.5

系统的平衡状态 $X = 0$ 是在大范围内渐近稳定的。

取 $Q = I$ 时,得 $P = \begin{bmatrix} \dfrac{3}{2} & \dfrac{1}{2} \\[2mm] \dfrac{1}{2} & 1 \end{bmatrix}$,$P$ 为对称正定矩阵。

8.6

$$F = \begin{bmatrix} 1 & 0.0914 \end{bmatrix}$$

$$G = \begin{bmatrix} 95 \\ 2025 \end{bmatrix}$$

8.7

$$G = \begin{bmatrix} 58 \\ 56 \\ 12 \end{bmatrix}$$

$$\dot{\hat{X}} = (A - GC)\hat{X} + Bu + Gy =$$

$$\begin{bmatrix} 0 & 0 & -60 \\ 1 & 0 & -47 \\ 0 & 1 & -12 \end{bmatrix} \hat{X} + \begin{bmatrix} 3 \\ 2 \\ 1 \end{bmatrix} u + \begin{bmatrix} 58 \\ 56 \\ 12 \end{bmatrix} y$$

附 录 3

附录1的参考答案

1.1 1979 年试题

2.
$$\frac{C(s)}{R(s)} = \frac{G_1(s)G_2(s)G_3(s)G_4(s)}{1 + G_1(s)G_2(s)G_3(s)H_2(s) + G_2(s)G_3(s)H_3(s) + G_3(s)G_4(s)H_4(s) - G_1(s)G_2(s)G_3(s)G_4(s)H_1(s)}$$

3.
$$e_{ss}(t) = 2.04 + 2.4t$$

4.

(a)系统不稳定,两个特征根具有正实部

(b)系统临界稳定,特征根中有一对共轭虚根 $\pm j4$

5.

(a)系统不稳定

(b)系统不稳定

(c)系统稳定

6.
$$\omega_e = 3.56 \text{ rad/s}, \quad \gamma(\omega_e) = -3.9°$$

7.

(b)在实轴上的会合点坐标 $(-2, j0)$

    $K = 4$

(c)渐近线在实轴上的交点坐标 $(-4.5, j0)$

(d)渐近线在实轴上的交点坐标 $(-3.5, j0)$

(e)渐近线在实轴上的交点坐标 $(-4.4, j0)$

    在实轴上的分离点坐标 $(-4.5, j0)$

8.

可选取串联校正环节 $\quad G_c(s) = \dfrac{\dfrac{1}{0.3}s + 1}{\dfrac{1}{4.5}s + 1}$

9.
$$\omega_0 = \sqrt{2} \text{ rad/s}, \quad A_0 = 2$$

1.2 1980 年试题

1.
$$0 < K < \frac{1}{4}$$

2.
$$\omega_c = 10 \text{ rad/s}, \quad \gamma(\omega_c) = 45°$$

3.
$$e_{ss}(t) = 0.001 + 0.000398a + 0.002at$$

4.
$$K = 11.63, \quad k = 0.235$$

5.
$$\omega_0 = 2\sqrt{2} \text{ rad/s}, \quad A_0 \approx 3.9$$

6.
$$c(0) = 0$$
$$c(T_0) = 0.368$$
$$c(2T_0) = 1.0$$
$$c(3T_0) = 1.4$$
$$c(4T_0) = 1.4$$
$$c(5T_0) = 1.147$$

1.3 1981 年试题

1.
$$\frac{C(s)}{R(s)} = \frac{G_1(s)G_2(s)G_3(s)}{1 + G_1(s)G_2(s)G_3(s) - G_1(s)G_2(s)H_1(s) + G_2(s)G_3(s)H_2(s)}$$

2.
$$\frac{C(s)}{R(s)} = \frac{\begin{aligned}&G_1(s)G_2(s)G_3(s)G_4(s)G_5(s) + G_1(s)G_2(s)G_6(s) + \\ &G_1(s)G_2(s)G_4(s)G_6(s)H_1(s)\end{aligned}}{\begin{aligned}&1 + G_4(s)H_1(s) + G_2(s)G_3(s)G_4(s)G_5(s)H_2(s) + \\ &G_2(s)G_6(s)H_2(s) + G_2(s)G_4(s)G_6(s)H_1(s)H_2(s)\end{aligned}}$$

3.
$$K = 11.765, \quad k = 0.233$$

4.
$$a = 1$$

5.
$$a = 3\sqrt{2}$$

6.

可选取 $\dfrac{1}{0.1s+1}$ 作串联校正环节

7.

$\omega_0 = \sqrt{2}$ rad/s， $A_0 = 0.127$

9.

系统不稳定

10.

$\sigma = 23.2\%$ ， $t_P = 3$ s， $t_s(2\%) = 8$ s

11.

$\omega_c = 1$ rad/s， $\gamma(\omega_c) = +45°$

1.4　1982 年试题

2.

$$\frac{U_0(s)}{U_1(s)} = \frac{1}{R_1 C_1 R_2 C_2 S^2 + (R_1 C_1 + R_2 C_2 + R_1 C_2)s + 1}$$

3.

当 $r(t) = R_1 t$ 时， $e_{ss}(t) = \dfrac{a_{n-1}}{a_n} R_1$

当 $r(t) = \dfrac{1}{2} R_2 t^2$ 时， $e_{ss}(t) = \dfrac{a_{n-1}}{a_n} R_2 t + \dfrac{a_{n-2} a_n - a_{n.1}{}^2}{a_n{}^2} R_2$

4.

见第 3 章例 8

5.

$\tau = 0.37$

6.

选取 $H(s) = 1 + \tau s$

$\tau = 0.164$， $K = 22.66$

7.

$0 < K < 2.165$

8.

参阅第 6 章例 12

9.

状态方程　$\dot{X} = AX + BU$

其中　$X = \begin{bmatrix} x_1 \\ x_2 \\ x_3 \\ x_4 \end{bmatrix}$； $U = \begin{bmatrix} u_1 \\ u_2 \end{bmatrix}$； $A = \begin{bmatrix} -a & 0 & 0 & 0 \\ 0 & -b & 0 & 0 \\ 0 & 0 & -c & 0 \\ 0 & 0 & 0 & -d \end{bmatrix}$；

$$\boldsymbol{B} = \begin{bmatrix} 1 & 0 \\ 1 & 0 \\ 0 & 1 \\ 0 & 1 \end{bmatrix}$$

这里 x_1, x_2, x_3, x_4 分别取为函数方框 $\boldsymbol{G}_{11}(s)$、$\boldsymbol{G}_{12}(s)$、$\boldsymbol{G}_{21}(s)$、$\boldsymbol{G}_{22}(s)$ 的输出变量。

输出方程　$\boldsymbol{Y} = \boldsymbol{CX}$

其中　　$\boldsymbol{Y} = \begin{bmatrix} y_1 \\ y_2 \end{bmatrix}$;　　$\boldsymbol{C} = \begin{bmatrix} 1 & 0 & 1 & 0 \\ 0 & 1 & 0 & 1 \end{bmatrix}$

状态转移矩阵

$$\boldsymbol{\Phi}(t) = \begin{bmatrix} \mathrm{e}^{-at} & 0 & 0 & 0 \\ 0 & \mathrm{e}^{-bt} & 0 & 0 \\ 0 & 0 & \mathrm{e}^{-ct} & 0 \\ 0 & 0 & 0 & \mathrm{e}^{-dt} \end{bmatrix}$$

10.

　　$\boldsymbol{X} = \boldsymbol{0}$ 为系统的平衡状态

给定系统对 $\boldsymbol{X} = \boldsymbol{0}$ 是渐近稳定的

1.5　1983 年试题

1.

　　见第 1 章例 15

2.

　　$c(t) = 0.4 - 0.4t + 0.2t^2 - 0.4\mathrm{e}^{-t}$

3.

　　可选取串联校正环节 $G_c(s) = \dfrac{s^2 + s + 1}{s^2}$

4.

(1)系统不稳定

(2)系统临界稳定

(3)系统稳定

5.

(1)开环传递函数

$$G(s) = \frac{\omega_n^2}{s(s + 2\zeta\omega_n)} = \frac{11.357}{s(s + 2.426)}$$

其中　$\zeta = 0.36$,　$\omega_n = 3.37 \ \mathrm{rad/s}$。

(2)增加前置放大器,其增益 $K = 4.39$

　　采用速度反馈 τs,　$\tau = 0.353$

6.

(1) $\omega_c = 2.42 \text{ rad/s}$，$\gamma(\omega_c) = 58.8°$

(2) $e_{ss} = 0.0355$

7.

(1)增益 K 的临界值为 4

(2) $K = 1.5$

8.

(1) $\omega_0 = \sqrt{2} \text{ rad/s}$，$A_0 = 4.37$

(2) $\alpha < 1.57$(当 $K = 3$) 或 $K < 1.884$(当 $\alpha = 2.5$)

9.

$$G_{c11}(s) = \frac{2s+1}{s}$$

$$G_{c21}(s) = -\frac{(s+1)(2s+1)}{s}$$

$$G_{c12}(s) = 0$$

$$G_{c22}(s) = \frac{s+1}{2s}$$

10.

稳定

1.6 1984 年试题

1.

$$K = 1.32，\quad \tau = 0.263$$

$$e_{ss} = 0.408°$$

2.

(1) $K = 10 \text{ s}^{-1}$

(2) $\omega_e = 10 \text{ rad/s}$

(4) $\gamma(\omega_c) = 88.8°$

(5) $20\log K_g = 6 \text{ dB}$

3.

(1)见第 3 章习题 3.3

(2)实轴上的会合点坐标：$(-1, j0)$, $(-3, j0)$, 应取点 $(-3, j0)$

根轨迹与虚轴交点 $\omega = \pm 1$，$K = 5.06 \text{ s}^{-1}$

根轨迹在共轭虚极点 $\pm j3$ 处的出射角为 $\pm 33.4°$

4.

取 $\omega_c = 2.5 \text{ rad/s}$ 时，$K_1 = 0.243$，$K_2 = 2.5$

5.

(1) $e_{ss} = \dfrac{1}{1+K}$

（2）开环增益 K 的临界值为 11.83

6.

相轨迹方程

$$\dot{e} > 0 \begin{cases} e > 0.05 & (\ddot{e} = -1) \\ e < 0.05 & (\ddot{e} = +1) \end{cases}$$

$$\dot{e} < 0 \begin{cases} e > -0.05 & (\ddot{e} = -1) \\ e < -0.05 & (\ddot{e} = +1) \end{cases}$$

7.

$$K = \begin{bmatrix} k_1 \\ k_2 \end{bmatrix} = \begin{bmatrix} 1 \\ 2.8 \times 10^{-4} \end{bmatrix}$$

1.7　1985 年试题

1.

（1）见第 4 章例 4

（2）见第 2 章例 6

2.

见第 4 章例 7

3.

（a）见第 4 章例 6

（b）见第 4 章例 9

4.

见第 4 章例 16

5.

$$K = 8.65$$

6.

见第 6 章例 7

7.

见第 8 章例 3

1.8　1986 年试题

1.

$$\frac{C(s)}{R(s)} = \left[R_4 (R_3 C_3 s + 1) \right] \Big/ \Big\{ (R_1 + R_2) \Big(\frac{R_1 R_2}{R_1 + R_2} C_1 s + 1 \Big) \times$$
$$\left[R_3 R_4 C_2 C_3 s^2 + (R_3 C_2 + \right.$$
$$R_4 C_2 + R_3 C_3) s + 1 \big] +$$
$$(R_3 + R_4)(R_1 C_1 s + 1)$$
$$\Big(\frac{R_3 R_4}{R_3 + R_4} C_3 s + 1 \Big) \Big\}$$

2.

$$\frac{b}{\varepsilon} < K < \frac{T_c + T_f}{T_c T_f}$$

3.

(1)需要按照绘制 $0°$ 根轨迹的基本规则绘制给定系统的根轨迹；

渐近线与实轴正方向的夹角分别为 $0°$ 及 $180°$。

(2)根轨迹在实轴上的分离点与会合点的坐标分别为 $(+0.006, j0)$ 及 $(+50, j0)$；

根轨迹与虚轴交点 $\omega = 0, k = 0$。

(3)不论 K 取何值闭环系统均不稳定。

4.

可选串联超前校正环节 $G_c(s) = 1 + \tau s, \tau = 0.06 \text{ s}$

要求的开环增益 $K = 884 \text{ s}^{-2}$

5.

系统稳定

6.

$$F = \begin{bmatrix} f_1 & f_2 \end{bmatrix} = \begin{bmatrix} 16 & 25 \end{bmatrix}$$

第2篇

第1章　自动控制概论

1.1　图题1.1所示为一液面控制系统。图中 K 为放大器的放大倍数,SM 为执行电动机。试分析该系统的工作原理,在系统中找出参考输入、干扰量、被控制量、控制器及被控制对象,并画出系统的方块图。

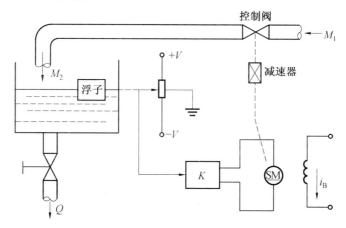

图题1.1　液面控制系统原理图

解　液位为设定高度时,浮子的位置使电位器活动端的电位为零,电机电压为零,电机不转,阀门开度保持不变,液面高度保持不变。当液面高于设定值时,浮子上升使电位器活动端电位为正,电机电压为正,电机正转使阀门开度减小,流入量 M_2 减少,液面下降,趋于设定值。反之,电机反转,阀门开度增大,流入量增加,液面也趋于设定值。参考输入是电位器中点电压,是零。干扰量包括出水量的波动,进水管水压的波动等。被控制量是液面高度。控制器包括放大器,浮子,电位器。被控对象包括水箱中的水,控制阀,减速器,电机。系统方块图如下。

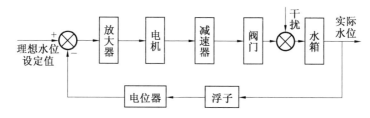

1.2　图题1.2所示为一液面控制系统,试说明它的工作原理。

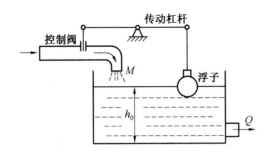

图 1.2 液面控制系统原理图

解 当液位为设定值时,浮子通过杠杆使阀门开度为某一值,流入量等于流出量,液位不变。若液位下降,则浮子下降并使阀门开度增加,流入量增加。若液位上升,则浮子使阀门开度减小,流入量减小。可见,此系统力图使液位保持在设定高度。

第 2 章　控制系统的数学模型

2.1 求图题 2.1 所示机械系统的微分方程式和传递函数。图中力 $F(t)$ 为输入量,位移 $x(t)$ 为输出量,m 为质量,k 为弹簧的弹性系数,f 为粘滞阻尼系数。

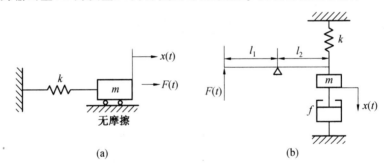

图题 2.1

解(a) 根据牛顿第二定律,微分方程是 $m\dfrac{\mathrm{d}^2 x(t)}{\mathrm{d}t^2} + kx(t) = F(t)$。传递函数为

$$\frac{X(s)}{F(s)} = \frac{1}{ms^2 + k}$$

（b）取 m 的平衡点为位移零点,微分方程是

$$m\frac{\mathrm{d}^2 x(t)}{\mathrm{d}t^2} + f\frac{\mathrm{d}x(t)}{\mathrm{d}t} + kx(t) = \frac{l_1}{l_2}F(t)$$

传递函数为
$$\frac{X(s)}{F(s)} = \frac{l_1/l_2}{ms^2 + fs + k}$$

2.2 求图题 2.2 所示机械系统的微分方程式和传递函数。图中位移 x_i 为输入量,位移 x_o 为输出量,k 为弹簧的弹性系数,f 为粘滞阻尼系数,图(a) 的重力忽略不计。

解(a) 根据质量 m 的受力图和牛顿第二定律可得

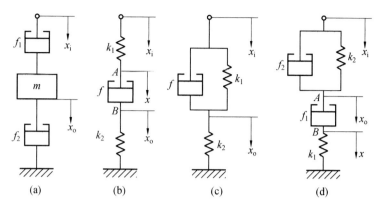

图题 2.2

$$f_1\left(\frac{\mathrm{d}x_i}{\mathrm{d}t} - \frac{\mathrm{d}x_0}{\mathrm{d}t}\right) - f_2\frac{\mathrm{d}x_0}{\mathrm{d}t} = m\frac{\mathrm{d}^2x_0}{\mathrm{d}t^2}$$

即

$$m\frac{\mathrm{d}^2x_0}{\mathrm{d}t^2} + (f_1 + f_2)\frac{\mathrm{d}x_0}{\mathrm{d}t} = f_1\frac{\mathrm{d}x_i}{\mathrm{d}t}$$

传递函数为

$$\frac{X_0(s)}{X_i(s)} = \frac{f_1}{ms + f_1 + f_2}$$

(b) 设 A、B 点及位移 x，如图 2.2(b) 所示，对 A、B 点可得方程

$$k_1(x_i - x) + f(\dot{x}_0 - \dot{x}) = 0$$
$$-k_2x_0 + f(\dot{x} - \dot{x}_0) = 0$$

消去中间变量 x 可得系统的微分方程式为

$$f\left(1 + \frac{k_2}{k_1}\right)\dot{x}_0 + k_2x_0 = f\dot{x}_i$$

传递函数为

$$\frac{X_0(s)}{X_i(s)} = \frac{fs}{f\left(1 + \frac{k_2}{k_1}\right)s + k_2}$$

(c) 对于 x_0 的引出点，画出受力图后可得 $k_1(x_i - x_0) - k_2x_0 + f(\dot{x}_i - \dot{x}_0) = 0$
即

$$f\dot{x}_0 + (k_1 + k_2)x_0 = f\dot{x}_i + k_1x_i$$

传递函数

$$\frac{X_0(s)}{X_i(s)} = \frac{fs + k_1}{fs + k_1 + k_2}$$

(d) 设 A、B 点及位移 x，如图 2.2(d)，分析 A、B 点所受力可得如下微分方程组

$$\begin{cases} f_2\dfrac{\mathrm{d}(x_i - x_0)}{\mathrm{d}t} + k_2(x_i - x_0) + f_1\dfrac{\mathrm{d}(x - x_0)}{\mathrm{d}t} = 0 \\ -f_1\dfrac{\mathrm{d}(x - x_0)}{\mathrm{d}t} - k_1x = 0 \end{cases}$$

取拉氏变换后可得

$$\begin{cases} f_2sX_i(s) - f_2sX_0(s) + k_2X_i(s) - k_2X_0(s) + f_1sX(s) - f_1sX_0(s) = 0 \\ -f_1sX(s) + f_1sX_0(s) - k_1X(s) = 0 \end{cases}$$

消去中间变量 $X(s)$ 后可得传递函数为

$$\frac{X_0(s)}{X_i(s)} = \frac{f_1f_2s^2 + (k_1f_2 + k_2f_1)s + k_1k_2}{f_1f_2s^2 + (k_1f_1 + k_1f_2 + f_2f_1)s + k_1k_2}$$

2.3 列写图题 2.3 所示机械系统的运动微分方程式,图中力 F 是输入量,位移 y_1, y_2 是输出量,m 是质量,f 是粘滞阻尼系数,k 是弹簧的弹性系数。

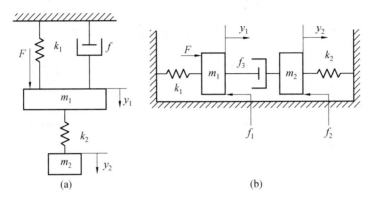

图题 2.3

解 (a) 对于 m_1 和 m_2,可列出如下的牛顿第二定律表达式

$$F = m_1 \ddot{y}_1 + f \dot{y}_1 + k_1 y_1 + k_2 (y_1 - y_2)$$

$$k_2 (y_1 - y_2) = m_2 \ddot{y}_2$$

(b) 对于 m_1 和 m_2,可列出如下的微分方程

$$F - f_1 \dot{y}_1 + f_3 (\dot{y}_2 - \dot{y}_1) - k_1 y_1 = m_1 \ddot{y}_1$$

$$f_3 (\dot{y}_1 - \dot{y}_2) - f_2 \dot{y}_2 - k_2 y_2 = m_2 \ddot{y}_2$$

2.4 在图题 2.4 所示的齿轮系中,z_1, z_2, z_3, z_4 分别为齿轮的齿数;J_1, J_2, J_3 分别为齿轮和轴 (J_3 中包括负载) 的转动惯量,θ_1, θ_2, θ_3 分别为各齿轮轴的角位移,T_m 是电动机输出转矩。以 T_m 为输入量,θ_1 为输出量,列写折算到电动机轴上的齿轮系运动方程式(忽略各级粘性摩擦)。

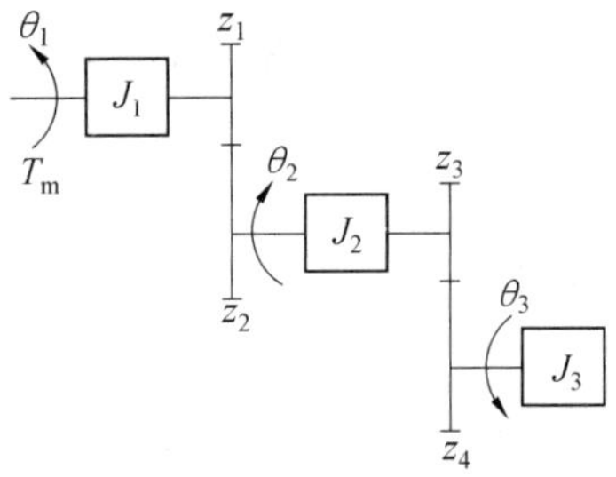

解 把 2 轴和 3 轴的转动惯量都折算到 1 轴上,再根据牛顿转动定律可得

$$\left(J_1 + \frac{J_2}{i_1^2} + \frac{J_3}{i_1^2 i_2^2} \right) \frac{\mathrm{d}^2 \theta_1}{\mathrm{d}t^2} = T_m$$

其中 $i_1 = \dfrac{z_2}{z_1}$, $i_2 = \dfrac{z_4}{z_3}$,故有

$$\left(J_1 + \frac{z_1^2}{z_2^2} J_2 + \frac{z_1^2 z_3^2}{z_2^2 z_4^2} J_3 \right) \frac{\mathrm{d}^2 \theta_1}{\mathrm{d}t^2} = T_m$$

图题 2.4

2.5 求图题 2.5 所示无源电网络的传递函数,图中电压 $u_1(t)$ 是输入量,电压 $u_2(t)$ 是输出量。

解 (a) $\dfrac{U_2(s)}{U_1(s)} = \dfrac{R_1 R_2 Cs + R_2}{R_1 R_2 Cs + R_1 + R_2}$

(b) $\dfrac{U_2(s)}{U_1(s)} = \dfrac{R_2 Cs + 1}{(R_1 + R_2) Cs + 1}$

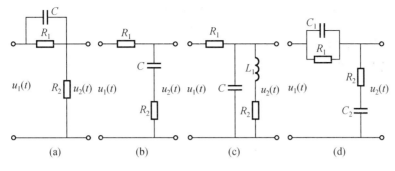

图题 2.5

(c) $\dfrac{U_2(s)}{U_1(s)} = \dfrac{L_1 s + R_2}{R_1 L_1 C s^2 + (R_1 R_2 C + L_1) s + R_1 R_2}$

(d) $\dfrac{U_2(s)}{U_1(s)} = \dfrac{(R_1 C_1 s + 1)(R_2 C_2 s + 1)}{R_1 R_2 C_1 C_2 s^2 + (R_1 C_1 + R_2 C_2 + R_1 C_2) s + 1}$

2.6 求图题 2.6 所示有源电网络的传递函数,图中电压 $u_1(t)$ 是输入量,电压 $u_2(t)$ 是输出量。

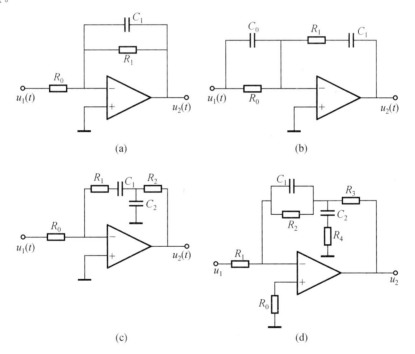

图题 2.6

解 (a) $\dfrac{U_2(s)}{U_1(s)} = -\dfrac{R_1}{R_0(R_1 C_1 s + 1)}$

(b) $\dfrac{U_2(s)}{U_1(s)} = -\left(\dfrac{R_1}{R_0} + \dfrac{C_0}{C_1} + \dfrac{1}{R_0 C_1 s} + R_1 C_0 s\right)$

(c) $\dfrac{U_2(s)}{U_1(s)} = -\dfrac{R_1 R_2 C_1 C_2 s^2 + (R_1 C_1 + R_2 C_1 + R_2 C_2) s + 1}{R_0 C_1 s}$

(d) $\dfrac{U_2(s)}{U_1(s)} = -\dfrac{R_2R_3R_4C_1C_2s^2+[R_3(R_4C_2+R_2C_1)+R_2(R_4C_2+R_3C_2)]s+R_2+R_3}{R_1(R_4C_2s+1)(R_2C_1s+1)}$

2.7 无源网络如图题2.7所示,电压 $u_1(t)$ 为输入量,电压 $u_2(t)$ 为输出量,绘制动态方块图并求传递函数。

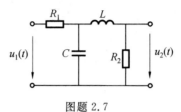

图题 2.7

解 设回路电流 i_1,i_2 及电压 u_3 如图。动态方块图见图。

$$\frac{U_2(s)}{U_1(s)} = \frac{R_2}{R_1LCs^2+(R_1R_2C+L)s+R_1+R_2}$$

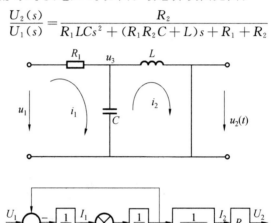

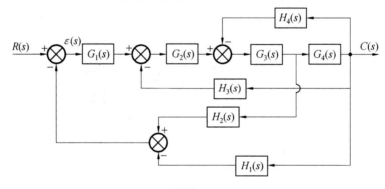

2.8 求图题 2.8 所示系统的传递函数 $C(s)/R(s)$ 和 $\varepsilon(s)/R(s)$。

图题 2.8

解 $$\frac{C(s)}{R(s)} = \frac{G_1G_2G_3G_4}{1+G_3G_4H_4+G_2G_3G_4H_3+G_1G_2G_3H_2-G_1G_2G_3G_4H_1}$$

$$\frac{\varepsilon(s)}{R(s)} = \frac{1+G_3G_4H_4+G_2G_3G_4H_3}{1+G_3G_4H_4+G_2G_3G_4H_3+G_1G_2G_3H_2-G_1G_2G_3G_4H_1}$$

2.9 求图题 2.9 所示系统的传递函数 $C(s)/R(s)$ 和 $\varepsilon(s)/R(s)$。

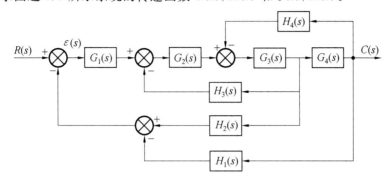

图题 2.9

解
$$\frac{C(s)}{R(s)} = \frac{G_1 G_2 G_3 G_4}{1 - G_1 G_2 G_3 G_4 H_1 + G_1 G_2 G_3 H_2 + G_2 G_3 H_3 + G_3 G_4 H_4}$$

$$\frac{\varepsilon(s)}{R(s)} = \frac{1 + G_2 G_3 H_3 + G_3 G_4 H_4}{1 - G_1 G_2 G_3 G_4 H_1 + G_1 G_2 G_3 H_2 + G_2 G_3 H_3 + G_3 G_4 H_4}$$

2.10 求图题 2.10 所示系统的传递函数 $C(s)/R(s)$。

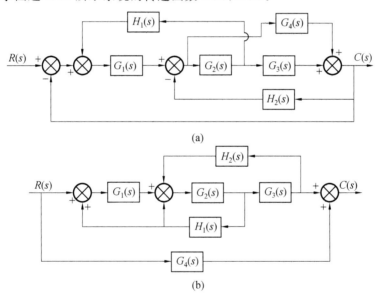

(a)

(b)

图题 2.10

解 （a）
$$\frac{C(s)}{R(s)} = \frac{G_1 G_2 G_3 + G_1 G_4}{1 + G_1 G_2 G_3 + G_1 G_4 + G_1 G_2 H_1 + G_2 G_3 H_2 + G_4 H_2}$$

（b）
$$\frac{C(s)}{R(s)} = G_4 + \frac{G_1 G_2 G_3}{1 + G_2 H_1 - G_1 G_2 H_1 + G_2 G_3 H_2}$$

2.11 求图题 2.11 所示系统的传递函数 $C(s)/R(s)$ 和 $\varepsilon(s)/R(s)$。

解 （a）
$$\frac{C(s)}{R(s)} = \frac{G_1 G_2}{1 + G_1 H_1 + G_2 H_2} \qquad \frac{\varepsilon(s)}{R(s)} = \frac{1 + G_2 H_2}{1 + G_1 H_1 + G_2 H_2}$$

（b）
$$\frac{C(s)}{R(s)} = \frac{G_1 G_2 + G_2 G_3}{1 + G_1 G_2 H_1} \qquad \frac{\varepsilon(s)}{R(s)} = \frac{1 - G_2 G_3 H_1}{1 + G_1 G_2 H_1}$$

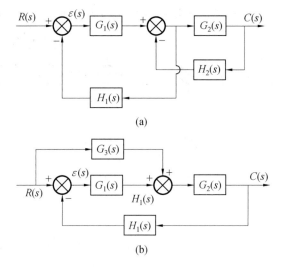

(a)

(b)

图题 2.11

2.12 图题 2.12(a)是一个电机轴转角的随动系统原理图。SM 为直流伺服电动机，TG 为直流测速发电机，u_i 为输入的电压量，θ 为输出的电机轴角位移。直流电动机的机电时间常数为 τ_m，反电势系数为 k_e。$u_T = k_5 \mathrm{d}\theta/\mathrm{d}t$，$u_{T1} = k_3 u_T$，$u_o = k_4 \theta$，$u_a$ 为电机电枢电压。绘制该系统的动态方块图，并求传递函数 $G(s) = \theta(s)/U_i(s)$。

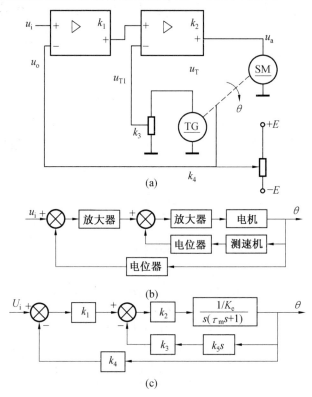

(a)

(b)

(c)

图题 2.12

解 元件方块图和动态方块图见图题 2.12(b),(c)。

$$\frac{\theta(s)}{U_i(s)} = \frac{k_1 k_2}{k_e \tau_m s^2 + (k_e + k_2 k_3 k_5)s + k_1 k_2 k_4}$$

第 3 章　控制系统的时域分析

3.1 设系统的初始条件为零,其微分方程式如下

(1) $0.2\dot{c}(t) = 2r(t)$

(2) $0.04\ddot{c}(t) + 0.24\dot{c}(t) + c(t) = r(t)$

试求(1) 系统的脉冲过渡函数;

(2) 在单位阶跃函数作用下系统的过渡过程及超调量 σ_p、峰值时间 t_p、过渡过程时间 t_s。

解 (1) 单位脉冲响应　$g(t) = 10 \cdot 1(t)$

单位阶跃响应　$c(t) = 10t$

(2) 单位脉冲响应　$g(t) = 6.25\,e^{-3t}\sin 4t$

单位阶跃响应　$c(t) = 1 - 1.25\,e^{-3t}\sin(4t + 53.1^\circ)$

$\sigma_p = 9.5\%$　$t_p = 0.785$ s, $t_s = 1$ s(5%), $t_s = 1.33$s(2%)

3.2 典型二阶系统的单位阶跃响应为

$$c(t) = 1 - 1.25\,e^{-1.2t}\sin(1.6t + 53.1^\circ)$$

试求系统的超调量 σ_p、峰值时间 t_p、过渡过程时间 t_s。

解 由单位阶跃响应的表达式知

$$-\xi\omega_n = -0.2$$

$$\omega_n\sqrt{1-\xi^2} = 1.6 \Rightarrow \frac{\xi}{\sqrt{1-\xi^2}} = 0.8$$

$$\sigma_p = e^{-\frac{\xi}{\sqrt{1-\xi^2}}\pi} = 9.45\%$$

$$t_p = \frac{\pi}{\omega_n\sqrt{1-\xi^2}} = 1.96 \text{ s}$$

$$t_s = \frac{3}{\xi\omega_n} = 2.5 \text{ s}(\Delta = 0.05)$$

$$t_s = \frac{4}{\xi\omega_n} = 3.33 \text{ s}(\Delta = 0.02)$$

3.3 系统的单位阶跃响应为

$$c(t) = 1 + 0.2e^{-60t} - 1.2e^{-10t}$$

(1) 试求该系统的闭环传递函数;

(2) 试确定阻尼比 ξ 与无阻尼自振频率 ω_n。

解 (1) $c(0) = 0, \dot{c}(0) = 0$,本题所给单位阶跃响应可认为是零初始条件下的单位阶跃响应

$$C(s) = \frac{1}{s} + \frac{0.2}{s+60} - \frac{1.2}{s+10} = \frac{600}{s(s+60)(s+10)}, \quad R(s) = \frac{1}{s}$$

$$\frac{C(s)}{R(s)} = \frac{600}{(s+60)(s+10)} = \frac{600}{s^2 + 70s + 600}$$

(2) $\omega_n = \sqrt{600} = 10\sqrt{6}$, $2\xi\omega_n = 70$, $\xi = \frac{7}{12}\sqrt{6}$

3.4 已知单位负反馈系统开环传递函数为

$$G(s) = \frac{50}{s(s+10)}$$

试求(1) 系统的脉冲过渡函数；

(2) 当初始条件 $c(0) = 1, \dot{c}(0) = 0$ 时系统的输出特性；

(3) 当 $r(t) = 1(t)$ 时的过渡过程；

(4) 当 $c(0) = 1, \dot{c}(0) = 0$ 与 $r(t) = 1(t)$ 同时加入时系统的输出特性及超调量 σ_P、过渡过程时间 t_s。

解 (1) 特征方程 $1 + G(s) = 0 \Rightarrow s^2 + 10s + 50 = 0$

$$\omega_n = \sqrt{50} = 5\sqrt{2}, \quad 2\xi\omega_n = 10, \quad \xi\omega_n = 5$$

$$\xi = \frac{5}{5\sqrt{2}} = \frac{1}{\sqrt{2}}, \quad \sqrt{1-\xi^2} = \frac{1}{\sqrt{2}}, \quad w_d = \omega_n\sqrt{1-\xi^2} = 5$$

脉冲过渡函数 $\quad g(t) = \frac{\omega_n}{\sqrt{1-\xi^2}} e^{-\xi\omega_n t} \sin\omega_n\sqrt{1-\xi^2}\, t =$

$$\frac{5\sqrt{2}}{\frac{1}{\sqrt{2}}} e^{-5t} \sin 5t = 10 e^{-5t} \sin 5t$$

(2) $C(s) = \frac{w_n^2}{s^2 + 2\xi\omega_n s + w_n^2} R(s) + \frac{c(0)(s + 2\xi\omega_n) + \dot{c}(0)}{s^2 + 2\xi\omega_n s + w^2 n} =$

$$\frac{50}{s^2 + 10s + 50} R(s) + \frac{s + 10}{s^2 + 10s + 50}$$

(3) $\theta = \arctan^{-1}\frac{\sqrt{1-\xi^2}}{\xi} = \arctan^{-1} 1 = 45°$

$$c(t) = 1 - \frac{e^{-\xi\omega_n t}}{\sqrt{1-\xi^2}} \sin(\omega_n\sqrt{1-\xi^2}\, t + \theta) =$$

$$1 - \sqrt{2}\, e^{-5t} \sin(5t + 45°)$$

(4) $c(t) = c_1(t) + c_2(t)$

$c_1(t)$ 为初始条件为零时的单位阶跃响应

$$\theta = \tan^{-1}\frac{\omega_n\sqrt{1-\xi^2}}{\xi\omega_n + \frac{\dot{c}(0)}{c(0)}} = \tan^{-1}\frac{\sqrt{1-\xi^2}}{\xi} = \tan^{-1} 1 = 45°$$

$$c_2(t) = \sqrt{[c(0)]^2 + \left[\frac{c(0)\xi\omega_n + \dot{c}(0)}{\omega_n\sqrt{1-\xi^2}}\right]^2}\, e^{-\xi\omega_n t} \sin(\omega_d t + \theta) =$$

$$\sqrt{2}\,\mathrm{e}^{-5t}\sin\,(5t+45°)$$

$$c(t)=1-\sqrt{2}\,\mathrm{e}^{-5t}\sin\,(5t+45°)+\sqrt{2}\,\mathrm{e}^{-5t}\sin\,(5t+45°)=1$$

$$\sigma_p=0,\qquad t_s=0$$

3.5 设单位负反馈系统的开环传递函数为

$$G(s)=\frac{1}{s(s+1)}$$

试求系统反应单位阶跃函数的过渡过程的上升时间 t_r、峰值时间 t_p、超调量 σ_p 和过渡过程时间 t_s。

解 特征方程 $\quad 1+\dfrac{1}{s(s+1)}=0,\quad s^2+s+1=0$

$$\omega_n^2=1,\quad \omega_n=1,\quad 2\xi\omega_n=1,\quad \xi=0.5,\quad \xi\omega_n=0.5$$

$$\sqrt{1-\xi^2}=\sqrt{1-0.25}=\sqrt{0.75}=0.5\sqrt{3}$$

$$\omega_d=\omega_n\sqrt{1-\xi^2}=0.5\sqrt{3}\,;\quad \theta=\arctan\frac{\sqrt{1-\xi^2}}{\xi}=\frac{\pi}{3}$$

$$t_r=2.42\ \mathrm{s},\quad t_p=3.63\ \mathrm{s},\quad \sigma_p=16\%$$

$$t_s=6\ \mathrm{s}(\Delta=0.05),\quad t_s=8\ \mathrm{s}(\Delta=0.02)$$

3.6 试求图题 3.6 所示系统的阻尼比 ξ、无阻尼自振频率 ω_n 及反应单位阶跃函数的过渡过程的峰值时间 t_p、超调量 σ_p。系统的参数是：

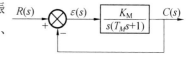

图题 3.6　控制系统方块图

(1) $K_M=10\ \mathrm{s}^{-1},T_M=0.1\ \mathrm{s}$

(2) $K_M=20\ \mathrm{s}^{-1},T_M=0.1\ \mathrm{s}$

解 (1) $\omega_n=10,\quad \xi=0.5,\quad t_p=0.36\ \mathrm{s},\quad \sigma_p=16\%$

(2) $\omega_n=10\sqrt{2}=14.1,\quad \xi=\dfrac{\sqrt{2}}{4}=0.354$

$$\sigma_p=30.5\%,\quad t_p=0.24\ \mathrm{s}$$

3.7 设系统的闭环传递函数为

$$\frac{C(s)}{R(s)}=\frac{\omega_n^2}{s^2+2\xi\omega_n s+\omega_n^2}$$

为使系统阶跃响应有 5% 的超调量和 $2\ \mathrm{s}$ 的过渡过程时间，试求 ξ 和 ω_n。

解
$$\sigma_p=0.05\Rightarrow\xi=0.69$$

$$t_s=2\ \mathrm{s}\quad \Delta=0.05\Rightarrow\omega_n=2.17$$

$$t_s=2\ \mathrm{s}\quad \Delta=0.02\Rightarrow\omega_n=2.90$$

3.8 对由如下闭环传递函数表示的三阶系统

$$\frac{C(s)}{R(s)}=\frac{816}{(s+2.74)(s+0.2+j0.3)(s+0.2-j0.3)}$$

试求：

(1) 单位阶跃响应曲线；

(2) 取闭环主导极点之后，再求单位阶跃响应曲线；

（3）将上述两条曲线画在一张坐标纸上，并比较性能指标。

解　一对共轭复极点与虚轴距离是 0.2，负实数极点与虚轴距离是 2.74，故复数极点是主导极点。取主导极点，即略去实数极点，传递函数应为

$$G_1(s) = \frac{816/2.74}{(s+0.2+80.3j)(s+0.2-80.3)}$$

$G(s)$ 与 $G_1(s)$ 的单位阶跃响应曲线比较接近。

3.9　由实验测得二阶系统的单位阶跃响应曲线 $c(t)$ 如图题 3.9 所示，试计算系统参数 ξ 及 ω_n。

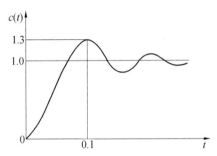

图题 3.9　二阶系统的单位阶跃响应

解
$$\sigma_p = \mathrm{e}^{-\frac{\xi\pi}{\sqrt{1-\xi^2}}} = 0.3 \Rightarrow \xi = 0.36$$

$$t_p = \frac{\pi}{\omega_n\sqrt{1-\xi^2}} = 0.1 \Rightarrow \omega_n = 33.7 \ \mathrm{rad/s}$$

3.10　已知控制系统的方块图如图题 3.10 所示。要求系统的单位阶跃响应 $c(t)$ 具有超调量 $\sigma_p = 16.3\%$ 和峰值时间 $t_p = 1\mathrm{s}$。试确定前置放大器的增益 K 及内反馈系数 τ。

解　特征方程
$$s^2 + (1+10\tau)s + 10k = 0$$

$$\omega_n^2 = 10k, \quad 2\xi\omega_n = 1+10\tau$$

$$\sigma_p = 0.163 \Rightarrow \xi = 0.5$$

$$t_p = 1 \Rightarrow \omega_n = 3.63$$

$$k = 1.32, \quad \tau = 0.263$$

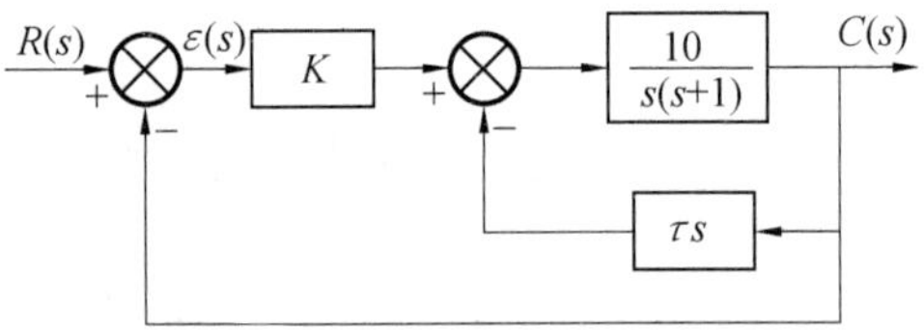

3.11　已知系统非零初始条件下的单位阶跃响应为

$$c(t) = 1 + \mathrm{e}^{-t} - \mathrm{e}^{-2t} \qquad (t \geqslant 0)$$

传递函数分子为常数，求该系统的传递函数。

图题 3.10　控制系统方块图

解　由 $c(t) = 1 + \mathrm{e}^{-t} - \mathrm{e}^{-2t}$ 知稳态响应是 1，系统的放大系数是 1，暂态响应有 2 项，是二阶系统，极点为 $-1, -2$，故

$$\frac{C(s)}{R(s)} = \frac{1 \times 2}{(s+1)(s+2)} = \frac{2}{s^2+3s+2}$$

3.12　已知二阶系统的闭环传递函数为 $\Phi(s) = \dfrac{C(s)}{R(s)} = \dfrac{\omega_n^2}{s^2+2\xi\omega_n s+\omega_n^2}$，试在同一〔s〕平面上画出对应图题 3.12 中三条单位阶跃响应曲线的闭环极点相对位置，并简要说明。图中 t_{s1}, t_{s2} 分别是曲线 ①、曲线 ② 的过渡过程时间，t_{p1}, t_{p2}, t_{p3} 分别是曲线 ①，②，③ 的

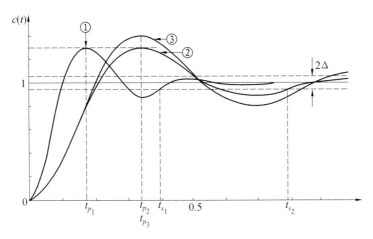

图题 3.12 二阶系统的单位阶跃响应

峰值时间。

解 设 3 个系统对应的闭环极点分别是 $s_1,s_1^*,s_2,s_2^*,s_3,s_3^*$。

$\sigma_{p1}=\sigma_{p2}\Rightarrow\xi_1=\xi_2\Rightarrow\theta_1=\theta_2$，$s_1$ 与 s_2 在同一阻尼比线上；

$t_{s1}<t_{s2}\Rightarrow\xi_1\omega_{n1}>\xi_2\omega_{n2}$，$s_1$ 离虚轴比 s_2 远；

$t_{p_2}=t_{p_3}\Rightarrow\omega_{d2}=\omega_{d3}$，$s_2$ 与 s_3 虚部相同；

$\sigma_{p3}>\sigma_{p2}\Rightarrow\xi_3<\xi_2,\theta_3>\theta_2$ 极点位置见图题 3.12(a)。

3.13 控制系统方块图如图题 3.13 所示。要求系统的单位阶跃响应具有超调量 $\sigma_p=20\%$，过渡过程时间 $t_s\leqslant 1.5$ s(取 $\Delta=0.05$)，试确定 K 与 b 值。

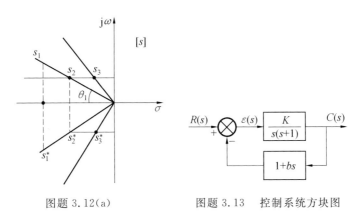

图题 3.12(a)　　　　图题 3.13 控制系统方块图

解 特征方程是 $s^2+(1+kb)s+k=0$

$k=\omega_n^2,\quad b=(2\xi\omega_n-1)/\omega_n^2$

$\sigma_p=0.2\Rightarrow\xi=0.456$

$t_s=1.5\Rightarrow\xi\omega_n=2,\quad \omega_n=4.385$

$\omega_n^2=19.23\Rightarrow k=19.23,\quad b=0.156$

3.14 已知控制系统的特征方程为

(1)$s^4+2s^3+s^2+2s+1=0$

$(2)s^6 + 2s^5 + 8s^4 + 12s^3 + 20s^2 + 16s + 16 = 0$

试分析系统的稳定性。

解 （1）劳斯表第 1 列元素符号改变 2 次,有 2 个正实部特征根,系统不稳定。

（2）劳斯表有一行元素全为零,进一步可求得有 2 对纯虚数根,系统不稳定(临界稳定)。

3.15 已知单位负反馈系统的开环传递函数为

$(1)\ G(s) = \dfrac{10(s+1)}{s(s-1)(s+5)}$

$(2)\ G(s) = \dfrac{10}{s(s-1)(2s+3)}$

$(3)\ G(s) = \dfrac{24}{s(s+2)(s+4)}$

$(4)\ G(s) = \dfrac{100}{(0.1s+1)(s+5)}$

$(5)\ G(s) = \dfrac{3s+1}{s^2(300s^2+600s+50)}$

试分析闭环系统的稳定性。

解 （1）劳斯表第 1 列元素全为正数,系统稳定。

（2）劳斯表第 1 列元素符号改变 2 次,2 个正实部特征根,系统不稳定。

（3）稳定。（4）稳定。（5）劳斯表第 1 列元素符号改变 2 次,2 个正实部特征根,系统不稳定。

3.16 试分析图题 3.16(a),(b) 所示系统的稳定性。

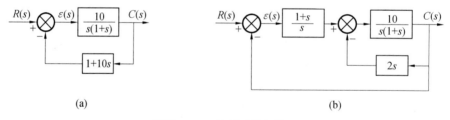

图题 3.16 控制系统方块图

解 （a）稳定;（b）特征方程是 $s^3 + 21s^2 + 10s + 10 = 0$,稳定。

3.17 已知单位负反馈系统的开环传递函数为

$$G(s) = \dfrac{K}{s(s+1)(s+2)}$$

试应用劳斯稳定判据确定欲使闭环系统稳定时开环放大倍数 K 的取值范围。

解 特征方程是 $s^3 + 3s^2 + 2s + k = 0$,用劳斯稳定判据知稳定的条件是 $6 - k > 0$,及 $k > 0$,故有 $0 < k < 6$。

3.18 设单位负反馈系统的开环传递函数为

$$G(s) = \dfrac{K}{(s+2)(s+4)(s^2+6s+25)}$$

试应用劳斯稳定判据确定 K 为多大值时,将使系统振荡,并求出振荡频率。

解 特征方程是 $s^4 + 12s^3 + 69s^2 + 198s + 200 + k = 0$

劳斯表是

s^4	1	69	$200 + k$
s^3	12	198	
s^2	52.5	$200 + k$	
s^1	$7995 - 12k$		
s^0	$200 + k$		

令 s^1 所在行为零得 $k = 666.25$。

由 s^2 行得 $\qquad\qquad 52.5s^2 + 200 + 666.25 = 0$

$s = \pm 4.062i$　振荡角频率 $\omega = 4.062$ rad/s。

3.19 已知系统方块图如图题 3.19 所示,要求:

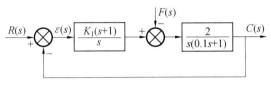

图题 3.19　控制系统方块图

(1) 当 $r(t) = 2t^2$ 时,$e_{ssr}(t) \leqslant 0.1$

(2) 当 $f(t) = t$ 时,$e_{ssf}(t) \leqslant 0.1$

试确定 K_1 的值。

解　(1) 系统为 Ⅱ 型系统,开环放大系数

$$K = \lim_{s \to 0} \frac{K_1(s+1)}{s} \cdot \frac{2}{s(0.1s+1)} s^2 = 2K_1$$

当 $r(t) = 2t^2 = 4 \times \frac{1}{2} t^2$ 时

$$e_{ssr}(\infty) = 4 \times \frac{1}{K} = \frac{4}{2K_1} = \frac{2}{K_1} \leqslant 0.1$$

$$K_1 \geqslant 20$$

(2)

$$\frac{\varepsilon(s)}{F(s)} = \frac{\dfrac{2}{s(0.1s+1)}}{1 + \dfrac{K_1(s+1)}{s} \cdot \dfrac{2}{s(0.1s+1)}} =$$

$$\frac{2s}{0.1s^3 + s^2 + 2K_1 s + 2K_1}$$

只要 $K_1 > 0$,该系统就是稳定的

$$f(t) = t, \quad F(s) = \frac{1}{s^2}$$

$$e_{ssf}(\infty) = \lim_{s \to 0} s\varepsilon(s) = \lim_{s \to 0} s \cdot \frac{2s}{0.1s^3 + s^2 + 2K_1 s + 2K_1} \cdot \frac{1}{s^2} = \frac{2}{2K_1} = \frac{1}{K_1}$$

$$e_{ssf}(\infty) \leqslant 0.1 \Rightarrow \frac{1}{K_1} \leqslant 0.1, K_1 \geqslant 10$$

3.20 已知单位负反馈系统的开环传递函数为

$$G(s) = \frac{K}{s(s^2 + 8s + 25)}$$

试根据下述要求确定 K 的取值范围

（1）使闭环系统稳定；

（2）当 $r(t) = 2t$ 时,其稳态误差 $e_{ss}(t) \leqslant 0.5$。

解 （1）系统的特征方程是

$$s^3 + 8s^2 + 25s + K = 0$$

由劳斯稳定判据可知稳定的条件是

$$200 - K > 0, K > 0, 即 0 < K < 200$$

$$(2) K_V = \lim_{s \to 0} sG(s) = \frac{K}{25}$$

当 $r(t) = 2t, e_{ss}(\infty) = 2 \times \frac{1}{K_V} = \frac{50}{K} \leqslant 0.5, K \geqslant 100$

系统必须是稳定的,因此有 $100 \leqslant K < 200$。

3.21 图题 3.21 所示为仪表随动系统方块图,试求取 $r(t)$ 为下述各种情况时的稳态误差。

（1）$r(t) = 1(t)$

（2）$r(t) = 10 \cdot 1(t)$；

（3）$r(t) = 4 + 6t + 3t^2$

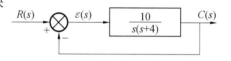

图题 3.21　随动系统方块图

解 该系统是 Ⅰ 型系统,对阶跃信号的稳态误差为零,因此,当 $r(t) = 1(t)$ 及 $r(t) = 10 \cdot 1(t)$ 时,稳态误差为零。

$$\Phi_e(s) = \frac{E(s)}{R(s)} = \frac{\varepsilon(s)}{R(s)} = \frac{1}{1 + G(s)} =$$

$$\frac{4s + s^2}{10 + 4s + s^2} = 0.4s - 0.06s^2 + \cdots$$

$$E(s) = 0.4s \cdot R(s) - 0.06s^2 R(s) + \cdots$$

$$e_{ss}(t) = 0.4\dot{r}(t) - 0.06\ddot{r}(t) + \cdots$$

可见,当 $r(t) = 1(t)$ 或 $r(t) = 10 \cdot 1(t)$ 时,$e_{ss}(t) = 0$

若 $r(t) = 4 + 6t + 3t^2$,有 $\dot{r} = 6 + 6t, \ddot{r}(t) = 6$

$$e_{ss}(t) = 2.04 + 2.4t$$

3.22 已知单位负反馈系统开环传递函数如下,试分别求出当 $r(t) = 1(t)$、t、t^2 时系统的稳态误差终值。

（1）$G(s) = \frac{100}{(0.1s + 1)(0.5s + 1)}$

（2）$G(s) = \frac{4(s + 3)}{s(s + 4)(s^2 + 2s + 2)}$

（3）$G(s) = \frac{8(0.5s + 1)}{s^2(0.1s + 1)}$

解(1)0 型系统,$K = 100, t(t) = 1(t)$

$$e_{ss}(\infty) = \frac{1}{1+K} = \frac{1}{101} = 0.0099$$

当 $r(t) = t$ 及 $r(t) = t^2$，$e_{ss}(\infty) = \infty$

(2)1 型系统 $K_V \dfrac{4 \times 3}{4 \times 2} = 1.5$

$$r(t) = 1(t)，e_{ss}(\infty) = 0$$

$$r(t) = t，e_{ss}(\infty) = \frac{1}{K_V} = \frac{1}{1.5} = 0.667$$

$$r(t) = t^2，e_{ss}(\infty) = \infty$$

(3)2 型系统，$K_a = 8$，当 $r(t) = 1(t)$ 及 $r(t) = t$ 时，$e_{ss}(\infty) = 0$

当 $r(t) = t^2 = 2 \times \dfrac{1}{2} t^2$，$e_{ss}(\infty) = 2 \times \dfrac{1}{K_a} = 2 \times \dfrac{1}{8} = 0.25$

3.23   假设可用传递函数 $\dfrac{C(s)}{R(s)} = \dfrac{1}{Ts+1}$ 描述温度计的特性，现在用温度计测量盛在容器内的水温，需要一分钟时间才能指出实际水温的 98% 的数值。如果给容器加热，使水温依 $10℃/\min$ 的速度线性变化，问温度计的稳态误差有多大?

解   由题意，该一阶系统的调整时间$(\Delta = 0.02)t_s = 1\min$，但 $t_s = 4T$，故 $T = 0.25\min$

输入量 $r(t) = 10t \Rightarrow R(s) = \dfrac{10}{s^2}$

$$C(s) = \frac{1}{Ts+1} R(s) = \frac{10}{s^2(Ts+1)}$$

$$c(t) = 10t - 10T + 10T e^{-\frac{1}{T}t}$$

$c(t)$ 的稳态分量为 $c_{ss}(t) = 10t - 10T$

稳态误差 $e_{ss}(t) = r(t) - c_{ss}(t) = 10T = 10 \times 0.25 = 2.5$

稳态误差为 $2.5 ℃$。

3.24   设控制系统如图题 3.24 所示，控制信号为 $r(t) = 1(t)\mathrm{rad}$。试分别确定当 K_h 为 1 和 0.1 时，系统输出量的位置误差。

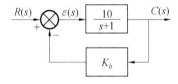

图题 3.24   控制系统方块图

解   (1)$K_h = 1$ 时，误差 $e(t)$ 为

$$e(t) = r(t) - c(t) = \varepsilon(t)，r(t) = 1(t)$$

$$E(s) = \varepsilon(s) = \frac{1}{1 + \dfrac{10}{s+1}} \cdot \frac{1}{s} = \frac{1}{s(s+11)}$$

$$e_{ss}(\infty) = \lim_{s \to 0} s \cdot E(s) = \frac{1}{11} \text{ 或 } e_{ss}(\infty) = \frac{1}{1+K_p} = \frac{1}{11}$$

(2)$K_h = 0.1$，误差 $e(t)$ 为

$$e(t) = \frac{1}{K_h}\varepsilon(t) = 10\varepsilon(t)$$

$$\varepsilon_{ss} = \lim_{s \to 0} s \cdot \varepsilon(s) = \lim_{s \to 0} s \cdot \frac{1}{1 + \dfrac{10 \times 0.1}{s+1}} \cdot \frac{1}{s} = \frac{1}{2}$$

$$e_{ss} = 10 \times \frac{1}{2} = 5$$

3.25　图题 3.25 所示为调速系统方块图，图中 $K_h = 0.1\text{V/rad/s}$。当输入电压为 10V 时，试求稳态偏差与稳态误差。

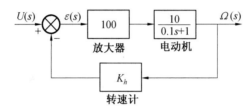

图题 3.25　调速系统方块图

解　$\dfrac{\varepsilon(s)}{U(s)} = \dfrac{1}{1 + \dfrac{1\,000K_h}{0.1s+1}} = \dfrac{0.1s+1}{0.1s+1+1\,000K_h} = \dfrac{0.1s+1}{0.1s+101}$

稳态偏差 $\varepsilon(t)$ 的终值 $\varepsilon_{ss}(\infty)$ 为

$$\varepsilon_{ss}(\infty) = \lim_{s \to 0} s\varepsilon(s) = \lim_{s \to 0} s \cdot \frac{0.1s+1}{0.1s+101} \cdot \frac{10}{s} = \frac{10}{101}$$

稳态误差　　$e_{ss}(\infty) = \dfrac{\varepsilon_{ss}(\infty)}{K_h} = \dfrac{1}{0.1} \times \dfrac{10}{101} = \dfrac{100}{101}$

3.26　具有干扰输入 $f(t)$ 的控制系统如图题 3.26 所示。试计算干扰输入时系统的稳态误差。其干扰信号为 $f(t) = R_f \cdot 1(t)$。

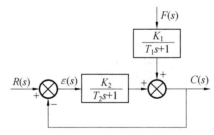

图题 3.26　控制系统方块图

解　$e_{ss}(\infty) = 0 - c(\infty) = -\lim_{s \to 0} s \cdot \dfrac{\dfrac{K_1}{T_1 s+1}}{1 + \dfrac{K_2}{T_2 s+1}} \cdot \dfrac{R_f}{s} =$

$$-\frac{K_1 R_f}{1 + K_2}$$

3.27　对图题 3.27 所示控制系统，要求：

（1）在 $r(t)$ 作用下，过渡过程结束后，$c(t)$ 以 2 rad/s 变化，其 $e_{ssr}(t) = 0.01$ rad；

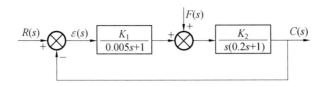

图题 3.27　控制系统方块图

（2）当 $f(t)=-1(t)$ 时，$e_{ssf}(t)=0.1$ rad。

试确定 K_1、K_2 的值，并说明要提高系统控制精度 K_1、K_2 应如何变化？

解　系统特征方程是 $1+\dfrac{K_1}{0.005s+1}\cdot\dfrac{K_2}{s(0.2s+1)}=0$

即　　　　　　　　　　　$s^3+205s^2+1\,000s+1\,000K_1K_2=0$

当 $0<K_1K_2<205$ 时，系统稳定

$$(1)\,c(t)=2t,r(t)=2t,K_V=\lim_{s\to0}\frac{K_1}{0.005s+1}\cdot\frac{K_2}{s(0.2s+1)}\cdot s=K_1K_2$$

$$e_{ssr}(\infty)=\frac{1}{K_1K_2}\times2=0.01,\ K_1K_2=200$$

$$(2)\,E_{ssf}(s)=\frac{\dfrac{-K_2}{s(0.2s+1)}}{1+\dfrac{K_1}{0.005s+1}\cdot\dfrac{K_2}{s(0.2s+1)}}\cdot\frac{-1}{s}=$$

$$\frac{K_2(0.005s+1)}{s(0.005s+1)(0.2s+1)+K_1K_2}\cdot\frac{1}{s}$$

$$e_{ssf}(\infty)=\lim_{s\to0}s\cdot E_{ssf}(s)=\frac{K_2}{K_1K_2}=\frac{1}{K_1}=0.1,K_1=10$$

取 $K_1K_2=200,K_1=10,K_2=20$，满足上述两项要求

$$e_{ss}(\infty)=e_{ssr}(\infty)+e_{ssf}(\infty)=\frac{2}{K_1K_2}+\frac{1}{K_1}$$

因 $K_1K_2<205$，故保持 $K_1K_2=200$ 不变，增大 K_1，（同时减小 K_2）可减小扰动信号引起的误差，又保证参考信号引起的误差不变，从而提高系统的精度。

3.28　设单位负反馈系统的开环传递函数为

$$G(s)=\frac{100}{s(0.1s+1)}$$

试求当输入信号 $r(t)=\sin 5t$ 时，系统的稳态误差。

解　（1）采用动态误差系数法

$$\Phi_e(s)=\frac{E(s)}{R(s)}=\frac{1}{1+G(s)}=\frac{s+0.1s^2}{100+s+0.1s^2}=$$

$$10^{-2}s+9\times10^{-4}s^2-1.9\times10^{-5}s^3-7.1\times10^{-7}s^4+\cdots$$

$$r(t)=\sin 5t,\dot r(t)=5\cos 5t,\ddot r(t)=-25\sin 5t,$$

$$\dddot r(t)=-125\cos 5t,\frac{\mathrm{d}^4r}{\mathrm{d}t^4}=625\sin 5t,\cdots$$

$$e_{ss}(t)=10^{-2}\dot r(t)+9\times10^{-4}\ddot r(t)-1.9\times10^{-5}\dddot r(t)-7.14\times10^{-7}\frac{\mathrm{d}^4r}{\mathrm{d}t^4}+\cdots=$$

$$0.05\cos 5t - 9\times 10^{-4}\times 25\sin 5t + 1.9\times 10^{-5}\times 125\cos 5t -$$
$$7.1\times 10^{-7}\times 625\sin 5t + \cdots =$$
$$0.05237\cos 5t - 0.02294\sin 5t =$$
$$0.05716\sin(5t + 1.98304)$$

（2）先求 $E(s)$，再取拉氏及变换

$$E(s) = \Phi_e(s)R(s) = \frac{s^2 + 10s}{s^2 + 10s + 1\,000} \cdot \frac{5}{s^2 + 25} =$$

$$\frac{as + b}{s^2 + 10s + 1\,000} + \frac{cs + d}{s^2 + 25} \Rightarrow$$

$$\begin{cases} a + c = 0 \\ b + 10c + d = 5 \\ 25a + 1\,000c + 10d = 50 \\ 25b + 1\,000d = 0 \end{cases} \Rightarrow \begin{cases} a = -0.05246 \\ b = 4.56 \\ c = 0.05246 \\ d = -0.11475 \end{cases}$$

$E(s)$ 表达式中第一项是暂态分量，第二项是稳态分量，对稳态分量即式 $(0.05246s - 0.11475)/(s^2 + 25)$ 取拉氏反变换后，结果同前。说明：由于 $R(s)$ 含有一对纯虚数极点，$sE(s) = s\Phi_e(s)R(s)$，不满足终值定理条件，所以本题不能用终值定理求解。本题的输入信号是正弦信号，所以最好用第 5 章介绍的频率特性法求解。

3.29 控制系统方块图如图题 3.29 所示。当干扰信号分别为 $f(t) = 1(t)$，$f(t) = t$ 时，试计算下列两种情况下系统响应干扰信号 $f(t)$ 的稳态误差。

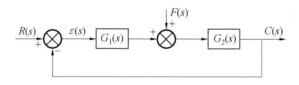

图题 3.29 控制系统方块图

（1）$G_1(s) = K_1$

$$G_2(s) = \frac{K_2}{s(T_2 s + 1)}$$

（2）$G_1(s) = \frac{K_1(T_1 s + 1)}{s}$

$$G_2(s) = \frac{K_2}{s(T_2 s + 1)} \quad (T_1 > T_2)$$

解 （1）$f(t) = 1(t)$，稳态误差为 $-1/K_1$；$f(t) = t$ 时，稳态误差终值为 ∞。

（2）$f(t) = 1(t)$，稳态误差为 0；$f(t) = t$ 时，稳态误差为 $-1/K_1$。$T_1 > T_2$，系统是稳定的。

3.30 在图题 3.30 所示系统中，输入信号为 $r(t) = at$，a 是任意常数。设误差 $e(t) = r(t) - c(t)$。试证明通过适当地调节 K_i 的值，使该系统由斜坡输入信号引起的稳态误差能达到零。

解 $\Phi(s) = \dfrac{C(s)}{R(s)} = \dfrac{K(K_i s + 1)}{s(Ts + 1) + K}$，$R(s) = \dfrac{a}{s^2}$

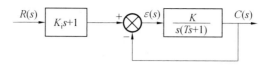

图题 3.30 控制系统方块图

$$\Phi_e(s) = \frac{E(s)}{R(s)} = \frac{R(s) - C(s)}{R(s)} = 1 - \frac{C(s)}{R(s)} =$$

$$\frac{s(Ts + 1 - KK_i)}{s(Ts + 1) + K}$$

$T > 0, K > 0$,系统稳定。

$$e_{ss}(\infty) = \lim_{s \to 0} sE(s) = \lim_{s \to 0} s \cdot \frac{s(Ts + 1 - KK_i)}{s(Ts + 1) + K} \cdot \frac{a}{s^2} =$$

$$\frac{a(1 - KK_i)}{K}$$

若 $e_{ss}(\infty) = 0 \Rightarrow 1 - KK_i = 0$,所以 $KK_i = 1, K_i = 1/K$

3.31 复合控制系统如图题 3.31 所示。若使系统的类型数由 Ⅰ 型提高到 Ⅱ 型,试求 λ 的值 。

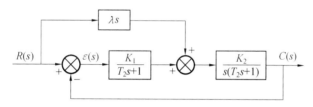

图题 3.31 复合控制系统方块图

解 $\Phi_e(s) = \frac{E(s)}{R(s)} = \frac{\varepsilon(s)}{R(s)} = \frac{1 - \dfrac{K_2}{s(T_2s + 1)}\lambda s}{1 + \dfrac{K_1}{T_1s + 1} \cdot \dfrac{K_2}{s(T_2s + 1)}} =$

$$\frac{s(T_1s + 1)(T_2s + 1 - K_2\lambda)}{s(T_1s + 1)(T_2s + 1) + K_1 K_2}$$

当 $1 - K_2\lambda = 0$,系统是 Ⅱ 型系统,$\lambda = 1/K_2$。

3.32 如图题 3.32 所示复合控制系统,为使系统由原来的 Ⅰ 型提高到 Ⅲ 型,设

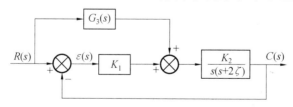

图题 3.32 复合控制系统方块图

$$G_3(s) = \frac{\lambda_2 s^2 + \lambda_1 s}{Ts + 1}$$

已知系统参数 $K_1 = 2, K_2 = 50, \xi = 0.5, T = 0.2$,试确定顺馈参数 λ_1 及 λ_2。

解　$\Phi_e(s)=\dfrac{E(s)}{R(s)}=\dfrac{\varepsilon(s)}{R(s)}=\dfrac{1-\dfrac{\lambda_2s^2+\lambda_1s}{Ts+1}\cdot\dfrac{K_2}{s(s+2\xi)}}{1+\dfrac{K_1K_2}{s(s+2\xi)}}=$

$$\dfrac{Ts^3+(2\xi T+1-\lambda_2K_2)s^2+(2\xi-\lambda_1K_2)s}{Ts^3+(2\xi T+1)s^2+(2\xi+K_1K_2T)s+K_1K_2}$$

若 $2\xi-\lambda_1K_2=0,2\xi T+1-\lambda_2K_2=0$，则系统是 Ⅲ 型系统。

即 $\lambda_1=\dfrac{2\xi}{K_2}$，$\lambda_2=\dfrac{2\xi T+1}{K_2}$

$$\lambda_1=\dfrac{2\times0.5}{50}=0.02,\quad \lambda_2=\dfrac{2\times0.5\times0.2+1}{50}=0.024$$

3.33　比较图题1.1与图题1.2所示两个液面控制系统,对于阶跃干扰信号而言,哪个系统存在误差,哪个系统不存在误差? 并说明道理。

解　对于阶跃干扰信号,图题1.1系统不存在误差,图题1.2存在误差。参考输入到干扰信号相加点之间的通路上,图题1.1有一个积分环节(电机),而图题1.2没有积分环节,而是比例环节(杠杆)。另外,图题1.2中,若浮子处于理想位置,则阀的开度是一定的,不可能补偿干扰信号引起的流出量变化。而图题1.1中,当浮子经过变动又恢复到理想位置时,由于电机转动使阀开度发生变化,有可能补偿干扰信号引起的流出量变化。

第4章　根轨迹法

4.1　单位负反馈系统的开环传递函数为

$$G(s)=\dfrac{k}{s(s^2+2s+2)}$$

试绘制系统的根轨迹图。

解　根轨迹见图4.1,3支根轨迹,起始于 $0,-1\pm j$,终止于无穷远。渐近线在实轴上的交点是 $-2/3$,实轴根轨迹:$(-\infty,0]$,根轨迹出射角是 $45°$,与虚轴交点是 $\pm\sqrt{2}j$, $k=4$。

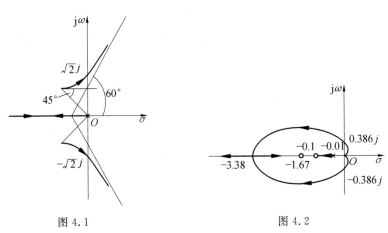

图 4.1　　　　　　　　图 4.2

4. 2   负反馈系统的开环传递函数为

$$G(s)H(s) = \frac{k(s+0.1)(0.6s+1)}{s^2(s+0.01)}$$

试绘制系统的根轨迹图。

解   根轨迹见图 4.2。详见第 1 篇第 3 章例 3。

4. 3   单位负反馈系统的开环传递函数为

$$G(s) = \frac{K(0.25s+1)}{s(0.5s+1)}$$

试应用根轨迹法确定系统瞬态响应无振荡分量时的开环增益 K。

解   根轨迹见图 4.3。特征根全是负实数,系统瞬态响应无振荡分量。根轨迹与实轴的分离点和会合点分别是 -1.17 和 -6.83,对应的 K 为 0.686 和 23.314,故 $K < 0.686$ 或 $K > 23.32$。

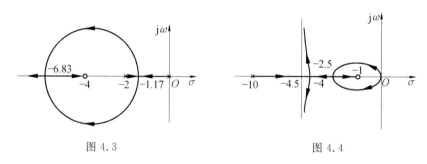

图 4.3   图 4.4

4. 4   负反馈系统的开环传递函数为

$$G(s)H(s) = \frac{K(s+1)}{s^2(0.1s+1)}$$

试绘制系统的根轨迹图。

解   根轨迹见图 4.4。

4. 5   非最小相位负反馈系统的开环传递函数为

$$G(s)H(s) = \frac{k(s+1)}{s(s-3)}$$

试绘制系统的根轨迹图。

解   根轨迹见图 4.5。

4. 6   负反馈系统的开环传递函数为

$$G(s)H(s) = \frac{k(s+2)}{s(s+3)(s^2+2s+2)}$$

试绘制系统的根轨迹图。

解   根轨迹见图 4.6。

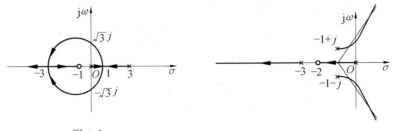

图 4.5

图 4.6

4.7 单位负反馈系统的开环传递函数为

$$G(s) = \frac{K}{s(0.1s+1)(s+1)}$$

试绘制系统的根轨迹图,并求 K 为何值时系统将不稳定。

解 根轨迹见图 4.7。根轨迹交虚轴于 $\pm\sqrt{10}\,\mathrm{j}$,对应的 K 值为 11,当 $K > 11$,不稳定。

4.8 负反馈系统的开环传递函数为

$$G(s)H(s) = \frac{k}{(s+1)(s+2)(s+4)}$$

试证明 $s_1 = -1 + \mathrm{j}\sqrt{3}$ 在该系统的根轨迹上,并求出相应的 k 值。

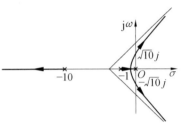

图 4.7

解 $s_1 = -1 + \mathrm{j}\sqrt{3}$

$$\angle G(s_1)H(s_1) = -\angle(s_1+1) - \angle(s_1+2) - \angle(s_1+4) =$$
$$-\angle \mathrm{j}\sqrt{3} - \angle(1+\mathrm{j}\sqrt{3}) - \angle(3+\mathrm{j}\sqrt{3}) =$$
$$-90° - \arctan\sqrt{3} - \arctan\frac{\sqrt{3}}{3} = -90° - 60° - 30° = -180°$$

所以 s_1 在根轨迹上。

$$|G(s_1)H(s_1)| = \frac{k}{|s_1+1|\cdot|s_1+2|\cdot|s_1+4|} =$$
$$\frac{k}{|\mathrm{j}\sqrt{3}|\cdot|1+\mathrm{j}\sqrt{3}|\cdot|3+\mathrm{j}\sqrt{3}|} =$$
$$\frac{k}{\sqrt{3}\times2\times\sqrt{12}} = \frac{k}{12} = 1, \; k = 12$$

4.9 单位负反馈系统的开环传递函数为

$$G(s) = \frac{k}{s(s+3)(s+7)}$$

试确定使系统具有欠阻尼阶跃响应特性的 k 的取值范围。

解 根轨迹见图 4.8。

分离点是 -1.31,对应的 k 是 12.6,根轨迹与虚轴交于 $\pm\sqrt{21}\mathrm{j} = \pm4.58\mathrm{j}$,对应的 k 是 210。当

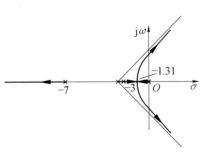

图 4.8

$12.6 < k < 210$ 时,系统具有一对负实部共轭复(虚)数极点,具有欠阻尼阶跃响应。

第5章　频率特性法

5.1 系统的闭环传递函数为

$$\Phi(s) = \frac{C(s)}{R(s)} = \frac{K(T_2 s + 1)}{T_1 s + 1}$$

输入信号为 $r(t) = R\sin\omega t$,求系统的稳态输出。

解　$\Phi(s) = \dfrac{C(s)}{R(s)} = \dfrac{K(T_2 s + 1)}{T_1 s + 1}$,$\Phi(j\omega) = \dfrac{K(jT_2\omega + 1)}{jT_1\omega + 1}$

$$|\Phi| = \frac{K\sqrt{T_2^2\omega^2 + 1}}{\sqrt{T_1^2\omega^2 + 1}} \qquad \angle\Phi = \arctan T_2\omega - \arctan T_1\omega$$

$$c_{ss}(t) = R\frac{K\sqrt{T_2^2\omega^2 + 1}}{\sqrt{T_1^2\omega^2 + 1}}\sin(\omega t + \arctan T_2\omega - \arctan T_1\omega)$$

5.2 求下列传递函数对应的相频特性表达式 $\angle G(j\omega)$

(1)　$G(s) = \dfrac{\tau s + 1}{Ts + 1}$

(2)　$G(s) = \dfrac{(aT_1 s + 1)(bT_2 s + 1)}{(T_1 s + 1)(T_2 s + 1)}$

解　$(1)\angle G(j\omega) = \arctan \tau\omega - \arctan T\omega$

$(2)\angle G(j\omega) = \arctan aT_1\omega + \arctan bT_2\omega - \arctan T_1\omega - \arctan T_2\omega$

5.3 已知开环传递函数如下,绘制开环频率特性的极坐标图。

(1)　$G(s) = \dfrac{1}{s(s + 1)}$

(2)　$G(s) = \dfrac{1}{(s + 1)(2s + 1)}$

(3)　$G(s) = \dfrac{1}{s^2(s + 1)(2s + 1)}$

(4)　$G(s) = \dfrac{250}{s(s + 50)}$

(5)　$G(s) = \dfrac{250}{s^2(s + 50)}$

(6)　$G(s) = \dfrac{\tau s + 1}{Ts + 1}$　$(\tau > T)$

(7)　$G(s) = \dfrac{\tau s + 1}{Ts + 1}$　$(\tau < T)$

(8)　$G(s) = \dfrac{\tau s + 1}{Ts - 1}$　$(1 > \tau > T > 0)$

解　$(1)\angle G(j\omega) = 90° - \arctan \omega$

$$G(j\omega) = \frac{1}{j\omega(j\omega+1)} =$$

$$-\frac{1}{\omega^2+1} - \frac{j}{\omega(\omega^2+1)}$$

$-90° \sim -180°$

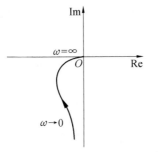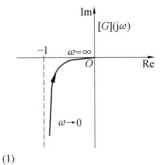

(1)

(2) $G(j\omega) = \frac{1}{(j\omega+1)(2j\omega+1)}$

$\angle G(j\omega) = -\arctan \omega - \arctan 2\omega$

$0° \sim -90° \sim -180°$

$\omega = 0 \quad |G(j\omega)| = 1$

(3) $\angle G = -180° - \arctan \omega - \arctan 2\omega$

$-180° \sim -360°$

(2)

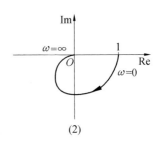

(3)

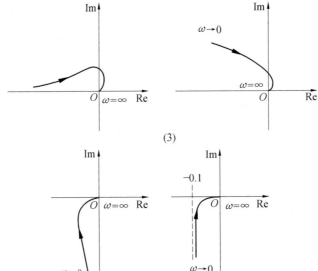

(4)

(4) $\angle G = -90° - \arctan \frac{\omega}{50}$

$-90° \sim -180°$

$$G(j\omega) = \frac{-250}{\omega^2+2\,500} - j\frac{12\,500}{\omega(\omega^2+2\,500)}$$

(5) $\angle G = -180° - \arctan \dfrac{\omega}{50}$

$-180° \sim -270°$

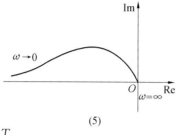

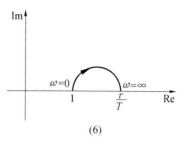

(5)　　　　　　　　　　(6)

(6) $\tau > T$

$\angle G = \arctan \tau\omega - \arctan T\omega > 0°$

$0° \sim 0°$

$$|G(j\omega)| = \dfrac{\sqrt{\tau^2 \omega^2 + 1}}{\sqrt{T^2 \omega^2 + 1}} = \dfrac{\sqrt{\tau^2 + \dfrac{1}{\omega^2}}}{\sqrt{T^2 + \dfrac{1}{\omega^2}}}$$

$\omega = 0$, $|G| = 1$, $\omega \to \infty$, $|G| \to \dfrac{\tau}{T} > 1$

(7) $\angle G = \arctan \tau\omega - \arctan T\omega < 0°$

$0° \sim 0°$

$\omega = 0$, $|G| = 1$, $\omega \to \infty$, $|G| = \dfrac{\tau}{T} < 1$

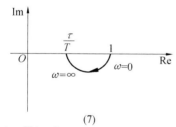

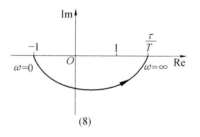

(7)　　　　　　　　　　(8)

(8) $1 > \tau > T > 0$

$\angle G = \arctan \tau\omega - [180° + \arctan(-T\omega)] = \arctan \tau\omega + \arctan T\omega - 180°$

$\angle G > -180°$, $-180° \sim 0°$

$$|G(j\omega)| = \dfrac{\sqrt{\tau^2 \omega^2 + 1}}{\sqrt{T^2 \omega^2 + 1}} = \dfrac{\sqrt{\tau^2 + \dfrac{1}{\omega^2}}}{\sqrt{T^2 + \dfrac{1}{\omega^2}}}$$

$\omega = 0$, $|G| = 1$, $\omega \to \infty$, $|G| = \dfrac{\tau}{T} > 1$

5.4　绘制题 5.3 的开环对数频率特性图。

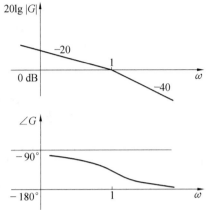

解　(1) $\angle G = -90° - \arctan \omega$

ω	0		1		∞
dB/dec		-20		-40	
$\angle G$	$-90°$		$-135°$		$-180°$

$\omega_1 = 1$, $K = 1$, $20\lg K = 0$ dB

(2) $\angle G = -\arctan \omega - \arctan 2\omega$

$\omega_1 = 0.5$, $\omega_2 = 1$, $K = 1$

$20\lg K = 0$ dB

ω	0		0.5		1		∞
dB/dec		0		-20		-40	
$\angle G$	$0°$	$\sim$	$-71°$	$\sim$	$-108°$	$\sim$	$-180°$

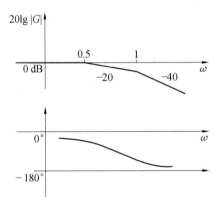

(3) $G(s) = \dfrac{1}{s^2(s+1)(2s+1)}$

$K = 1$, $20\lg K = 0$ dB, $\quad \omega_1 = 0.5$, $\omega_2 = 1$

$\angle G = -180° - \arctan 2\omega - \arctan \omega$

ω	0	$\sim$	0.5	$\sim$	1	$\sim$	∞
dB/dec		-40		-60		-80	
$\angle G$	$-180°$	$\sim$	$-251°$	$\sim$	$-288°$	$\sim$	$-360°$

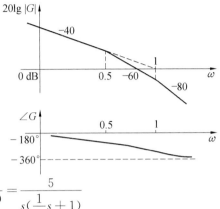

(4) $G(s) = \dfrac{250}{s(s+50)} = \dfrac{5}{s(\dfrac{1}{50}s+1)}$

$\omega_1 = 50$, $20\lg|G(j50)| = -20$ dB

$\angle G = -90° - \arctan\dfrac{1}{50}\omega$

ω	0	$\sim$	50	$\sim$	∞
dB/dec		-20		-40	
$\angle G$	$-90°$	$\sim$	$-135°$	$\sim$	$-180°$

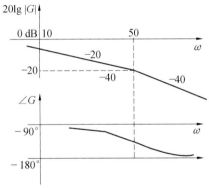

(5) $G(s) = \dfrac{250}{s^2(s+50)} = \dfrac{5}{s^2(\dfrac{1}{50}s+1)}$

$\omega_1 = 50$, $20\lg|G(j\omega_1)| = -54$ dB

$\angle G = -180° - \arctan\dfrac{1}{50}\omega$

ω	0	$\sim$	50	$\sim$	∞
dB/dec		-40		-60	
$\angle G$	$-180°$	$\sim$	$-225°$	$\sim$	$-270°$

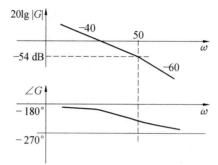

(6) $G(s) = \dfrac{\tau s + 1}{Ts + 1}, \tau > T, 20\lg \dfrac{\tau}{T} > 0$ dB

$K = 1$, $20\lg K = 0$ dB, $\angle G = \arctan \tau\omega - \arctan T\omega > 0$

ω	0	$\sim$	$1/\tau$	$\sim$	$1/T$	$\sim$	∞
dB/dec		0		20		0	
$\angle G$	$0°$	$\nearrow$		$\theta_m > 0$		$\searrow$	$0°$

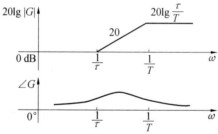

(7) $G(s) = \dfrac{\tau s + 1}{Ts + 1}$ $\tau < T$

$K = 1$, $20\lg K = 0$ dB, $20\lg \dfrac{\tau}{T} < 0$ dB

$\angle G = \arctan \tau\omega - \arctan T\omega < 0$

ω	0	$\sim$	$1/T$	$\sim$	$1/\tau$	$\sim$	∞
dB/dec		0		-20		0	
$\angle G$	$0°$	$\searrow$		$-\theta_m$		$\nearrow$	$0°$

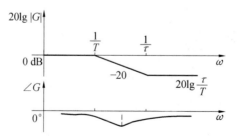

(8) $G(s) = \dfrac{\tau s + 1}{Ts - 1}$ （$1 > \tau > T > 0$）

$K = 1$，$20\lg K = 0$，$20\lg \dfrac{\tau}{T} > 0$ dB

$\angle G = \arctan \tau\omega + \arctan T\omega - 180° < 0°$

ω	0	$\sim$	$1/\tau$	$\sim$	$1/T$	$\sim$	∞
dB/dec		0		20		0	
$\angle G$	$-180°$	↗		↗		↗	$0°$

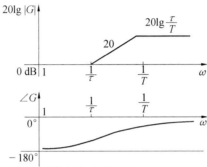

5.5 绘制下列传递函数的对数幅频特性图。

(1) $G(s) = \dfrac{1}{s(s+1)(2s+1)}$

(2) $G(s) = \dfrac{250}{s(s+5)(s+15)}$

(3) $G(s) = \dfrac{250(s+1)}{s^2(s+5)(s+15)}$

(4) $G(s) = \dfrac{500(s+2)}{s(s+10)}$

(5) $G(s) = \dfrac{2000(s-6)}{s(s^2+4s+20)}$

(6) $G(s) = \dfrac{2000(s+6)}{s(s^2+4s+20)}$

(7) $G(s) = \dfrac{2}{s(0.1s+1)(0.5s+1)}$

(8) $G(s) = \dfrac{2s^2}{(0.04s+1)(0.4s+1)}$

(9) $G(s) = \dfrac{50(0.6s+1)}{s^2(4s+1)}$

(10) $G(s) = \dfrac{7.5(0.2s+1)(s+1)}{s(s^2+16s+100)}$

解 (1) $G(s) = \dfrac{1}{s(s+1)(2s+1)}$

$K = 1$，$20\lg K = 0$ dB，$\omega_1 = 0.5$，$\omega_2 = 1$

$\angle G = -90° - \arctan 2\omega - \arctan \omega$

ω	0	$\sim$	0.5	$\sim$	1	$\sim$	∞
dB/dec		-20		-40		-60	
$\angle G$	$-90°$	$\downarrow$		$\downarrow$		$\downarrow$	$-270°$

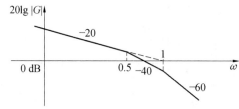

$(2)G(s) = \dfrac{250}{s(s+5)(s+15)} = \dfrac{10}{3} \cdot \dfrac{1}{s(\frac{1}{5}s+1)(\frac{1}{15}s+1)}$

$K = \dfrac{10}{3}$, $20\lg K = 10.5$ dB; $\omega = 3.33$, $20\lg |G| = 0$ dB; $\omega_1 = 5$, $\omega_2 = 15$

ω	0	$\sim$	5	$\sim$	15	$\sim$	∞
dB/dec		-20		-40		-60	
$\angle G$	$-90°$			$\downarrow$			$-270°$

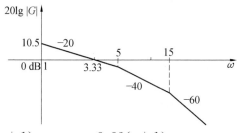

$(3)G(s) = \dfrac{250(s+1)}{s^2(s+5)(s+15)} = \dfrac{3.33(s+1)}{s^2(\frac{1}{5}s+1)(\frac{1}{15}s+1)}$

$K = 3.33$, $\sqrt{K} = 1.8$, $20\lg K = 10.5$ dB, $\omega_1 = 1$, $\omega_2 = 5$, $\omega_3 = 15$

ω	0	$\sim$	1	$\sim$	5	$\sim$	15	$\sim$	∞
dB/dec		-40		-20		-40		-60	
$\angle G$	$-180°$			$\sim$					$-270°$

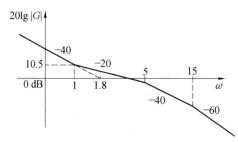

$（4）G(s)=\dfrac{500(s+2)}{s(s+10)}=\dfrac{100(\frac{1}{2}s+1)}{s(\frac{1}{10}s+1)}$

$$K=100，20\lg K=40\text{ dB}，\omega_1=2，\omega_2=10$$

ω	0	$\sim$	2	$\sim$	10	$\sim$	∞
dB/dec		-20		0		-20	

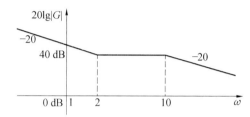

$（5）G(s)=\dfrac{200(s-6)}{s(s^2+4s+20)}=\dfrac{600(\frac{1}{6}s-1)}{s(\frac{1}{20}s^2+\frac{1}{5}s+1)}$

$$K=600，20\lg K=56\text{ dB}，\sqrt{20}=4.5，\omega_1=4.5，\omega_2=6$$

ω	0	$\sim$	4.5	$\sim$	6	$\sim$	∞
dB/dec		-20		-60		-40	

$（6）G(s)=\dfrac{2\,000(s+6)}{s(s^2+4s+20)}$，对数幅频特性同上。

$（7）G(s)=\dfrac{2}{s(0.1s+1)(0.5s+1)}$

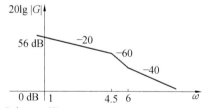

$K=2，\omega=2，20\lg\mid G\mid=0\text{ dB}，\omega_1=2，\omega_2=10$

ω	0	$\sim$	2	$\sim$	10	$\sim$	∞
dB/dec		-20		-40		-60	

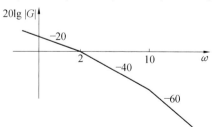

(8) $G(s) = \dfrac{2s^2}{(0.04s+1)(0.4s+1)}$

$\omega_1 = \dfrac{1}{0.4} = 2.5, \omega_2 = \dfrac{1}{0.04} = 25, \ \omega = 1, \ 20\lg|G| = 20\lg2 = 6 \text{ dB}$

或
$$20\lg|G| = 0, \omega = \sqrt{0.5} = 0.7$$

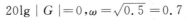

ω	0	$\sim$	2.5	$\sim$	25	$\sim$	∞
dB/dec		40		20		0	

(9) $G(s) = \dfrac{50(0.6s+1)}{s^2(4s+1)}$

$\omega_1 = 1/4 = 0.25, \ \omega_2 = 1/0.6 = 1.67, \ K = 50, \ 20\lg K = 34 \text{ dB}, \sqrt{50} = 7.1$

ω	0	$\sim$	0.25	$\sim$	1.67	$\sim$	∞
dB/dec		-40		-60		-40	

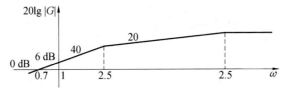

(10) $G(s) = \dfrac{7.5(0.2s+1)(s+1)}{s(s^2+16s+100)} = \dfrac{0.075(0.2s+1)(s+1)}{s\left(\dfrac{1}{100}s^2 + \dfrac{16}{100}s + 1\right)}$

$\omega_1 = 1, \ \omega_2 = 1/0.2 = 5, \ \omega_3 = \sqrt{100} = 10, \ 20\lg K = 20\lg 0.075 = -22.5$

ω	0	$\sim$	1	$\sim$	5	$\sim$	10	$\sim$	∞
dB/dec		-20		0		20		-20	

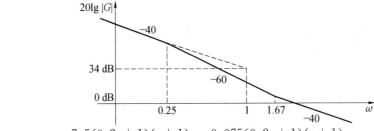

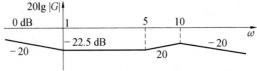

5.6 已知最小相位开环系统对数幅频特性如图题 5.6 所示,求开环传递函数。

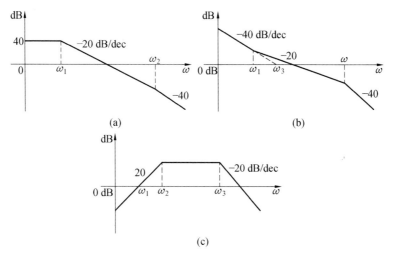

(a)   (b)

(c)

图题 5.6

解　（a）$20\lg K = 40$，$K = 100$，$G(s) = \dfrac{100}{(\frac{1}{\omega_1}s+1)(\frac{1}{\omega_2}s+1)}$

（b）$\omega_3 = \sqrt{K}$，$K = \omega_3^2$，$G(s) = \dfrac{\omega_3^2(\frac{1}{\omega_1}s+1)}{s^2(\frac{1}{\omega_2}s+1)}$

（c）$G(s) = \dfrac{s}{\omega_1(\frac{1}{\omega_2}s+1)(\frac{1}{\omega_3}s+1)}$

5.7　图题 5.7 表示几个开环传递函数 $G(s)$ 的 Nyquist 图的正频部分。$G(s)$ 不含有正实部极点，判断其闭环系统的稳定性。

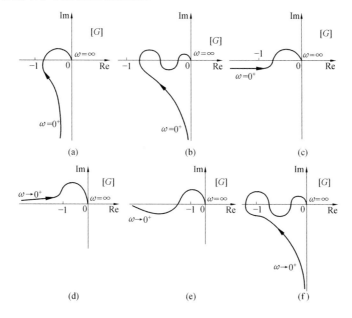

(a)   (b)   (c)

(d)   (e)   (f)

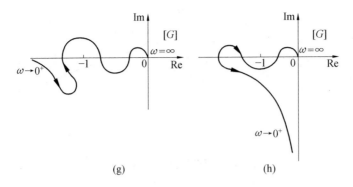

(g)   (h)

图题 5.7

解 （a）$(-1,j0)$ 左方没有穿越负实轴，稳定。

（b）$(-1,j0)$ 左方没有穿越，稳定。

（c）$(-1,j0)$ 左方没有穿越，稳定。

（d）$(-1,j0)$ 左方无穷远处对于负实轴有 1 次负穿越，不稳。

（e）$(-1,j0)$ 左方对于负实轴有 1 次负穿越，不稳。

（f）$(-1,j0)$ 左方 1 次负穿越，不稳。

（g）$(-1,j0)$ 左方 1 次负穿越，不稳。

（h）$(-1,j0)$ 左方正、负穿越负实轴次数相等，稳定。

5.8　图题 5.8 表示几个开环 Nyquist 图。图中 P 为开环正实部极点个数，判断闭环系统的稳定性。

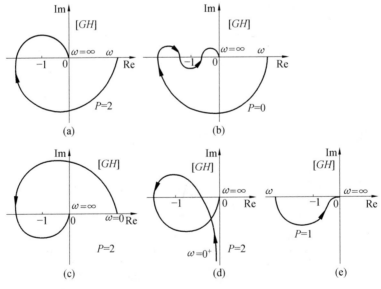

图题 5.8

解　（a）$(-1,j0)$ 左方负穿越负实轴，不稳。

（b）正、负穿越次数相等，$p=0$，稳定。

（c）正穿越次数 $=1=p/2$，稳定。

（d）正穿越次数 $=1=p/2$，稳定。

（e）正穿越次数 $=0.5=p/2$，稳定。

5.9 图题 5.9 表示开环 Nyquist 图的负频部分，P 为开环正实部极点个数，判断闭环系统是否稳定。

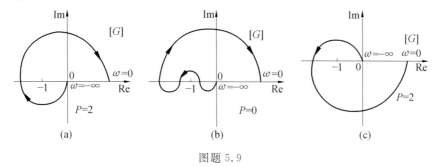

图题 5.9

解 观察 ω 由 $-\infty \rightarrow 0$ 时，$G(\mathrm{j}\omega)$ 图线在 $(-1,\mathrm{j}0)$ 左方穿越负实轴的情况

（a）负穿越 1 次，不稳定。

（b）正、负穿越次数相等，$p=0$，稳定。

（c）正穿越次数 $=1=p/2$，稳定。

5.10 图题 5.10 表示开环 Nyquist 图，其开环传递函数为

$$G(s)H(s) = -\frac{K(\tau s + 1)}{s(-Ts + 1)}$$

判断闭环系统的稳定性。

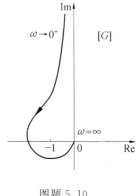

解 由 $G(s)H(s) = \dfrac{-K(\tau s + 1)}{s(-Ts + 1)}$ 知，当 $s = \omega \rightarrow 0$ 时，

$$\angle GH = -180°$$

$$G(s)H(s) \longrightarrow (-\infty, \mathrm{j}0)$$

故 $G(s)H(s)$ 在 $-\infty$ 远处有 0.5 次负穿越，$p=1$

正穿越次数 $-$ 负穿越次数 $=1-0.5=0.5=1/2$，闭环稳定。

图题 5.10

5.11 一个最小相位系统的开环 Bode 图如图题 5.11 所示，图中曲线 1,2,3 和 4 分别表示放大系数 K 为不同值时的对数幅频特性，判断对应的闭环系统的稳定性。

解 观察 $20\lg|GH| > 0\mathrm{dB}$ 的频段内，相频特性对 $-180°$ 的穿越情况。曲线 1，无穿越，稳定。曲线 2，负穿越 1 次，不稳定。曲线 3，正、负穿越次数相等，稳定。曲线 4，正穿越 1 次，负穿越 2 次，不稳定。

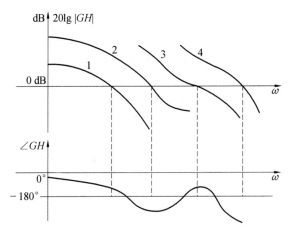

图题 5.11

5.12 最小相位系统的开环 Bode 图如图题 5.12 所示,判断闭环系统的稳定性。

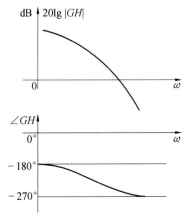

图题 5.12

解 $20\lg |GH| > 0$ 时,ω 由 $0 \to 0^+$ 有 1 次负穿越,不稳。

5.13 系统的开环传递函数为

$$G(s) = \frac{10(0.56s+1)}{s(0.1s+1)(s+1)(0.028s+1)}$$

剪切频率 $\omega_c = 0.6$ rad/s,求相角裕度。

解 $G(s) = \dfrac{10(0.56s+1)}{s(0.1s+1)(s+1)(0.028s+1)}$

$\omega_c = 0.6$ rad/s

$\gamma = 180° + \angle G(j\omega_c) =$

　　$180° + \arctan 0.56 \times 0.6 - 90° - \arctan 0.1 \times 0.6 - \arctan 0.6 -$

　　$\arctan 0.028 \times 0.6 = 73°$

5.14 系统的开环传递函数为

$$G(s) = \frac{K(s+3)}{s(s^2+20s+625)}$$

求下述两种情况下剪切频率 ω_c 所对应的相位角 $\angle G(j\omega_c)$ 和相角裕度 γ：

    （1） $\omega_c = 15$ rad/s

    （2） $\omega_c = 50$ rad/s

解 $G(s) = \dfrac{K(s+3)}{s(s^2 + 20s + 625)}$

$$\angle G(j\omega) = \arctan \frac{\omega}{3} - 90° - \begin{cases} \arctan \dfrac{20\omega}{625 - \omega^2} & (\omega \leqslant 25) \\[3mm] 180° + \arctan \dfrac{20\omega}{625 - \omega^2} & (\omega > 25) \end{cases}$$

（1）$\omega_c = 15$ rad/s

$\angle G = \arctan \dfrac{15}{3} - 90° - \arctan \dfrac{20 \times 15}{625 - 15^2} = 78.7° - 90° - 36.87° = -48.2°$

$\gamma = 180° + \angle G = 131.8°$

（2）$\omega_c = 50$ rad/s

$\angle G = \arctan \dfrac{50}{3} - 90° - \arctan \dfrac{20 \times 50}{625 - 50^2} - 180° =$

$86.57° - 90° + 28.07° - 180° = -155.4°$

$\gamma = 180° + \angle G = 24.6°$

5.15   系统的开环传递函数为

$$G(s) = \frac{K(20s + 1)}{s(400s + 1)(s + 1)(0.1s + 1)}$$

求下列情况下的相角裕度 γ：

    （1）剪切频率 $\omega_c = 0.5$ rad/s；

    （2）$\omega_c = 5$ rad/s；

    （3）$\omega_c = 15$ rad/s。

解 $G(s) = \dfrac{K(20s + 1)}{s(400s + 1)(s + 1)(0.1s + 1)}$

$\angle G(j\omega) = \arctan 20\omega - 90° - \arctan 400\omega - \arctan \omega - \arctan 0.1\omega$

$\gamma = 180° + \angle G(j\omega_c) = 90° + \arctan 20\omega_c - \arctan 400\omega_c - \arctan \omega_c - \arctan 0.1\omega_c$

（1）$\omega_c = 0.5$ rad/s

$\gamma = 90° + \arctan 20 \times 0.5 - \arctan 400 \times 0.5 - \arctan 0.5 - \arctan 0.1 \times 0.5 = 55°$

（2）$\omega_c = 5$ rad/s

$\gamma = 90° + \arctan 20 \times 5 - \arctan 400 \times 5 - \arctan 5 - \arctan 0.1 \times 5 = -15.8°$

（3）$\omega_c = 15$ rad/s

$\gamma = 90° + \arctan 20 \times 15 - \arctan 400 \times 15 - \arctan 15 - \arctan 0.1 \times 15 =$

    $90° + 89.81° - 89.99° - 86.19° - 56.31° = -52.7°$

5.16   典型二阶系统的传递函数为

$$G(s) = \frac{\omega_n^2}{s^2 + 2\xi\omega_n s + \omega_n^2}$$

图题 5.16 给出该传递函数对应不同参数值时的三条对数幅频特性曲线 ①，② 和 ③。

（1）在〔s〕平面上画出三条曲线所对应的传递函数极点$(s_1,s_1';s_2,s_2';s_3,s_3')$的相对位置。

（2）比较三个系统的超调量$(\sigma_{p1},\sigma_{p2},\sigma_{p3})$和调整时间$(t_{s1},t_{s2},t_{s3})$的大小，并简要说明理由。

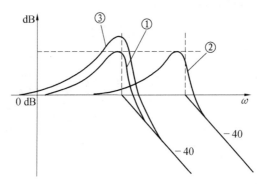

图题 5.16

解　$G(s)=\dfrac{\omega_n^2}{s^2+2\xi\omega_n s+\omega_n^2}$

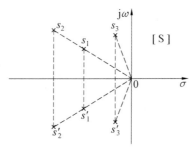

曲线	①	②	③	说明
M_r	√	√	大	由图
ξ	√	√	小	M_r 大，ξ 小
θ	√	√	大	ξ 小，θ 大
$\sqrt{1-\xi^2}$	√	√	大	由 ξ
ω_n	√	大	√	由图
$\xi\omega_n$	√	大	小	由 ξ 及 ω_n
t_s	√	小	大	与 $\xi\omega_n$ 反比
σ_p	√	√	大	ξ 小，σ_p 大
$\omega_n\sqrt{1-\xi^2}$	√	大	大	由 ω_n 及 $\sqrt{1-\xi^2}$

以曲线①为标准列出上表，以 s_1,s_1' 为基准，由 $\theta,\xi\omega_n,\omega_n\sqrt{1-\xi^2}$ 可给出 s_2,s_2' 及 s_3,s_3' 的位置。

$$t_{s2}<t_{s1}<t_{s3},\sigma_{p1}=\sigma_{p2}<\sigma_{p3}$$

5.17 系统开环传递函数为

$$G(s) = \frac{316(\tau s + 1)}{s^2(Ts + 1)}$$

(1) $\tau = 0.1 \text{ s}$，$T = 0.01 \text{ s}$

(2) $\tau = 0.01 \text{ s}$，$T = 0.1 \text{ s}$

画 Bode 图，求 $\gamma(\omega_c)$、$20\lg K_g$(dB)，并分析稳定性。

解 $G(s) = \frac{316(\tau s + 1)}{s^2(Ts + 1)}$，$K = 316$，低频段，

$$\omega = 10, 20\lg | G | = 20\lg \frac{316}{100} = 10 \text{ dB}$$

(1)$\tau = 0.1$，$T = 0.01$

$$G(s) = \frac{316(0.1s + 1)}{s^2(0.01s + 1)}$$

$$\omega_1 = \frac{1}{0.1} = 10, \omega_2 = \frac{1}{0.01} = 100$$

ω	0	$\sim$	10	$\sim$	100	$\sim$	∞
dB/dec		-40		-20		-40	

对数幅频特性如下图

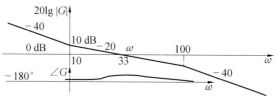

由图知，剪切频率 $\omega_c = 33 \text{ rad/s}$

$\gamma = 180° + \angle G(j\omega_c) = 180° + \arctan 0.1\omega_c - 180° - \arctan 0.01\omega_c = 54.9°$，系统稳定。

$\angle G(j\omega) = \arctan 0.1\omega_c - 180° - \arctan 0.01\omega_c > -180°$

相频特性与 $-180°$ 无交点，$20\lg K_g = \infty$

(2)$\tau = 0.01$，$T = 0.1$，$G(s) = \frac{316(0.01s + 1)}{s^2(0.1s + 1)}$

$\omega_1 = 10, \omega_2 = 100$

ω	0	$\sim$	10	$\sim$	100	$\sim$	∞
dB/dec		-40		-60		-40	

$$\angle G(j\omega) = -180° - \arctan 0.1\omega + \arctan 0.01\omega < -180°$$

当 $s = \omega$，且 $\omega > 0$ 时，$G(\omega) > 0$ 故有

$$\lim_{\omega \to 0}\angle G(\omega) = 0°$$

由 Bode 图知 $\omega_c = 14$

$\gamma = 180° + \angle G(j\omega_c) = 180° - 180° - \arctan 0.1\omega_c + \arctan 0.01\omega_c = -46.5°$

相角裕量 $\gamma < 0°$，系统不稳定。

当 $\omega \to 0^+$，$\angle G \to -180°$；当 $\omega \to 0$，$\angle G \to 0°$。可认为相频特性在 ω 很小时与 $-180°$

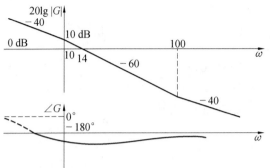

有一交点。此时 $20\lg|G|$ 很大,故$20\lg K_g = -\infty$。

第6章 控制系统的综合与校正

6.1 单位负反馈系统的开环传递函数为

$$G_o(s) = \frac{K}{s(0.04s+1)}$$

要求系统响应匀速信号 $r(t)=t$ 的稳态误差 $e_{ss} \leqslant 0.01$ 及相角裕度 $\gamma(\omega_c) \geqslant 45°$,试确定串联校正环节的传递函数。

解 $G_0(s) = \dfrac{K}{s(0.04s+1)}$

$r(t)=t$ 时,$e_{ss} \leqslant 0.01$,$r(\omega_c) \geqslant 45°$

$r(t)=t$ 时,$e_{ss} = \dfrac{1}{K} \leqslant 0.01$,$K \geqslant 100$,取 $K=100$

$$G_0(s) = \frac{100}{s(0.04s+1)}$$

$$20\lg 100 = 40 \text{ dB},\omega = 10,\ 20\lg|G_0| = 20 \text{ dB}$$

转折频率 $\omega_1 = 1/0.04 = 25$。$20\lg|G_0|$ 如图中 ABC 所示,由图知剪切频率 $\omega_{c1} = 50$ rad/s

$$r(\omega_{c1}) = 180° - 90° - \arctan 0.04\omega_{c1} = 26.6° \leqslant 45°$$

取 $G_c(s) = \dfrac{0.04s+1}{0.008s+1}$

校正后系统的传递函数 $G_e(s) = \dfrac{100}{s(0.008s+1)}$

转折频率 $\omega_2 = 1/0.008 = 125$ rad/s

$20\lg|G_e|$ 如图中 $ABDE$ 所示,剪切频率 $\omega_c = 92$ rad/s

$$\gamma(\omega_c) = 180° - 90° - \arctan 0.008 \times 92 = 53° > 45°$$

本题的另一解法见第1篇第5章例5。

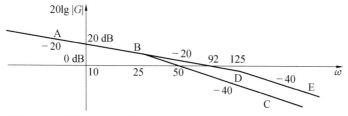

6.2 单位负反馈系统的开环传递函数为

$$G_o(s) = \frac{K}{s(0.5s+1)}$$

要求系统响应匀速信号 $r(t)=t$ 的稳态误差 $e_{ss}=0.1$ 及闭环幅频特性的相对谐振峰值 $M_r \leqslant 1.5$。确定串联校正环节的传递函数。

解
$$G_o(s) = \frac{K}{s(0.5s+1)}$$

$$r(t)=t, e_{ss}=\frac{1}{K}=0.1, K=10$$

$$G_o(s) = \frac{10}{s(0.5s+1)}$$

由 Bode 图 $20\lg|G_o|$ 知剪切频率 $\omega_{c1}=4.2$ rad/s

设：设计好后的系统是二阶系统，由 $M_r = \dfrac{1}{2\xi\sqrt{1-\xi^2}}(\xi < 0.707)$

$M_r=1.5 \Rightarrow \xi=0.357,$ 取 $\xi=0.4$

由 $\gamma = \arctan \dfrac{2\xi}{\sqrt{\sqrt{4\xi^2+1}-2\xi^2}}, \gamma=39.2°,$ 取 $\gamma=40°$

$\gamma(\omega_{c1}) = 180° - 90° - \arctan 0.5 \times 4.2 = 25.5° < 40°$

取串联校正环节 $G_c(s) = \dfrac{0.5s+1}{0.1s+1}$

设计后的系统为 $G_e(s) = \dfrac{10}{s(0.1s+1)}$

由 Bode 图知剪切频率 $\omega_c = 10$ rad/s，$\gamma = 180° - 90° - \arctan 0.1 \times 10 = 45°$

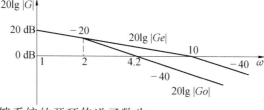

6.3 单位负反馈系统的开环传递函数为

$$G_o(s) = \frac{K}{s(0.1s+1)(0.2s+1)}$$

要求：（1）开环放大倍数 $K_V = 100$ s^{-1};

（2）相位裕度 $\gamma(\omega_c) \geqslant 40°$。

试设计串联滞后－超前校正环节。

解 $G_o(s) = \dfrac{100}{s(0.1s+1)(0.2s+1)}$，$\gamma(\omega_c) \geqslant 40°$

取 $G_c(s) = \dfrac{(2s+1)(0.2s+1)}{(66.7s+1)(0.1s+1)}$

则 $G_e(s) = \dfrac{100(2s+1)}{s(66.7s+1)(0.1s+1)^2}$，$\gamma(\omega_c) = 48°$

6.4 单位负反馈系统固有部分的传递函数为

$$G_o(s) = \dfrac{1}{s(0.1s+1)}$$

要求校正后系统的开环放大倍数为 $K_V \geqslant 100 \ \text{s}^{-1}$，相位裕度 $\gamma(\omega_c) \geqslant 50°$，试确定校正装置的传递函数。

解 $G_o(s) = \dfrac{100}{s(0.1s+1)}$，$\gamma(\omega_c) \geqslant 50°$

取 $G_c(s) = \dfrac{\frac{1}{16}s+1}{\frac{1}{160}s+1}$，则 $G_e(s) = \dfrac{100(\frac{1}{16}s+1)}{s(0.1s+1)(\frac{1}{160}s+1)}$

$\gamma(\omega_c) = 64°$

6.5 单位负反馈系统固有部分的传递函数为

$$G_o(s) = \dfrac{K}{s(s+1)(0.25s+1)}$$

要求校正后系统的开环放大倍数为 $K_V = 10 \ \text{s}^{-1}$，相位裕度 $\gamma(\omega_c) = 30°$，试确定校正装置的传递函数。

解 $G_o(s) = \dfrac{10}{s(s+1)(0.25s+1)}$，$\gamma(\omega_c) = 30°$

滞后校正，$G_c(s) = \dfrac{10s+1}{100s+1}$

$G_e(s) = \dfrac{10(10s+1)}{s(100s+1)(s+1)(0.25s+1)}$，$\gamma(\omega_c) = 34°$

或 $G_c(s) = \dfrac{(\frac{1}{0.4}s+1)(\frac{1}{0.8}s+1)}{(\frac{1}{0.15}s+1)(\frac{1}{8}s+1)}$

则 $G_e(s) = \dfrac{10(\frac{1}{0.4}s+1)(\frac{1}{0.8}s+1)}{s(s+1)(0.25s+1)(\frac{1}{0.15}s+1)(\frac{1}{8}s+1)}$

$\gamma(\omega_c) = 34°$

6.6 单位负反馈系统固有部分的传递函数为

$$G_o(s) = \dfrac{K}{s(0.9s+1)(0.007s+1)}$$

要求：(1) 开环放大倍数 $K_V = 1\,000 \ \text{s}^{-1}$；

　　　(2) 超调量 $\sigma_p \leqslant 30\%$；

（3）过渡过程时间 $t_s \leqslant 0.25$ s。

试设计串联校正装置。

解　$G_o(s) = \dfrac{1\,000}{s(0.9s+1)(0.007s+1)}$，$\sigma_p \leqslant 30°$，$t_s \leqslant 0.25s$

$$G_c(s) = \frac{(\dfrac{1}{0.3}s+1)(\dfrac{1}{7}s+1)}{(\dfrac{1}{0.06}s+1)(\dfrac{1}{143}s+1)}，\sigma_p = 20\%，t_s = 0.23s$$

$(\Delta = 0.05)$

$$若取 G_c(s) = \frac{(\dfrac{1}{0.25}s+1)(\dfrac{1}{8}s+1)}{(\dfrac{1}{0.1}s+1)(\dfrac{1}{150}s+1)} =$$

$$\frac{(4s+1)(0.125s+1)}{(10s+1)(0.0067s+1)}$$

则 $\sigma_p = 30\%$，$t_s = 0.24s(\Delta = 0.02)$。

6.7　控制系统方块图如图题 6.7 所示。欲通过反馈校正使系统相位裕度 $\gamma(\omega_c) = 50°$，试确定反馈校正参数 K_h。

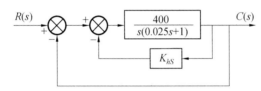

图题 6.7　控制系统方块图

解　校正后的系统仍为二阶系统

$$\gamma = \arctan \frac{2\xi}{\sqrt{\sqrt{4\xi^2+1}-2\xi^2}}$$

$$\frac{2\xi}{\sqrt{\sqrt{4\xi^2+1}-2\xi^2}} = \tan\gamma = \tan 50° = 1.192$$

$$\frac{4\xi^2}{\sqrt{4\xi^2+1}-2\xi^2} = 1.42，\quad 2.817\xi^2 = \sqrt{4\xi^2+1}-2\xi^2$$

$$4.817\xi^2 = \sqrt{4\xi^2+1}，23.20\xi^4 - 4\xi^2 - 1 = 0$$

$$\xi^2 = 0.311，\xi = 0.56$$

反馈校正后系统的开环传递函数 $G(s)$ 为

$$G(s) = \frac{\dfrac{400}{s(0.025s+1)}}{1+\dfrac{400}{s(0.025s+1)}K_h s} = \frac{400}{0.025s^2 + (1+400K_h)s} =$$

$$\frac{16\,000}{s(s+\dfrac{1+400K_h}{0.025})}$$

$$\omega_n = \sqrt{16\,000} = 126.5, \frac{1+400K_h}{0.025} = 2\xi\omega_n = 2 \times 0.56 \times 126.5$$

$$1 + 400K_h = 3.542,\ K_h = 0.00635$$

$$G(s) = \frac{16\,000}{s(s+141.6)},\ \gamma = 56.6°$$

6.8 控制系统方块图如图题6.8所示。要求采用速度反馈校正,使系统具有临界阻尼,即阻尼比 $\xi = 1$。试确定反馈校正参数 K_h。

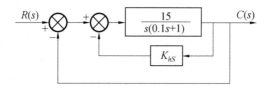

图题6.8　控制系统方块图

解　反馈校正后系统的开环传递函数 $G(s)$ 为

$$G(s) = \frac{15}{0.1s^2 + (1+15K_h)s} = \frac{150}{s(s+10+150K_h)}$$

$$\omega_n = \sqrt{150} = 12.25,\ \xi = 1$$

$$10 + 150K_h = 2\xi\omega_n = 2 \times 1 \times 12.25,\ K_h = 0.0967$$

6.9 控制系统的方块图如图题6.9所示,要求设计 $H_c(s)$,使系统达到下述指标:

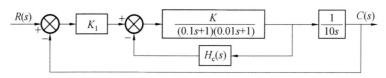

图题6.9　控制系统方块图

(1) 开环放大倍数 $K_V = 200\ \mathrm{s}^{-1}$;

(2) 相位裕度 $\gamma(\omega_c) = 45°$。

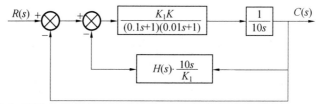

解　将系统方框图变换如下,设反馈校正只在中频段起作用,$K_V = 200$

$$\frac{K_1 K}{10} = K_V = 200, \text{取 } K_1 = 10, K = 200$$

$$\gamma = 45°,\ M_r = \frac{1}{\sin\gamma} = 1.414,\ h \geqslant \frac{M_r+1}{M_r-1} = 6$$

未校正时,等效开环传递函数 $G_o(s)$ 为

$$G_o(s) = \frac{200}{s(0.1s+1)(0.01s+1)}$$

绘对数幅频特性如图$20\lg|G_o|$。取剪切频率$\omega_c=17$ rad/s,绘期望对数幅频特性如图中$20\lg|G_e|$。

$20\lg|G_o|-20\lg|G_e|>0$ dB 为反馈校正起作用频段。

在$1<\omega<100$时,取$G_e=\dfrac{200(\frac{1}{10}s+1)}{s^2}$

则 $H(s)=\dfrac{1}{sG_e(s)}=\dfrac{s}{200(\frac{1}{10}s+1)}$

计算机校核,$\omega_c=19$ rad/s,$\gamma=53°$

若取 $G_e=\dfrac{100}{s^2}(\frac{1}{5}s+1)$

则 $H(s)=\dfrac{1}{sG_e(s)}=\dfrac{s}{100(\frac{1}{5}s+1)}$

计算机校核,$\omega_c=18$ rad/s,$\gamma=65°$

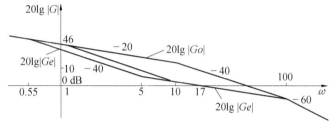

6.10 控制系统方块图如图题6.10(a)所示,图中$G_o(s)$为系统不可变部分的传递函数,其对数幅频特性如图题6.10(b)所示,$G_c(s)$为待定的校正装置传递函数。要求校正后系统满足

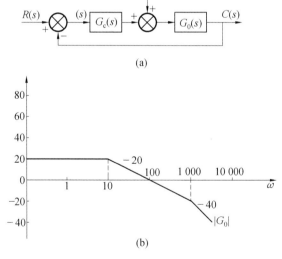

(a)

(b)

图题6.10 控制系统方块图与伯德图

(1) $f(t) = 1(t)$ 时，$e_{ssf}(t) = 0$；

(2) $\omega = 1$ 时：$20\lg K = 57$ dB；

(3) 相位裕度 $\gamma(\omega_c) = 45°$。

试确定 $G_c(s)$ 的形式及参数。

解　$G_o(s) = \dfrac{10}{(0.1s + 1)(0.001s + 1)}$，

$20\lg 10K_c = 57$，　$K_c = 71$

$$G_c(s) = \frac{71\left(\dfrac{1}{35}s + 1\right)}{s\left(\dfrac{1}{400}s + 1\right)}$$

用 Bode 图设计，超前校正，校核：$\omega_c = 184$ rad/s，$\gamma = 47°$

6.11　控制系统方块图如图题6.11(a)所示，图中$G_o(s)$为系统固有部分的传递函数，其对数幅频特性如图题6.11(b)所示，$G_c(s)$为待定的校正装置传递函数。要求校正后系统满足：

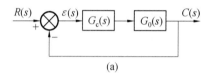

(a)

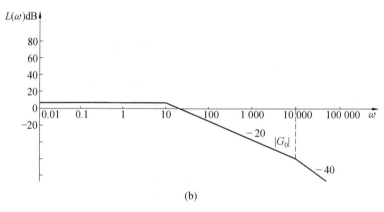

(b)

图题 6.11　控制系统方块图与伯德图

(1) $r(t) = 1(t)$ 时，$e_{ss}(t) = 0$；$20\lg K = 43$ dB；

(2) 剪切频率 $\omega_c = 10$ rad/s；

(3) 相位裕度 $\gamma(\omega_c) = 45°$。

试确定 $G_c(s)$ 的形式及参数。

解　$20\lg K_o = 3$，$K_o = 1.41$，$G_o(s) = \dfrac{1.41}{(0.1s + 1)\left(\dfrac{1}{10\ 000}s + 1\right)}$

$20\lg K = 43$ dB，$K = K_o K_c = 141.3$

$K_c = 100$，利用 Bode 图设计，可求得

$$G_c(s) = 100 \frac{(\frac{1}{2.5}s+1)(\frac{1}{10}s+1)}{s(\frac{1}{0.26}s+1)(\frac{1}{100}s+1)}$$

校核 $\omega_c = 10.6$ rad/s，$\gamma = 72°$

6.12 在图题 6.12(a) 所示系统中，系统固有部分的传递函数为

$$G_o(s) = \frac{2}{s(0.5s+1)}$$

希望频率特性 $20\lg|G_e(j\omega)|$ 画于图题 6.12(b) 中，要求：

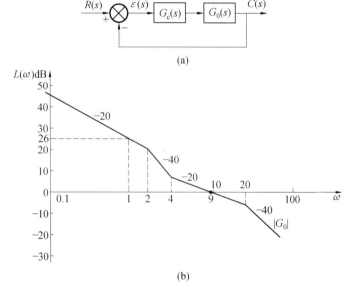

(a)

(b)

题图 6.12　控制系统方块图与伯德图

(1) 绘出校正装置的渐近对数幅频特性及对数相频特性；

(2) 写出校正装置的传递函数 $G_c(s)$；

(3) 说明此校正装置的特点。

解　$G_o = \frac{2}{s(0.5s+1)}$，$G_e = \frac{20(\frac{1}{4}s+1)}{s(\frac{1}{2}s+1)(\frac{1}{20}s+1)}$

$G_c(s) = \frac{G_e(s)}{G_o(s)} = \frac{10(\frac{1}{4}s+1)}{\frac{1}{20}s+1}$，$\angle G_c = \arctan\frac{1}{4}\omega - \arctan\frac{1}{20}\omega > 0$

超前校正，本身相位角为正，可增加 ω_c 处的相角，提高相角裕量。

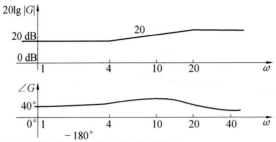

6.13 单位负反馈系统固有部分的传递函数为

$$G_o(s) = \frac{K}{s(0.31s+1)(0.003s+1)}$$

要求：(1) 开环放大倍数 $K_V = 2\,000\ \mathrm{s}^{-1}$；

(2) 超调量 $\sigma_p \leqslant 30\%$；

(3) 过渡过程时间 $t_s \leqslant 0.15\ \mathrm{s}$。

试确定校正装置的传递函数。

解 $G_o(s) = \dfrac{2\,000}{s(0.31s+1)(0.003s+1)}$，$\sigma_p \leqslant 0.3$，$t_s < 0.15$

由 $\sigma_p = 0.16 + 0.4(M_r - 1) \Rightarrow M_r = 1.35$

由 $\omega_c t_s = \pi[2 + 1.5(M_r - 1) + 2.5(M_r - 1)^2] \Rightarrow \omega_c = 59.3$

取 $\omega_c = 6.5$，$h = \dfrac{M_r + 1}{M_r - 1} = 6.7$

利用 Bode 图设计，$G_c(s) = \dfrac{(\frac{1}{10}s + 1)(0.31s + 1)}{(\frac{1}{140}s + 1)(\frac{1}{0.4}s + 1)}$

仿真表明 $\sigma_p = 31\%$，$t_s = 0.12s(\Delta = 0.05)$

取 $G_c(s) = \dfrac{(\frac{1}{9}s + 1)(0.31s + 1)}{(\frac{1}{200}s + 1)(\frac{1}{0.4}s + 1)}$

则 $\sigma_p = 25\%$，$t_s = 0.15s(\Delta = 0.02)$，$t_s = 0.1s(\Delta = 0.05)$。

6.14 单位负反馈系统固有部分的传递函数为

$$G_o(s) = \frac{500}{s(0.46s+1)}$$

要求：(1) 开环放大倍数 $K_V = 2000\ \mathrm{s}^{-1}$；

(2) 超调量 $\sigma_p \leqslant 20\%$；

(3) 过渡过程时间 $t_s \leqslant 0.09\ \mathrm{s}$。

试确定校正装置的传递函数。

解 $G_o(s) = \dfrac{500}{s(0.46s+1)}$，$K = 2\,000$，$K_c = 4$

$\sigma_p = 0.2 \Rightarrow M_r = 1.1$，$\dfrac{M_r + 1}{M_r - 1} = 21$

$t_s = 0.09s \Rightarrow \omega_c = 80$，利用 Bode 图，采用期望频率特性法可求出

$$G_c(s) = 4 \frac{(\frac{1}{1.5}s+1)(\frac{1}{10}s+1)}{(\frac{1}{0.36}s+1)(\frac{1}{200}s+1)}$$

仿真结果 $\sigma_p = 8.5\%$，$t_s = 0.075s(\Delta = 0.05)$。

6.15 单位负反馈系统固有部分的传递函数为

$$G_o(s) = \frac{K}{s(\frac{s^2}{250^2} + \frac{2 \times 0.51}{250}s + 1)}$$

要求：(1) 超调量 $\sigma_p \leqslant 20\%$；

（2）过渡过程时间 $t_s \leqslant 0.25$ s；

（3）系统跟踪匀速信号 $r(t) = Vt$ 时，其稳态误差 $e_{ss}(t) \leqslant 0.05$ mm，其中 $V = 0.5$ m/min。

试设计校正装置的传递函数。

解 $\frac{V}{K} = e_{ss}(\infty) = 0.05 \Rightarrow K = 10$，$\sigma_p = 0.2 \Rightarrow M_r = 1.1$

$\frac{M_r + 1}{M_r - 1} = 21$，$t_s = 0.25 \Rightarrow \omega_c = 30$

取 $K = 15$，仿真表明系统无超调，且 $t_s = 0.25$ s$(\Delta = 0.02)$。

6.16 单位负反馈系统固有部分的传递函数为

$$G_o(s) = \frac{300}{s(0.1s+1)(0.003s+1)}$$

要求：(1) 超调量 $\sigma_p \leqslant 30\%$；

（2）过渡过程时间 $t_s \leqslant 0.5$ s；

（3）系统跟踪匀速信号 $r(t) = Vt$ 时，其稳态误差 $e_{ss}(t) \leqslant 0.033$ rad，其中 $V = 10$ rad/s。

试设计综合校正装置。

解 $K = \frac{V}{e_{ss}(\infty)} = 303$，$\sigma_p = 0.3 \Rightarrow M_r = 1.35$，$\frac{M_r + 1}{M_r - 1} = 6.7$

$t_s = 0.5 \Rightarrow \omega_c = 18$，取 $\omega_c = 20$

利用 Bode 图，采用期望频率特性法，可求出

$$G_c(s) = \frac{350}{300} \times \frac{(\frac{1}{3}s+1)(\frac{1}{10}s+1)}{(\frac{1}{0.4}s+1)(\frac{1}{140}s+1)}$$

仿真表明，$\sigma_p = 0.09$，$t_s = 0.4$ s$(\Delta = 0.02)$

当 $r(t) = 10t$ 时，$e_{ss}(\infty) < 0.03$。

第7章　非线性控制系统

7.1　试将图题 7.1 所示非线性系统简化成在一个闭环回路中非线性特性 $N(A)$ 与等效线性部分 $G(s)$ 相串联的典型结构,并写出等效线性部分的传递函数。

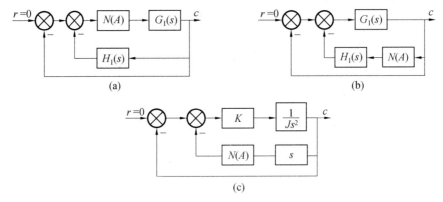

图题 7.1　非线性系统的方块图

解

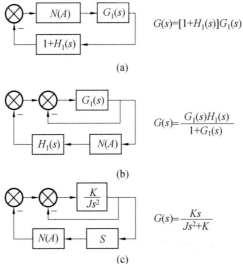

$G(s)=[1+H_1(s)]G_1(s)$

(a)

$G(s)=\dfrac{G_1(s)H_1(s)}{1+G_1(s)}$

(b)

$G(s)=\dfrac{Ks}{Js^2+K}$

(c)

7.2　设有三个非线性控制系统具有相同的非线性特性,而线性部分各不相同,它们的传递函数分别为

$$G_1(s)=\frac{2}{s(0.1s+1)}$$

$$G_2(s)=\frac{2}{s(s+1)}$$

$$G_3(s)=\frac{2(1.5s+1)}{s(s+1)(0.1s+1)}$$

试判断应用描述函数法进行分析时,哪个系统的分析准确度高。

解 见第 1 篇例 6.3。

7.3 求图题 7.3 所示非线性环节的描述函数。

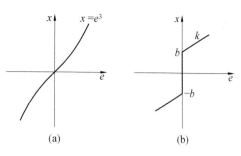

图题 7.3 非线性环节

解 (a)$N(A) = \dfrac{3}{4} A^2$

(b)$N(A) = \dfrac{4b}{\pi A} + K$

7.4 某非线性控制系统如图题 7.4 所示。试确定自持振荡的振幅和频率。

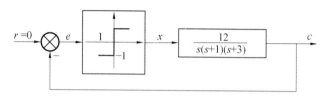

图题 7.4 非线性控制系统

解 $N(A) = \dfrac{4}{\pi A}$,$-\dfrac{1}{N(A)} = -\dfrac{\pi A}{4}$,在$(-\infty \sim 0)$ 负实轴上

$$G(\mathrm{j}\omega) = \frac{12}{\mathrm{j}\omega(\mathrm{j}\omega + 1)(\mathrm{j}\omega + 3)} = \frac{-48}{9 + 10\omega^2 + \omega^4} +$$

$$\mathrm{j}\frac{12(\omega^2 - 3)}{\omega(9 + 10\omega^2 + \omega^4)}$$

令 $\mathrm{Im}[G(\mathrm{j}\omega)] = 0$,求得 $\omega_o = \sqrt{3} = 1.732$

令 $\mathrm{Re}[G(\mathrm{j}\sqrt{3})] = -\dfrac{\pi A_0}{4}$,求得 $A_0 = \dfrac{4}{\pi} = 1.24$

所以自振荡振幅为 $A_0 = 1.24$,频率为 $\omega_o = 1.732$。

7.5 求图题 7.5 所示串联非线性环节的描述函数。

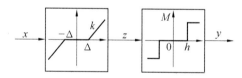

图题 7.5 非线性环节的串联

解 非线性特性是对称的,只列出正向方程

$$y = \begin{cases} M & (z \geqslant h) \\ 0 & (0 \leqslant z < h) \end{cases}$$

$$z = \begin{cases} 0 & (0 \leqslant x < \Delta) \\ k(x - \Delta) & (x \geqslant \Delta) \end{cases}$$

令

$$z = k(x - \Delta) = h$$

即

$$kx - k\Delta = h$$

于是有
$$x = \Delta + \frac{h}{k}$$

当 $x > \Delta + \frac{h}{k}$ 时,$z > h$,$y = M$

当 $0 \leqslant x < \Delta + \frac{h}{k}$ 时,$z < h$,$y = 0$

参见第 1 篇例 6.2。

可写出等效非线性特性的数学表达式
$$y = \begin{cases} M & (x \geqslant \Delta + \frac{h}{k}) \\ 0 & (-\Delta - \frac{h}{k} < x < \Delta + \frac{h}{k}) \\ -M & (x \leqslant -\Delta - \frac{h}{k}) \end{cases}$$

7.6 分析图题 7.6 所示非线性系统的稳定性。

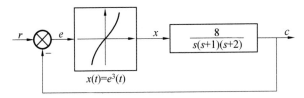

图题 7.6 非线性控制系统

解 $N(A) = \frac{3}{4}A^2$,$-\frac{1}{N(A)} = -\frac{4}{3A^2}$

$-\frac{1}{N(A)}$ 轨迹在整个负实轴上

$A = 0$ 时,$-\frac{1}{N(A)} \rightarrow -\infty$

$A \rightarrow \infty$ 时,$-\frac{1}{N(A)} \rightarrow 0$

$$G(j\omega) = \frac{8}{j\omega(j\omega + 1)(j\omega + 2)} = \frac{-24}{\omega^4 + 5\omega^2 + 4} -$$
$$j\frac{8(2 - \omega^2)}{\omega(\omega^4 + 5\omega^2 + 4)}$$

令 $\text{Im}[G(j\omega)] = \frac{-8(2 - \omega^2)}{\omega(\omega^4 + 5\omega^2 + 4)} = 0$

求得 $G(j\omega)$ 与实轴相交的频率为 $\omega = \sqrt{2}$,令 $\text{Re}[G(j\sqrt{2})] = R_e[-\frac{1}{N(A)}]$

即 $\frac{-24}{18} = -\frac{4}{3A^2}$, 求得 $A = 1$

交点是不稳定交点,$A > 1$ 时系统发散,$A < 1$ 时系统收敛。

7.7 设非线性系统如图题 7.7 所示。已知 $a = 0.2$,$b = 1$,线性部分的增益 $K = 10$,试分析系统的稳定性。

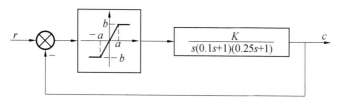

图题 7.7 非线性控制系统

解 $a = 0.2$， $b = 1$，则 $k = 5$

$$N(A) = \frac{2k}{\pi}\left[\arcsin\frac{a}{A} + \frac{a}{A}\sqrt{1 - \left(\frac{a}{A}\right)^2}\right]$$

$$-\frac{1}{N(A)} = -\frac{\pi}{2k\left[\arcsin\frac{a}{A} + \frac{a}{A}\sqrt{1 - \left(\frac{a}{A}\right)^2}\right]}$$

$A \to a = 0.2$ 时， $-\dfrac{1}{N(A)} = -\dfrac{1}{k} = -0.2$

$A \to \infty$ 时， $-\dfrac{1}{N(A)} \to -\infty$

$-\dfrac{1}{N(A)}$ 在 $-\dfrac{1}{5} \sim -\infty$ 一段负实轴上

$$G(j\omega) = \frac{K}{j\omega(0.1j\omega + 1)(0.25j\omega + 1)} =$$

$$\frac{-0.35K}{0.000625\omega^4 + 0.0725\omega^2 + 1} -$$

$$j\frac{K(1 - 0.025\omega^2)}{\omega[0.000625\omega^4 + 0.0725\omega^2 + 1]}$$

令 $\text{Im}[G(j\omega)] = 0$，有 $\omega = \sqrt{40}$

$\text{Re}[G(j\sqrt{40})] = \dfrac{-3.5}{4.9} = -0.714$

令 $-0.714 = -\dfrac{1}{N(A)}$，求得 $A \approx 0.9$

$G(j\omega)$ 与 $-\dfrac{1}{N(A)}$ 相交产生自振荡，频率 $\omega = \sqrt{40}$，振幅 $A \approx 0.9$。

7.8 试分析如图题 7.8 所示非线性系统的稳定性。

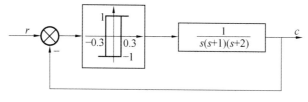

图题 7.8 非线性控制系统

解 分析非线性系统稳定性

$$N(A) = \frac{4b}{\pi A}\left[\sqrt{1 - \left(\frac{a}{A}\right)^2} - j\frac{a}{A}\right]$$

$$-\frac{1}{N(A)} = -\frac{\pi A}{4b}\sqrt{1 - \left(\frac{a}{A}\right)^2} - j\frac{\pi a}{4b}$$

已知 $a = 0.3, b = 1$

所以 $-\dfrac{1}{N(A)} = -\dfrac{\pi A}{4}\sqrt{1 - \left(\dfrac{0.3}{A}\right)^2} - j\dfrac{0.3\pi}{4}$

$$G(j\omega) = \frac{1}{j\omega(j\omega + 1)(j\omega + 2)} = $$
$$\frac{0.5}{\omega}\cdot\frac{1}{-1.5\omega + j(1 - 0.5\omega^2)}$$

令 $-\dfrac{1}{N(A)} = G(j\omega)$，可求得 $\begin{cases}\omega = 0.8 \\ A = 0.6\end{cases}$ 产生自振荡。

7.9 非线性系统如图题 7.9 所示。

(1) 已知 $a = 1, b = 3, K = 11$，试用描述函数法分析系统的稳定性。

(2) 为消除自持振荡，继电器的参数 a 和 b 应作如何调整？

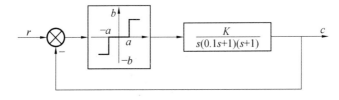

图题 7.9 非线性控制系统

解 (1) $a = 1, b = 3$

$$N(A) = \frac{4b}{\pi A}\sqrt{1 - \left(\frac{a}{A}\right)^2}, \quad -\frac{1}{N(A)} = \frac{-\pi A}{12\sqrt{1 - \dfrac{1}{A^2}}}$$

捌点坐标为 $-\dfrac{\pi}{2\times\dfrac{b}{a}} = -\dfrac{\pi}{2\times 3} = -\dfrac{\pi}{6} = -0.523$

$$G(j\omega) = \frac{11}{j\omega(0.1j\omega + 1)(j\omega + 1)} = \frac{-12.1}{0.01\omega^4 + 1.01\omega^2 + 1} -$$
$$j\frac{11(1 - 0.1\omega^2)}{\omega(0.01\omega^4 + 1.01\omega^2 + 1)}$$

令 $\mathrm{Im}[G(j\omega)] = 0, \omega = \sqrt{10}$

$\mathrm{Re}[G(j\sqrt{10})] = -1, G(j\omega)$ 与 $-\dfrac{1}{N(A)}$ 相交

令 $-\dfrac{\pi A}{12\sqrt{1 - \dfrac{1}{A^2}}} = -1$，求得 $\begin{cases}A_1 = 3.68 \\ A_2 = 1.04\end{cases}$

A_1 处对应稳定交点，A_2 处对应对不稳定交点，系统中存在自振荡的频率为 $\omega = \sqrt{10}$，

振幅 $A = 3.68$。

（2）$-\dfrac{1}{N(A)}$ 捌点处坐标为 $-\dfrac{\pi a}{2b}$，令其 <-1，即不与 $G(\mathrm{j}\omega)$ 相交

$$-\frac{\pi a}{2b} < -1, \quad \frac{a}{b} > \frac{2}{\pi} = 0.637$$

可取 $a = 1, b = 1.5$，即不产生振荡。

7.10 具有间隙的非线性系统如图题 7.10 所示。

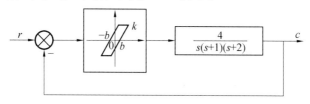

图题 7.10　具有间隙的非线性系统

（1）若 $k = 0.75, b = 1$，应用描述函数法分析非线性系统的稳定性；如果产生自持振荡，则确定其频率和振幅。

（2）讨论减小间隙非线性的 k 值对自持振荡的影响。

解　该题手工算计算量过大，采用 MATLAB/Simulink 仿真可知，当 $k = 0.75, b = 1$ 时，系统产生振荡，幅值约为 1，频率约为 $0.1 \sim 0.05\,\mathrm{Hz}$。$k$ 减小时，振荡减弱。

7.11　非线性系统如图题 7.11 所示，用描述函数法分析其稳定性。

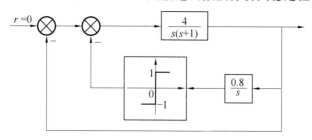

图题 7.11　非线性控制系统

解　将方块图化简如下：

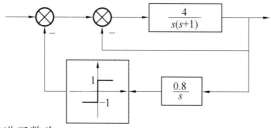

线性部分等效传递函数为

$$G(\mathrm{j}\omega) = \frac{3.2}{\mathrm{j}\omega\big[(\mathrm{j}\omega)^2 + \mathrm{j}\omega + 4\big]} = \frac{3.2}{-\omega^2 + \mathrm{j}\omega(4 - \omega^2)}$$

令 $\mathrm{Im}[G(\mathrm{j}\omega)] = 0, \ \omega = 2$

$$N(A) = \frac{4b}{\pi A}, b=1, -\frac{1}{N(A)} = -\frac{\pi}{4}A$$

$$\text{Re}[G(j\omega)]\Big|_{\omega=2} = -0.8$$

令 $-\frac{\pi}{4}A = -0.8, \quad A = 1.019$

即存在自振荡，频率为 $\omega=2$，振幅为 $A=1.019$。

7.12 非线性系统如图题 7.12 所示，用描述函数法分析其稳定性

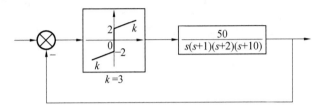

图题 7.12　非线性控制系统

解　$N(A) = \frac{4M}{\pi A} + K = \frac{4 \times 2}{\pi A} + 3 = \frac{8}{\pi A} + 3 = \frac{3\pi A + 8}{\pi A}$

$$-\frac{1}{N(A)} = -\frac{\pi A}{3\pi A + 8}, A \to 0, -\frac{1}{N(A)} \to 0, A \to \infty,$$

$-\frac{1}{N(A)} \to -\frac{1}{3}, -\frac{1}{N(A)}$ 轨迹在 $0 \sim -\frac{1}{3}$ 一段负实轴上。

$$G(j\omega) = \frac{50}{(j\omega+1)(j\omega+2)(j\omega+10)} =$$

$$\frac{50}{(20-13\omega^2)+j\omega(32-\omega^2)}$$

令 $\text{Im}[G(j\omega)]=0$，解得 $\omega = \sqrt{32} = 4\sqrt{2}$

$$\text{Re}[G(j\omega)]\Big|_{\omega=\sqrt{32}} = -0.126$$

$G(j\omega)$ 与 $-\frac{1}{N(A)}$ 相交

令 $-\frac{1}{N(A)} = -\frac{\pi A}{3\pi A + 8} = -0.126$，求得 $A=0.516$。

系统将产生自振荡，频率为 $\sqrt{32}$，振幅为 0.516。

7.13 非线性系统如图题 7.13 所示，试用描述函数法分析其稳定性，若存在自持振荡，求出振幅和频率。

解　$N(A) = \frac{2k}{\pi}\left[\frac{\pi}{2} - \arcsin\frac{a}{A} - \frac{a}{A}\sqrt{1-\left(\frac{a}{A}\right)^2}\right]$

$a=0.1, k=1$

$$-\frac{1}{N(A)} = \frac{-\pi}{2\left[\frac{\pi}{2} - \arcsin\frac{0.1}{A} - \frac{0.1}{A}\sqrt{1-\left(\frac{0.1}{A}\right)^2}\right]}$$

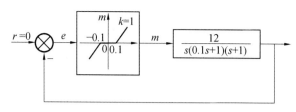

图题 7.13　非线性控制系统

$$A \to a, -\frac{1}{N(A)} \to -\infty, A \to \infty, -\frac{1}{N(A)} \to -\frac{1}{k} = -1$$

$$G(\mathrm{j}\omega) = \frac{12}{\mathrm{j}\omega(0.1\mathrm{j}\omega + 1)(\mathrm{j}\omega + 1)} = \frac{12}{\mathrm{j}\omega(1 - 0.1\omega^2) - 1.1\omega^2}$$

令 $\mathrm{Im}[G(\mathrm{j}\omega)] = 0$，解得 $\omega = \sqrt{10}$

$$\mathrm{Re}[G(\mathrm{j}\omega)]\Big|_{\omega = \sqrt{10}} = -1.09$$

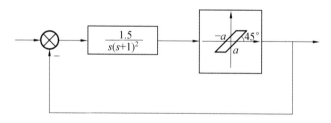

$G(\mathrm{j}\omega)$ 与 $-\dfrac{1}{N(A)}$ 相交，交点为不稳定交点，不产生自振荡。

7.14　非线性控制系统如图题 7.14 所示。

（1）确定自持振荡的幅值和频率。

（2）如果加入传递函数为

$$D(s) = \frac{1 + 0.8s}{1 + 0.4s}$$

的串联校正装置，能否消除自持振荡？

图题 7.14　非线性控制系统

解　（1）自振荡频率 $\omega = 0.84$ 弧度 /s

自振荡振幅 $A = 6.25a$

（2）加入 $D(s) = \dfrac{1 + 0.8s}{1 + 0.1s}$ 的校正后可消除自振荡。

注：该题计算量过大，不宜留作业，拟删去（见第 1 篇例 6.9）。

7.15　电子振荡器的方框图如图题 7.15 所示，试分析为使振荡器产生稳定的自激振荡，饱和特性线性区增益 k 的取值范围。若 $k = 0.25$，自激振荡的频率和振幅是多少？

解

$$-\frac{1}{N(A)} = \frac{-1}{\dfrac{2k}{\pi}\left[\arcsin\dfrac{1}{A} + \dfrac{1}{A}\sqrt{1 - \left(\dfrac{1}{A}\right)^2}\right]}　\text{在负实轴上}$$

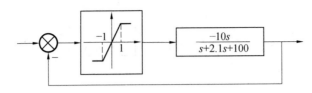

图题 7.15　电子振荡的方块图

$$G(\mathrm{j}\omega) = \frac{-\mathrm{j}10\omega}{-\omega^2 + \mathrm{j}2.1\omega + 100} = \frac{-21\omega^2 - \mathrm{j}10\omega(100 - \omega^2)}{(100 - \omega^2)^2 + (2.1\omega)^2}$$

令 $\mathrm{Im}[G(\mathrm{j}\omega)] = 0$，$\omega = 10$

$\mathrm{Re}[G(\mathrm{j}\omega)]\Big|_{\omega = 10} = -4.76$

欲使 $G(\mathrm{j}\omega)$ 与 $-\dfrac{1}{N(A)}$ 相交，必有

$$-\frac{1}{k} > -4.76, \text{即 } k > 0.21$$

$k > 0.21$ 时产生自振荡。

$k = 0.25$ 时，令

$$-4.76 = \frac{-1}{\dfrac{0.5}{\pi}\left[\arcsin\dfrac{1}{A} + \dfrac{1}{A}\sqrt{1 - \left(\dfrac{1}{A}\right)^2}\right]}$$

解得 $A = 1.366$

即 $k = 0.25$ 时，自振荡的频率 $\omega = 10$，振幅 $A = 1.366$

7.16　二阶非线性系统的微分方程为 $\ddot{e} + 0.5\dot{e} + 2e + e^2 = 0$ 试确定奇点的类型及位置。提示：先求出奇点位置，在奇点的邻域内将方程线性化，然后再确定奇点的类型。

解　$f(e,\dot{e}) = 0.5\dot{e} + 2e + e^2$

$$\ddot{e} = \frac{\mathrm{d}\dot{e}}{\mathrm{d}t} = \frac{\mathrm{d}\dot{e}}{\mathrm{d}e} \cdot \frac{\mathrm{d}e}{\mathrm{d}t} = \dot{e}\frac{\mathrm{d}\dot{e}}{\mathrm{d}e}$$

$$\frac{\mathrm{d}\dot{e}}{\mathrm{d}e} = -\frac{f(e,\dot{e})}{\dot{e}} = -\frac{0.5\dot{e} + 2e + e^2}{\dot{e}}$$

令 $\begin{cases} \dot{e} = 0 \\ 0.5\dot{e} + 2e + e^2 = 0 \end{cases}$　　有 $\begin{cases} \dot{e} = 0 \\ e(2 + e) = 0 \end{cases}$

两个奇点 $\begin{cases} e = 0 \\ \dot{e} = 0 \end{cases}$ 和 $\begin{cases} e = -2 \\ \dot{e} = 0 \end{cases}$

在第一个奇点 $e = 0$，邻域内将 $2e + e^2$ 展成台劳级数

$f(e) = 2e + e^2, \ \dot{f}(e) = 2 + 2e, \ \ddot{f}(e) = 2, \ f^{(3)}(e) = 0$

$$f(e) = f(0) + \frac{\dot{f}(0)}{1!}(e - 0) + \frac{\ddot{f}(0)}{2!}(e - 0)^2 + \cdots =$$

$$0 + 2e + \frac{2e^2}{2!} = 2e + e^2 \approx 2e\ (\text{取一次近似})$$

微分方程为　　　　　　　　　$\ddot{e} + 0.5\dot{e} + 2e = 0$

特征方程 $$r^2 + 0.5r + 2 = 0$$

$$r = \frac{-0.5 \pm \sqrt{0.25-8}}{2} = -0.25 \pm j1.39$$

奇点(0,0)为稳定焦点

在 $e = -2$,邻域内将 $2e + e^2$ 展成台劳级劳

取一次近似后 $$f(e) \approx -2e - 4$$

微分方程为 $$\ddot{e} + 0.5\dot{e} - 2e - 4 = 0$$

特征方程为 $$r^2 + 0.5r - 2 = 0$$

$$r = \frac{-0.5 \pm \sqrt{0.25+8}}{2} = \begin{cases} -1.686 \\ 1.186 \end{cases}$$

奇点(-2,0)为鞍点

7.17 非线性系统如图题7.17所示,$r(t) = 0$,试画出系统在初始条件作用下的相轨迹图,并分析系统的瞬态响应。$c(0) > 0, \dot{c}(0) > 0$。

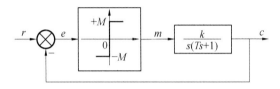

图题 7.17 非线性控制系统

解 理想继电器的数学表达式为

$$m = \begin{cases} M & (e > 0) \\ -M & (e < 0) \end{cases}$$

$e = 0$ 将相平面分为两个区,I 区,$e > 0$;II 区,$e < 0$

线性部分方程为 $$T\ddot{e} + \dot{e} + kM = 0$$

I 区 $$T\ddot{e} + \dot{e} + kM = 0 \quad (e > 0)$$

相轨迹斜率方程为 $$\alpha = \frac{d\dot{e}}{de} = -\frac{1}{T}\frac{\dot{e} + kM}{\dot{e}}$$

I 区没有奇点,等倾线方程为

$$\dot{e} = -\frac{kM}{\alpha T + 1}$$

等倾线是平行于横轴的水平线,斜率为0。

令相轨迹斜率等于等倾线斜率,即 $\alpha = 0$ 有

渐近线方程为 $$\dot{e} = -kM \quad (e > 0)$$

II 区 渐近线方程为 $$\dot{e} = kM \quad (e < 0)$$

$e(0) = -c(0) < 0, \dot{e}(0) = -\dot{c}(0) < 0$

相轨迹起点在 A 点,瞬态响应为收敛振荡。

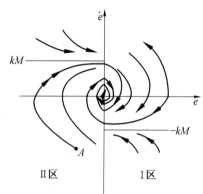

$$II区 \qquad\qquad I区$$

7.18 非线性系统如图题7.18所示,系统开始是静止的,输入信号$r(t)=4\cdot1(t)$.试画出系统的相轨迹图,并分析系统的运动特点。

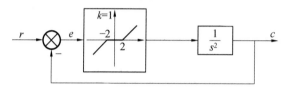

图题7.18 非线性控制系统

解 死区的数学表达

$$x=\begin{cases}0 & (|e|<2)\\ e-2 & (e>2)\\ e+2 & (e<-2)\end{cases}$$

线性部分微分方程

$\ddot c=x$ 将$c=r-e$代入有

$\ddot e+x=\ddot r$,$r(t)=4\cdot1(t)$,$t>0$时,$\ddot r=0$

$\therefore\qquad \ddot e+x=0$

Ⅰ区 $\quad|e|<2$

$\ddot e=0\quad$相轨迹为水平线

Ⅱ区 $\quad e>2$

$\ddot e+e-2=0$

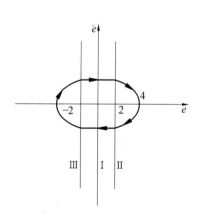

斜率方程 $\quad\dfrac{\mathrm{d}\dot e}{\mathrm{d}e}=-\dfrac{e-2}{\dot e}$

令 $\begin{cases}e-2=0\\ \dot e=0\end{cases}$ 有 $\begin{cases}e=2\\ \dot e=0\end{cases}$

奇点位置(2,0),性质为中心点,相轨迹为椭圆。

Ⅲ区 $\quad e<-2$

$$\ddot e+e+2=0$$

奇点位置(-2,0),性质为中心点,系统为等幅振荡。

7.19 非线性系统如图题7.19所示。若输出为零初始条件,$r(t)=1(t)$,要求

(1) 在$e-\dot e$平面上画出相轨迹;

（2）判断该系统是否稳定，最大稳态误差是多少；

（3）绘出 $e(t)$ 及 $c(t)$ 的时间响应大致波形。

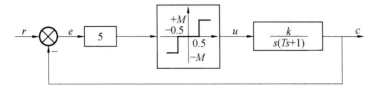

图题 7.19　非线性控制系统

解　继电器及前面放大倍数为 5 的放大环节结合在一起的数学描述为

$$u = \begin{cases} 0 & (\,|\,e\,|\, < 0.1) \\ M & (e > 0.1) \\ -M & (e < -0.1) \end{cases}$$

后面线性部分方程为

$T\ddot{c} + \dot{c} = ku$，考虑到 $e = r - c$，有

$T\ddot{r} + \dot{r} - T\ddot{e} - \dot{e} = u$

$r(t) = 1(t)$，$t > 0$ 时，$\dot{r} = \ddot{r} = 0$，所以有

$T\ddot{e} + \dot{e} + ku = 0$

Ⅰ 区　$|\,e\,| < 0.1$

　　　　$T\ddot{e} + \dot{e} = 0$

相轨迹斜率　$\alpha = \dfrac{\mathrm{d}\dot{e}}{\mathrm{d}e} = -\dfrac{\dfrac{1}{T}\dot{e}}{\dot{e}} = -\dfrac{1}{T}$

Ⅰ 区为相轨迹斜率恒为 $-\dfrac{1}{T}$

Ⅱ 区　$e > 0.1$

　　　　$T\ddot{e} + \dot{e} + kM = 0$

相轨迹斜率　$\alpha = \dfrac{\mathrm{d}\dot{e}}{\mathrm{d}e} = -\dfrac{1}{T}\dfrac{\dot{e} + kM}{\dot{e}}$

等倾线方程　$\dot{e} = -\dfrac{kM}{\alpha T + 1}$，是水平线

令相轨迹的斜率等于等倾线斜率，即 $\alpha = 0$

得到渐近线方程　$\dot{e} = -kM$

Ⅲ 区　$e < -0.1$

类似地，渐近线方程为　$\dot{e} = kM$

系统稳定，最大稳态误差为 ± 0.1。

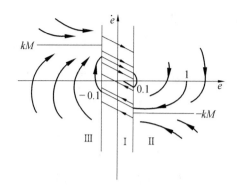

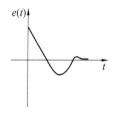
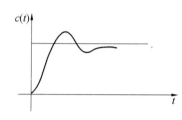

7.20 已知非线性系统如图题 7.20 所示,$r(t)=1(t)$。试用相平面法分析

(1)$T_d=0$ 时系统的运动。

(2)$T_d=0.5$ 时系统的运动,并说明比例微分控制对改善系统性能的影响。

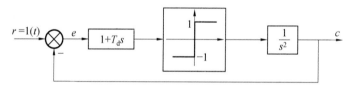

图题 7.20 非线性控制系统

解 (1)$T_d=0$,继电器数学描述为

$$x=\begin{cases} 1 & (e>0) \\ -1 & (e<0) \end{cases}$$

线性部分微分方程 $\ddot{c}=x,c=r-e$

$$\ddot{r}-\ddot{e}=x$$

因为 $r(t)=1(t),t>0$ 时,$\dot{r}=\ddot{r}=0$

所以 方程为 $\ddot{e}+x=0$

Ⅰ区 $e>0$ $\ddot{e}=-1$ $\Big\}$ 抛物线

Ⅱ区 $e<0$ $\ddot{e}=1$

$e(0_+)=r(0_+)-c(0_+)=1-0=1$

$\dot{e}(0_+)=\dot{r}(0_+)-\dot{c}(0_+)=0-0=0$

系统等幅振荡

(2)$T_d=0.5$

$e_1=T_d\dot{e}+e$

令 $e_1=0$,即 $T_d\dot{e}+e=0$,$\dot{e}=-\dfrac{1}{T_d}e$

与(1)相比，$e-\dot{e}$平面上的切换线变了，系统收敛振荡。

加入比例微分改善系统稳定性。

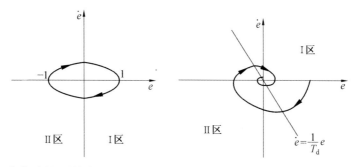

7.21 二阶非线性系统如图题7.21所示，其中$e_0=0.2$，$M=0.2$，$K=4$及$T=1$。试分别画出输入信号取下列函数时系统的相轨迹图。设系统原处于静止状态。

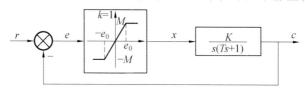

图题7.21 非线性控制系统

(1) $r(t)=2\cdot1(t)$

(2) $r(t)=-2\cdot1(t)+0.4t$

(3) $r(t)=-2\cdot1(t)+0.8t$

(4) $r(t)=-2\cdot1(t)+1.2t$

解 饱和非线性数学表达式为

$$x=\begin{cases} e & (|e|<0.2) \\ 0.2 & (e>0.2) \\ -0.2 & (e<-0.2) \end{cases}$$

线性部分微分方程为
$$T\ddot{e}+\dot{e}+Kx=T\ddot{r}+\dot{r}，将 K=4,T=1 代入有$$
$$\ddot{e}+\dot{e}+4x=\ddot{r}+\dot{r}$$

$e-\dot{e}$平面分成三个区：Ⅰ区，$|e|<0.2$；Ⅱ区，$e>0.2$；Ⅲ区，$e<-0.2$

(1) $r(t)=2\cdot1(t)$，$t>0$ 时 $\dot{r}=\ddot{r}=0$
$$\ddot{e}+\dot{e}+4x=0$$

Ⅰ区 $|e|<0.2$，$x=e$
$$\ddot{e}+\dot{e}+4e=0$$
$$\alpha=\frac{\mathrm{d}\dot{e}}{\mathrm{d}e}=-\frac{\dot{e}-4e}{\dot{e}}$$

令 $\begin{cases} \dot{e}-4e=0 \\ \dot{e}=0 \end{cases}$ 解出奇点位置(0,0)实奇点，稳定焦点。

Ⅱ区 $e>0.2$，$x=0.2$

$$\ddot{e} + \dot{e} + 0.8 = 0$$

相轨迹斜率方程

$$\alpha = \frac{\mathrm{d}\dot{e}}{\mathrm{d}e} = -\frac{1}{T} \frac{\dot{e} + KM}{\dot{e}} = -\frac{\dot{e} + 0.8}{\dot{e}}$$

Ⅱ 区没有奇点,等倾线方程为

$$\dot{e} = -\frac{KM}{\alpha T + 1} = -\frac{0.8}{\alpha + 1} \text{ 是水平线}$$

令相轨迹斜率等于等倾线斜率,即 $\alpha = 0$

可得渐近线方程 $\quad \dot{e} = -0.8,\ e > 0.2$

类似地,Ⅲ 区渐近线方程 $\quad \dot{e} = 0.8,\ e < -0.2$

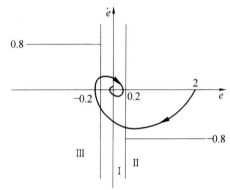

(2) $r(t) = -2 \cdot 1(t) + 0.4t,\ t > 0$ 时,$\dot{r} = 0.4,\ \ddot{r} = 0$

$$\ddot{e} + \dot{e} + 4x = 0.4$$

Ⅰ 区 $\quad |e| < 0.2$

$$\ddot{e} + \dot{e} + 4e = 0.4$$

相轨迹斜率

$$\alpha = \frac{\mathrm{d}\dot{e}}{\mathrm{d}e} = -\frac{\dot{e} + 4e - 0.4}{\dot{e}}$$

奇点位置 $(0.1, 0)$,奇点性质稳定焦点

Ⅱ 区 $\quad e > 0.2$

$$\ddot{e} + \dot{e} + 0.8 = 0.4$$

即

$$\ddot{e} + \dot{e} + 0.4 = 0$$

相轨迹斜率方程

$$\alpha = \frac{\mathrm{d}\dot{e}}{\mathrm{d}e} = -\frac{\dot{e} + 0.4}{\dot{e}}$$

等倾线方程 $\qquad\qquad \dot{e} = -\frac{0.4}{1 + \alpha}$

渐近线方程 $\qquad\qquad \dot{e} = -0.4$

Ⅲ 区 $\quad e < -0.2$

类似地,渐近线方程 $\dot{e} = 1.2$

相轨迹起始点 $\begin{cases} e(0_+) = r(0_+) - c(0_+) = -2 \\ \dot{e}(0_+) = \dot{r}(0_+) - \dot{c}(0_+) = 0.4 \end{cases}$

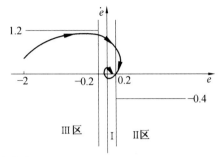

$(3)\,r(t) = -2 \cdot 1(t) + 0.8t$

$t > 0$ 时，$\dot{r} = 0.8, \ddot{r} = 0$

$$\ddot{e} + \dot{e} + 4x = 0.8$$

Ⅰ 区　　$|e| < 0.2, x = e$

$$\ddot{e} + \dot{e} + 4e = 0.8$$

$$\alpha = \frac{\mathrm{d}\dot{e}}{\mathrm{d}e} = \frac{\dot{e} + 4e - 0.8}{\dot{e}}$$

奇点坐标 $(0.2, 0)$ 在 Ⅰ，Ⅱ 区分界线上，性质稳定焦点

　　Ⅱ 区　　$e > 0.2$　　$x = 0.2$

$$\ddot{e} + \dot{e} = 0$$

或写成　　　　　$\dot{e}\left(\dfrac{\mathrm{d}\dot{e}}{\mathrm{d}e} + 1 \right) = 0$，由此可得 $\begin{cases} \dot{e} = 0 \\ \alpha = \dfrac{\mathrm{d}\dot{e}}{\mathrm{d}e} = -1 \end{cases}$

　　Ⅱ 区相轨迹斜率 -1，终止于 $\dot{e} = 0$ 的横轴上

　　Ⅲ 区　　　　　　　$e < -0.2, x = -0.2$

$$\ddot{e} + \dot{e} - 0.8 = 0.8$$

即　　　　　　　$\ddot{e} = -\dot{e} + 1.6$

$$\alpha = \frac{\mathrm{d}\dot{e}}{\mathrm{d}e} = \frac{-\dot{e} + 1.6}{\dot{e}}$$

等倾线方程　　　$\dot{e} = \dfrac{1.6}{1 + \alpha}$

渐近线方程为　　$\dot{e} = 1.6$

$e(0_+) = r(0_+) - c(0_+) = -2$

$\dot{e}(0_+) = \dot{r}(0_+) - \dot{c}(0_+) = 0.8$

$(4)\,r(t) = -2 \cdot 1(t) + 1.2t$

$t > 0$ 时，$\dot{r} = 1.2, \ddot{r} = 0$

$\ddot{e} + \dot{e} + 4x = 1.2$

　　Ⅰ 区　　$|e| < 0.2$

$$\ddot{e} + \dot{e} + 4e = 1.2$$

$$\alpha = \frac{d\dot{e}}{de} = -\frac{\dot{e} + 4e - 1.2}{\dot{e}}$$

奇点位置(0.3,0) 在 Ⅱ 区是个虚奇点

Ⅱ 区　　渐近线为　$\dot{e} = 0.4$

Ⅲ 区　　渐近线为　$\dot{e} = 2.0$

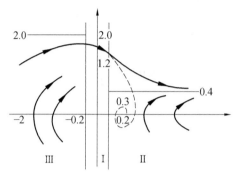

7.22　非线性系统的稳定性与哪些因素有关? 与线性系统有什么相同与不同之处?

解　非线性系统的稳定性与系统结构参数,初始条件和输入信号有关。而线性系统稳定性仅与系统的结构和参数有关,与初始条件及输入信号无关。

7.23　奇点中的中心点是否对应极限环?

解　中心点所对应的相轨迹不对应极限环。

7.24　用描述函数法研究非线性系统的适用条件是什么?

解　1. 非线性系统的结构图可简化为只有一个非线性环节和与线性部分相串联的形式。

2. 非线性环节的输入输出特性是奇对称的。

3. 系统的线性部分具有较好的低通滤波特性。

7.25　相平面法可以分析什么样的非线性系统?

解　相平面法可以分析线性部分为一阶、二阶的非线性系统。也可近似分析线性部化可简化为二阶的非线性系统。

第8章　线性离散系统

8.1　已知采样器的采样周期 $T = 1$ s,求对下列连续信号采样后得到的脉冲序列 $x^*(t)$ 的前8个值。

(1) $x(t) = 1 - \frac{1}{2}t + \frac{1}{3}t^2$

(2) $x(t) = 1 - \cos 0.785t$

(3) $x(t) = 1 - e^{-0.5t}$

解　(1) 1.0　0.833　1.333　2.5　4.333　6.833　10.0　13.833

(2) 0.0　2.926　0.999　1.706　2.0　1.709　1.002　0.295

(3) 0.0　0.393　0.632　0.777　0.865　0.918　0.950　0.970

8.2　已知采样器的采样角频率 $\omega_s = 3$ rad/s，求对下列连续信号采样后得到的脉冲序列的前 8 个值。说明是否满足采样定理，如果不满足采样定理会出现什么现象。

$$x_1(t) = \sin t, \quad x_2(t) = \sin 4t, \quad x_3(t) = \sin t + \sin 3t$$

解　$x_1(k) = x_2(k) = x_3(k)$

0.0　0.866　-0.866　0.0　0.866　-0.866　0.0　0.866

对 $x_1(t)$ 采样满足采样定理，对 $x_2(t)$，$x_3(t)$ 采样不满足采样定理，若不满足采样定理，会发生频率混叠。若两个信号的频率差正好是采样频率的整数倍，则它们的采样信号完全相同，如 $\omega_1 = 1$，$\omega_2 = 4$，$\omega_2 - \omega_1 = 3 = \omega_s$。若信号的某一频率是采样频率 ω_s 的整数倍，则该频率在采样后的信号中消失，如 $\omega_3 = \omega_s = 3$。

8.3　求下列函数的 Z 变换。

(1) $E(s) = \dfrac{1}{(s+a)(s+b)}$

(2) $E(s) = \dfrac{k}{s(s+a)}$

(3) $E(s) = \dfrac{s+1}{s^2}$

(4) $E(s) = \dfrac{1 - e^{-s}}{s^2(s+1)}, \quad T = 1$ s

(5) $e(t) = t \cdot e^{-2t}$

(6) $e(t) = t^3$

解

(1) $E(s) = \dfrac{1}{(s+a)(s+b)}$

$$E(z) = Z\left[\frac{1}{(s+a)(s+b)}\right] = Z\left[\frac{1}{b-a}\left(\frac{1}{s+a} - \frac{1}{s+b}\right)\right] =$$

$$\frac{1}{b-a}\left(\frac{z}{z - e^{-aT}} - \frac{z}{z - e^{-bT}}\right)$$

(2) $E(s) = \dfrac{k}{s(s+a)}$

$$E(z) = Z\left[\frac{k}{s(s+a)}\right] = \frac{k}{a} Z\left[\frac{1}{s} - \frac{1}{s+a}\right] =$$

$$\frac{k}{a} \frac{z(1 - e^{-aT})}{z^2 - (1 + e^{-aT})z + e^{-aT}}$$

(3) $E(s) = \dfrac{s+1}{s^2}$

$$E(z) = Z\left[\frac{s+1}{s^2}\right] = Z\left[\frac{1}{s} + \frac{1}{s^2}\right] =$$

$$\frac{z}{z-1} + \frac{Tz}{(z-1)^2} = \frac{z^2 + (T-1)z}{(z-1)^2}$$

$(4)\ E(s) = \dfrac{1 - e^{-s}}{s^2(s+1)},\ T = 1\text{ s}$

$$E(z) = Z\left[\dfrac{1 - e^{-s}}{s^2(s+1)}\right] = (1 - z^{-1})Z\left[\dfrac{1}{s^2(s+1)}\right] =$$

$$(1 - z^{-1})Z\left[\dfrac{1}{s^2} - \dfrac{1}{s} + \dfrac{1}{s+1}\right] =$$

$$\dfrac{e^{-1}z + 1 - 2e^{-1}}{(z-1)(z-e^{-1})}$$

$(5)\ e(t) = te^{-2t}$

$$E(z) = Z[te^{-2t}] = \dfrac{Tze^{-2T}}{(z - e^{-2T})^2} = \dfrac{Te^{-2T}z^{-1}}{(1 - e^{-2T}z^{-1})^2}$$

$(6)\ e(t) = t^3$

$$E(z) = Z[t^3] = \dfrac{T^3 z^{-1}(1 + 4z^{-1} + z^{-2})}{(1 - z^{-1})^4}$$

8.4 求下列函数的 Z 反变换。

$(1)\ X(z) = \dfrac{z}{z - 0.4}$

$(2)\ X(z) = \dfrac{z}{(z-1)(z-2)}$

$(3)\ X(z) = \dfrac{z}{(z - e^{-T})(z - e^{-2T})}$

$(4)\ X(z) = \dfrac{z}{(z-1)^2(z-2)}$

$(5)\ X(z) = \dfrac{1}{z-1}$

解

$(1)\ X(z) = \dfrac{z}{z - 0.4},\ x(k) = 0.4^k\quad(k = 0,1,2,\cdots)$

$(2)\ X(z) = \dfrac{z}{(z-1)(z-2)}$

$$\dfrac{X(z)}{z} = \dfrac{1}{(z-1)(z-2)} = \dfrac{-1}{z-1} + \dfrac{1}{z-2}$$

$$X(z) = \dfrac{-z}{z-1} + \dfrac{z}{z-2}$$

$$x(k) = -1^k + 2^k\quad(k = 0,1,2,\cdots)$$

$(3)\ X(z) = \dfrac{z}{(z - e^{-T})(z - e^{-2T})}$

$$\dfrac{X(z)}{z} = \dfrac{1}{(z - e^{-T})(z - e^{-2T})} = \dfrac{\frac{1}{e^{-T} - e^{-2T}}}{z - e^{-T}} + \dfrac{\frac{1}{e^{-2T} - e^{-T}}}{z - e^{-2T}}$$

$$X(z) = \dfrac{1}{(z - e^{-T})(z - e^{-2T})}\left(\dfrac{z}{z - e^{-T}} - \dfrac{z}{z - e^{-2T}}\right)$$

$$x(t) = \frac{1}{(z - \mathrm{e}^{-T})(z - \mathrm{e}^{-2T})}(\mathrm{e}^{-t} - \mathrm{e}^{-2t})$$

$(4) X(z) = \dfrac{z}{(z-1)^2(z-2)}$

$$\frac{X(z)}{z} = \frac{1}{(z-1)^2(z-2)} = \frac{-1}{(z-1)^2} + \frac{-1}{z-1} + \frac{1}{z-2}$$

$$X(z) = \frac{-z}{(z-1)^2} + \frac{-z}{z-1} + \frac{z}{z-2}$$

$$x(k) = -k - 1 + 2^k$$

$(5) X(z) = \dfrac{1}{z-1} \qquad x(k) = \begin{cases} 0 & (k=0) \\ 1 & (k=1,2,3,\cdots) \end{cases}$

8.5 求下列函数所对应脉冲序列的初值和终值。

$(1) \quad X(z) = \dfrac{z}{z - \mathrm{e}^{-T}}$

$(2) \quad X(z) = \dfrac{z^2}{(z-0.8)(z-0.1)}$

$(3) \quad X(z) = \dfrac{0.2385z^{-1} + 0.2089z^{-2}}{1 - 1.0259z^{-1} + 0.4733z^{-2}} \cdot \dfrac{1}{1 - z^{-1}}$

$(4) \quad X(z) = \dfrac{10z^{-1}}{(1 - z^{-1})^2}$

解

$(1) X(z) = \dfrac{z}{z - \mathrm{e}^{-T}}$

$$x(0) = \lim_{z \to \infty} X(z) = \lim_{z \to \infty} \frac{z}{z - \mathrm{e}^{-T}} = 1$$

$$x(\infty) = \lim_{z \to 1}(z - 1)\frac{z}{z - \mathrm{e}^{-T}} = 0$$

$(2) X(z) = \dfrac{z^2}{(z-0.8)(z-0.1)}$

$$x(0) = \lim_{z \to \infty}\frac{z^2}{(z-0.8)(z-0.1)} = 1$$

$$x(\infty) = \lim_{z \to 1}(z-1) \cdot \frac{z^2}{(z-0.8)(z-0.1)} = 0$$

$(3) X(z) = \dfrac{0.2385z^{-1} + 0.2089z^{-2}}{1 - 1.0259z^{-1} + 0.4733z^{-2}} \dfrac{1}{1 - z^{-1}}$

$$x(0) = \lim_{z \to \infty}\frac{0.2385z + 0.2089}{z^2 - 1.0259z + 0.4733} \cdot \frac{z}{z-1} = 0$$

$$x(\infty) = \lim_{z \to 1}(z-1)\frac{0.2385z + 0.2089}{z^2 - 1.0259z + 0.4733} \cdot \frac{z}{z-1} = 1$$

$(4) X(z) = \dfrac{10z^{-1}}{(1 - z^{-1})^2}$

$$x(0) = \lim_{z \to \infty}\frac{10z}{(z-1)^2} = 0$$

$$x(\infty) = \lim_{z \to 1}(z-1)\frac{10z}{(z-1)^2} = \lim_{z \to 1}\frac{10z}{z-1} = \infty$$

8.6 求图示系统的开环脉冲传递函数。

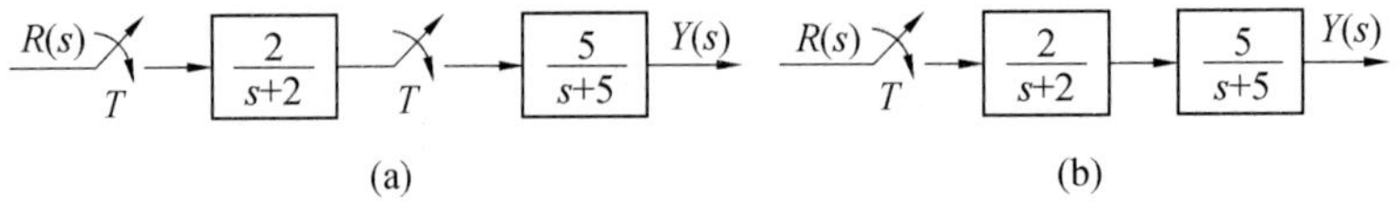

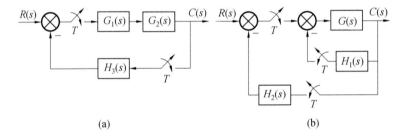

(a)   (b)

图题 8.6　开环系统

解　$(a) G(z) = Z\left[\dfrac{2}{s+2}\right] \cdot Z\left[\dfrac{5}{s+5}\right] =$

$$\frac{2z}{z-\mathrm{e}^{-2T}} \cdot \frac{5z}{z-\mathrm{e}^{-5T}} =$$

$$\frac{10z^2}{(z-\mathrm{e}^{-2T})(z-\mathrm{e}^{-5T})}$$

$(b) G(z) = Z\left[\dfrac{10}{(s+2)(s+5)}\right] =$

$$\frac{10}{3}Z\left[\frac{1}{s+2} - \frac{1}{s+5}\right] =$$

$$\frac{10}{3}\left(\frac{z}{z-\mathrm{e}^{-2T}} - \frac{z}{z-\mathrm{e}^{-5T}}\right) =$$

$$\frac{10(\mathrm{e}^{-2T} - \mathrm{e}^{-5T})z}{3(z-\mathrm{e}^{-2T})(z-\mathrm{e}^{-5T})}$$

8.7 求图示系统闭环脉冲传递函数

(a)   (b)

图题 8.7　闭环系统

解

$$(a) \Phi(z) = \frac{C(z)}{R(z)} = \frac{G_1G_2(z)}{1 + G_1G_2(z)H_3(z)}$$

$$(b) \Phi(z) = \frac{C(z)}{R(z)} = \frac{G(z)}{1 + G(z)H_2(z) + GH_1(z)}$$

8.8 推导图示系统输出的 Z 变换 $C(z)$。

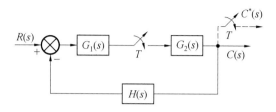

图题 8.8　闭环离散系统

解　$C(z) = \dfrac{RG_1(z)G_2(z)}{1+G_1G_2H(z)}$

8.9　线性离散系统的方块图如图题 8.9 所示,采样周期 $T=1$ s。试求取该系统的单位阶跃响应。

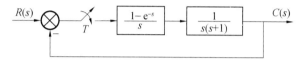

图题 8.9　闭环离散系统

解　$\Phi(z) = \dfrac{C(z)}{R(z)} = \dfrac{0.368z+0.264}{z^2-z+0.632}$

$C(z) = \dfrac{0.368z+0.264}{z^2-z+0.632} \cdot \dfrac{z}{z-1} =$

$\qquad \dfrac{0.368z^{-1}+0.264z^{-2}}{1-2z^{-1}+1.632z^{-2}-0.632z^{-3}} =$

$\qquad 0.368z^{-1}+z^{-2}+1.4z^{-3}+1.4z^{-4}+1.147z^{-5}+$

$\qquad 0.895z^{-6}+0.807z^{-7}+\cdots$

$c(0)=0,\quad c(1)=0.368,\quad c(2)=1,\quad c(3)=1.4,\quad c(4)=1.4,\quad c(5)=1.147,$
$c(6)=0.895,\quad c(7)=0.807,\cdots$

8.10　离散系统如图题 8.10 所示,采样周期 $T=1$s。试分析

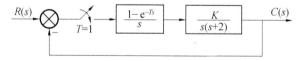

图题 8.10　闭环离散系统

(1)当 $K=8$ 时闭环系统是否稳定?

(2)求系统稳定时 K 的临界值。

解　$G(s) = \dfrac{K(1-\mathrm{e}^{-s})}{s^2(s+2)} = \dfrac{K(1-\mathrm{e}^{-s})}{4}\left[\dfrac{2}{s^2}-\dfrac{1}{s}+\dfrac{1}{s+2}\right]$

$G(z) = \dfrac{K}{4}(1-z^{-1})\left[\dfrac{2z}{(z-1)^2}-\dfrac{z}{z-1}+\dfrac{z}{z-\mathrm{e}^{-2}}\right]$

特征方程　　　$1+G(z)=0$

化简后有　　$z^2+(0.28K-1.14)z+0.14+0.15K=0$

(1)$K=8$ 时,特征方程为

$$z^2 + 1.1z - 1.06 = 0$$

可求得 $z_1 = 0.617$，$z_2 = -1.7$，$|z_2| > 1$，系统不稳定

（2）进行 w 变换

$$\left(\frac{w+1}{w-1}\right)^2 + (0.28K - 1.14)\frac{w+1}{w-1} + (0.14 + 0.15K) = 0$$

化简后得到以 w 为变量的特征方程

$$0.43Kw^2 + (1.72 - 0.3K)w + (2.28 - 0.13K) = 0$$

$$\begin{cases} 0.43K > 0 \\ 1.72 - 0.3K > 0 \\ 2.28 - 0.13K > 0 \end{cases} \qquad \begin{cases} K > 0 \\ K < 5.73 \\ K < 17.5 \end{cases}$$

稳定情况下 K 的临界值为 5.73

8.11 判断图题 8.11 所示系统的稳定性。

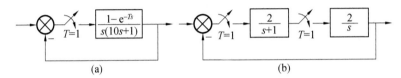

（a）　　　　　　　　　　　（b）

图题 8.11　闭环离散系统

解　（a）$G(z) = (1 - z^{-1})Z\left[\dfrac{1}{s(10s+1)}\right] =$

$(1 - z^{-1})Z\left[\dfrac{1}{s} - \dfrac{10}{10s+1}\right] = (1 - z^{-1})\left[\dfrac{z}{z-1} - \dfrac{z}{z - e^{-0.1}}\right] =$

$\dfrac{z-1}{z} \cdot \dfrac{(1 - e^{-0.1})z}{(z-1)(z - e^{-0.1})} = \dfrac{1 - e^{-0.1}}{z - e^{-0.1}} = \dfrac{0.095}{z - 0.905}$

特征方程　　　　　　　$1 + G(z) = 1 + \dfrac{0.095}{z - 0.905} = 0$

即　　　　　　　　　$z - 0.905 + 0.095 = z - 0.81 = 0$

特征根 $z = 0.81$，系统稳定。

（b）$G(z) = Z\left[\dfrac{2}{s+1}\right] \cdot Z\left[\dfrac{2}{s}\right] = \dfrac{2z}{z - e^{-1}} \cdot \dfrac{2z}{z - 1} =$

$$\dfrac{4z^2}{(z-1)(z - e^{-1})} = \dfrac{4z^2}{z^2 - 1.368z + 0.368}$$

特征方程　$1 + G(z) = 1 + \dfrac{4z^2}{z^2 - 1.368z + 0.368} = 0$

即　　　　　　　　$5z^2 - 1.368z + 0.368 = 0$

$$z_{1,2} = 0.1368 \pm 0.2343j \qquad |z_{1,2}| = 0.271 < 1$$

闭环系统稳定。

8.12 系统结构如图题 8.12 所示，采样周期 $T = 0.2$s，输入信号 $r(t) = 1 + t + \dfrac{1}{2}t^2$。试求该系统在 $t \to \infty$ 时的终值稳态误差。

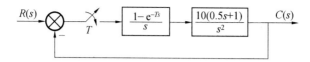

图题 8.12　闭环离散系统

解　$G(z) = (1 - z^{-1})Z\left[\dfrac{10(0.5s + 1)}{s^3}\right] = \dfrac{1.2z^{-1} - 0.8z^{-2}}{(1 - z^{-1})^2}$

$K_p = \lim\limits_{z \to 1} G(z) = \lim\limits_{z \to 1} \dfrac{1.2z^{-1} - 0.8z^{-2}}{(1 - z^{-1})^2} = \infty$

$K_v = \lim\limits_{z \to 1}(1 - z^{-1})G(z) = \lim\limits_{z \to 1}(1 - z^{-1})\dfrac{1.2z^{-1} - 0.8z^{-2}}{(1 - z^{-1})^2} = \infty$

$K_a = \lim\limits_{z \to 1}(1 - z^{-1})^2 G(z) = \lim\limits_{z \to 1}(1 - z^{-1})^2 \dfrac{1.2z^{-1} - 0.8z^{-2}}{(1 - z^{-1})^2} = 0.4$

$e_{ss}(\infty) = \dfrac{1}{1 + K_p} + \dfrac{T}{K_v} + \dfrac{T^2}{K_a} = 0.1$

8.13　已知离散系统如图题 8.13，$T = 0.25\text{s}$。当 $r(t) = 2 + t$ 时，欲使稳态误差小于 0.1，试求 K 值。

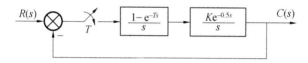

图题 8.13　闭环离散系统

解　$G(z) = (1 - z^{-1})z^{-2}Z\left[\dfrac{K}{s^2}\right] = (1 - z^{-1})z^{-2}\dfrac{0.25Kz^{-1}}{(1 - z^{-1})^2} =$

$\qquad \dfrac{0.25Kz^{-3}}{1 - z^{-1}} = \dfrac{0.25K}{z^3 - z^2}$

$K_p = \lim\limits_{z \to 1} G(z) = \lim\limits_{z \to 1} \dfrac{0.25K}{z^3 - z^2} = \infty$

$K_v = \lim\limits_{z \to 1}(z - 1)G(z) = \lim\limits_{z \to 1}(z - 1)\dfrac{0.25K}{z^3 - z^2} = 0.25K$

$e_{ss}^*(\infty) = \dfrac{1}{1 + K_p} + \dfrac{T}{K_v} = 0 + \dfrac{0.25}{0.25K} = \dfrac{1}{K} < 0.1$，应取 $K > 10$。

8.14　求图题 8.14(a)(b) 两个网络单位阶跃响应的采样值 $c_1^*(t)$ 和 $c_2^*(t)$，并比较其初值和终值。采样周期 $T = 1\text{s}$。

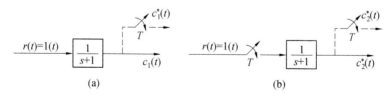

图题 8.14　连续网络和离散网络

解　（a）$C_1(s) = \dfrac{1}{s + 1} \cdot \dfrac{1}{s} = \dfrac{1}{s} - \dfrac{1}{s + 1}$

$$c_1(t) = 1 - \mathrm{e}^{-t}, c_1^*(t) = \sum_{k=0}^{\infty}(1 - \mathrm{e}^{-kT})\delta(t - kT)$$

$$c_1(z) = \frac{z}{z-1} - \frac{z}{z - \mathrm{e}^{-1}} = \frac{(1 - \mathrm{e}^{-1})z}{(z-1)(z - \mathrm{e}^{-1})}$$

$$c_1(0) = \lim_{z \to \infty}\frac{(1 - \mathrm{e}^{-1})z}{(z-1)(z - \mathrm{e}^{-1})} = 0$$

$$c_1(\infty) = \lim_{z \to 1}(z-1) \cdot \frac{(1 - \mathrm{e}^{-1})z}{(z-1)(z - \mathrm{e}^{-1})} = 1$$

$$(b) C_2(z) = \frac{z}{z-1} \cdot \frac{z}{z \cdot \mathrm{e}^{-1}} = \frac{z^2}{(z-1)(z - \mathrm{e}^{-1})}$$

$$c_2(0) = \lim_{z \to \infty}\frac{z^2}{(z-1)(z - \mathrm{e}^{-1})} = 1$$

$$c_2(\infty) = \lim_{z \to 1}(z-1) \cdot \frac{z^2}{(z-1)(z - \mathrm{e}^{-1})} = \frac{1}{1 - \mathrm{e}^{-1}} = 1.582$$

8.15 已知模拟控制器的传递函数为

$$D(s) = \frac{(\tau_1 s + 1)(\tau_2 s + 1)}{(T_1 s + 1)(T_2 s + 1)}$$

试用不同的离散化方法将其离散化为数字控制器的脉冲传递函数 $D(z)$。

解 用双线性变换法

$$D(z) = D(s)\Big|_{s = \frac{2}{T}\frac{1 - z^{-1}}{1 + z^{-1}}} = \frac{(\tau_1 s + 1)(\tau_2 s + 1)}{(T_1 s + 1)(T_2 s + 1)}\Big|_{s = \frac{2}{T}\frac{1 - z^{-1}}{1 + z^{-1}}} =$$

$$\frac{\dfrac{2\tau_1 + T}{2T_1 + T} - \dfrac{2\tau_1 - T}{2T_1 + T}z^{-1}}{1 + \dfrac{2T_1 - T}{2T_1 + T}z^{-1}} \times \frac{\dfrac{2\tau_2 + T}{2T_2 + T} - \dfrac{2\tau_2 - T}{2T_2 + T}z^{-1}}{1 + \dfrac{2T_2 - T}{2T_2 + T}z^{-1}}$$

差分变换法

$$D(z) = D(s)\Big|_{s = \frac{1 - z^{-1}}{T}} = \frac{(\tau_1 s + 1)(\tau_2 s + 1)}{(T_1 s + 1)(T_2 s + 1)}\Big|_{s = \frac{1 - z^{-1}}{T}} =$$

$$\frac{\dfrac{\tau_1 + T}{T_1 + T} - \dfrac{\tau_1}{T_1 + T}z^{-1}}{1 + \dfrac{T_1}{T_1 + T}z^{-1}} \times \frac{\dfrac{\tau_2 + T}{T_2 + T} - \dfrac{\tau_2}{T_2 + T}z^{-1}}{1 + \dfrac{T_2}{T_2 + T}z^{-1}}$$

8.16 数字控制器的脉冲传递函数为

$$D(s) = \frac{U(z)}{E(z)} = \frac{0.383(1 - 0.368z^{-1})(1 - 0.587z^{-1})}{(1 - z^{-1})(1 + 0.592z^{-1})}$$

写出相应的差分方程的形式,求出其单位脉冲响应序列。

解 $D(z) = \dfrac{U(z)}{E(z)} = \dfrac{0.383(1 - 0.368z^{-1})(1 - 0.587z^{-1})}{(1 - z^{-1})(1 + 0.592z^{-1})} =$

$$\frac{0.383 - 0.366z^{-1} + 0.083z^{-2}}{1 - 0.408z^{-1} - 0.592z^{-2}}$$

$U(z) = 0.383E(z) - 0.366z^{-1}E(z) + 0.083z^{-2}E(z) + 0.408z^{-1}U(z) +$
$\quad 0.592z^{-2}U(z)$

$$u(k) = 0.383\mathrm{e}(k) - 0.366\mathrm{e}(k-1) + 0.083\mathrm{e}(k-2) + 0.408u(k-1) + 0.592u(k-2)$$

$$\mathrm{e}^*(t) = \delta(t) \quad E(z) = 1 \quad U(z) = D(z)E(z)$$

$$u^*(t) = 0.383\delta(t) - 0.218\delta(t-T) + 0.224\delta(t-2T) -$$
$$0.033\delta(t-3T) + \cdots$$

8.17 已知计算机控制系统的结构图如图题 8.17 所示,要求 $K_v = 10$, $\sigma_p < 25\%$, $t_s < 1.5$ s,试用模拟化设计方法设计数字控制器 $D(z)$。

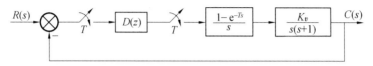

图题 8.17　计算机控制系统

解　由 $\delta_p = 0.16 + 0.4(M_r - 1) < 0.25$

求得　$M_r < 1.225$

由 $M_r = \dfrac{1}{\sin r}$,求得 $r = \arcsin \dfrac{1}{M_r} = 54.7$

取相角裕度　$r = 50°$

由　$t_s = \dfrac{\pi}{\omega_c}[2 + 1.5(M_r - 1) + 2.5(M_r - 1)^2] < 1.5$

$$\omega_c > \frac{\pi}{1.5}[2 + 1.5(M_r - 1) + 2.5(M_r - 1)^2] = 5.2$$

即频域指标为　$r \geqslant 50°$, $\omega_c \geqslant 5.2$ rad/s

取采样周期　$T = 0.05$ s,采样角频率

$$\omega_s = \frac{2\pi}{T} = \frac{2\pi}{0.05} = 314 \text{ rad/s} > 10\omega_c = 52 \text{ rad/s}$$

取 $K_V = 10$,则未校正系统开环传递函数

$$G_0(s) = \frac{10}{s(s+1)(0.025s+1)}$$

用连续系统校正方法设计,校正环节传递函数可取

$$D(s) = \frac{0.6s+1}{0.06s+1}$$

用双线性变换法进行离散化

$$D(z) = \frac{0.6s+1}{0.06s+1}\bigg|_{s=40\frac{1-z^{-1}}{1+z^{-1}}} = \frac{\dfrac{24(1-z^{-1})}{1+z^{-1}}+1}{\dfrac{2.4(1-z^{-1})}{1+z^{-1}}+1} =$$

$$\frac{25 - 23z^{-1}}{3.4 - 1.4z^{-1}} = \frac{7.35 - 6.76z^{-1}}{1 - 0.412z^{-1}}$$

8.18 设离散系统的特征方程式如下,试判断系统的稳定性。

(1)　$45z^3 - 11z^2 + 119z - 36 = 0$

(2)　$(z+1)(z+0.5)(z+3) = 0$

(3) $1 + \dfrac{0.01758(z + 0.8760)}{(z - 1)(z - 0.6703)} = 0$

解 (1) $45z^3 - 11z^2 + 119z - 36 = 0$

$45\left(\dfrac{w + 1}{w - 1}\right)^3 - 11\left(\dfrac{w + 1}{w - 1}\right)^2 + 119\dfrac{w + 1}{w - 1} - 36 = 0$

$117w^3 + 113w^2 - 81w + 211 = 0$,系统不稳

(2) $(z + 1)(z + 0.5)(z + 3) = 0$

$z_1 = -1, z_2 = -0.5, z_3 = -3$,系统不稳。

(3) $1 + \dfrac{0.01758(z + 0.8760)}{(z - 1)(z - 0.6703)} = 0$

$(z - 1)(z - 0.6703) + 0.01758(z + 0.8760) = 0$

$z^2 - 1.65272z + 0.6857 = 0$

$z_{1,2} = \dfrac{1.65272 \pm \sqrt{1.65272^2 - 4 \times 0.6857}}{2} =$

$0.82636 \pm j\, 0.053$

$|z_{1,2}| < 1$,系统稳定。

8.19 求题 8.17 所示系统在 $r(t) = t^2$ 时的稳态误差 $e_{ss}^*(t)$ 和终值稳态误差 $e_{ss}^*(\infty)$。

解 求题 8.17 所示系统在 $r(t) = t^2$ 时的稳态,误差 $e_{ss}^*(t)$ 和终值稳态误差 $e_{ss}^*(\infty)$

Ⅰ 型系统,$e_{ss}^*(\infty) = \infty$

该题条件不够明确,T 和 $D(z)$ 不惟一,$e_{ss}^*(t)$ 的表达式也不惟一。

第9章　控制系统的状态空间分析法

9.1 试列写由下列微分方程所描述的线性定常系统的状态空间表达式。

(1) $\dddot{y}(t) + 2\dot{y}(t) + y(t) = 0$

(2) $\dddot{y}(t) + 3\ddot{y}(t) + 2\dot{y}(t) + 2y(t) = u(t)$

(3) $\dddot{y}(t) + 3\ddot{y}(t) + 2\dot{y}(t) + y(t) = \ddot{u}(t) + 2\dot{u}(t) + u(t)$

解 (1) $\ddot{y}(t) + 2\dot{y}(t) + y(t) = 0$,二阶系统,2 个状态变量

$x_1 = y(t), x_2 = \dot{x}_1 = \dot{y}(t), \dot{x}_2 = \ddot{y}(t) = -y(t) - 2\dot{y}(t) = -x_1 - 2x_2$

$\dot{X} = AX, \quad A = \begin{bmatrix} 0 & 1 \\ -1 & -2 \end{bmatrix}, y = \begin{bmatrix} 1 & 0 \end{bmatrix} X$

(2) $\dddot{y}(t) + 3\ddot{y} + 2\dot{y} + 2y = u$

$\dot{X} = \begin{bmatrix} 0 & 1 & 0 \\ 0 & 0 & 1 \\ -2 & -2 & -3 \end{bmatrix} X + \begin{bmatrix} 0 \\ 0 \\ 1 \end{bmatrix} u, \quad y = \begin{bmatrix} 1 & 0 & 0 \end{bmatrix} X$

(3) $\dddot{y}(t)+3\ddot{y}(t)+2\dot{y}+y(t)=\ddot{u}(t)+2\dot{u}(t)+u(t)$

$$A=\begin{bmatrix} 0 & 1 & 0 \\ 0 & 0 & 1 \\ -1 & -2 & -3 \end{bmatrix}, \quad B=\begin{bmatrix} 0 \\ 0 \\ 1 \end{bmatrix}, \quad C=\begin{bmatrix} 1 & 2 & 1 \end{bmatrix}$$

9.2 已知控制系统的传递函数如下,试列写状态空间表达式。

(1) $\dfrac{Y(s)}{U(s)}=\dfrac{1}{s^2(s+10)}$

(2) $\dfrac{Y(s)}{U(s)}=\dfrac{1}{s(s+1)(s+8)}$

(3) $\dfrac{Y(s)}{U(s)}=\dfrac{s^2+4s+5}{s^3+6s^2+11s+6}$

解 (1) $\dfrac{Y(s)}{U(s)}=\dfrac{1}{s^2(s+10)}=\dfrac{1}{s^3+10s^2}$

$$A=\begin{bmatrix} 0 & 1 & 0 \\ 0 & 0 & 1 \\ 0 & 0 & 10 \end{bmatrix}, \quad B=\begin{bmatrix} 0 \\ 0 \\ 1 \end{bmatrix}, \quad C=\begin{bmatrix} 1 & 0 & 0 \end{bmatrix}$$

(2) $\dfrac{Y(s)}{U(s)}=\dfrac{1}{s(s+1)(s+8)}=\dfrac{1}{8}\cdot\dfrac{1}{s}-\dfrac{1}{7}\cdot\dfrac{1}{s+1}+\dfrac{1}{56}\cdot\dfrac{1}{s+8}$

$$A=\begin{bmatrix} 0 & 0 & 0 \\ 0 & -1 & 0 \\ 0 & 0 & -8 \end{bmatrix}, \quad B=\begin{bmatrix} 1 \\ 1 \\ 1 \end{bmatrix}, \quad C=\begin{bmatrix} \dfrac{1}{8}, & -\dfrac{1}{7}, & \dfrac{1}{56} \end{bmatrix}$$

又 $\dfrac{Y(s)}{U(s)}=\dfrac{1}{s^3+9s^2+8s}, \quad A=\begin{bmatrix} 0 & 1 & 0 \\ 0 & 0 & 1 \\ 0 & -8 & -9 \end{bmatrix}$

$$B=\begin{bmatrix} 0 \\ 0 \\ 1 \end{bmatrix}, \quad C=\begin{bmatrix} 1 & 0 & 0 \end{bmatrix}$$

(3) $\dfrac{Y(s)}{U(s)}=\dfrac{s^2+4s+5}{s^3+6s^2+11s+6}$

$$A=\begin{bmatrix} 0 & 1 & 0 \\ 0 & 0 & 1 \\ -6 & -11 & -6 \end{bmatrix}, \quad B=\begin{bmatrix} 0 \\ 0 \\ 1 \end{bmatrix}, \quad C=\begin{bmatrix} 5 & 4 & 1 \end{bmatrix}$$

9.3 设系统的状态空间表达式为

$$\begin{pmatrix} \dot{x}_1 \\ \dot{x}_2 \end{pmatrix}=\begin{pmatrix} -5 & -1 \\ 3 & -1 \end{pmatrix}\begin{pmatrix} x_1 \\ x_2 \end{pmatrix}+\begin{pmatrix} 2 \\ 5 \end{pmatrix}u$$

$$y=\begin{pmatrix} 1 & 2 \end{pmatrix}\begin{pmatrix} x_1 \\ x_2 \end{pmatrix} \text{ 试求系统的传递函数。}$$

解 求解此题的 MATLAB 程序如下。

$a=\begin{bmatrix} -5 & -1;3 & -1 \end{bmatrix}; b=\begin{bmatrix} 2;5 \end{bmatrix}; c=\begin{bmatrix} 1 & 2 \end{bmatrix};$

$d=[0]; g_1=ss(a,b,c,d); g_2=tf(g_1)$

或　$s=sym(\acute{s}); sa=inv(s*eye(2)-a), c*sa*b$

系统的传递函数为　$\dfrac{12s+59}{s^2+6s+8}$

9.4　系统的状态方程为

$$\begin{bmatrix} \dot{x}_1 \\ \dot{x}_2 \end{bmatrix} = \begin{bmatrix} 0 & 1 \\ -2 & -3 \end{bmatrix} \begin{bmatrix} x_1 \\ x_2 \end{bmatrix}$$

当 $\boldsymbol{X}(0)=\begin{bmatrix} 1 \\ -1 \end{bmatrix}$ 时,试求 $x_1(t)$ 和 $x_2(t)$。

解　求解此题的 MATLAB 程序如下

$a=[0\quad 1;-2\quad -3]; t=sym(\acute{t}); eat=expm(a*t),$

$x0=[1;-1]; eat*x0$

$$x(t)=\mathrm{e}^{At}x(0)=\begin{bmatrix} 2\mathrm{e}^{-t}-\mathrm{e}^{-2t} & \mathrm{e}^{-t}-\mathrm{e}^{-2t} \\ 2\mathrm{e}^{-t}+2\mathrm{e}^{-2t} & 2\mathrm{e}^{-2t}-\mathrm{e}^{-t} \end{bmatrix}\begin{bmatrix} 1 \\ -1 \end{bmatrix}=\begin{bmatrix} \mathrm{e}^{-t} \\ -\mathrm{e}^{-t} \end{bmatrix}$$

e^{At} 的手工算法见第 1 篇第 8 章例 1。

9.5　已知系统的状态方程为

$$\begin{bmatrix} \dot{x}_1 \\ \dot{x}_2 \end{bmatrix} = \begin{bmatrix} 0 & 1 \\ -6 & -5 \end{bmatrix} \begin{bmatrix} x_1 \\ x_2 \end{bmatrix} + \begin{bmatrix} 1 \\ 1 \end{bmatrix} u(t)$$

当 $\boldsymbol{X}(0)=0, u(t)=1(t)$ 时,试求状态方程的解。

解　$x(0)=0, x(t)=L^{-1}[(SI-A)^{-1}BU(S)]=\begin{bmatrix} 1-2\mathrm{e}^{-2t}+\mathrm{e}^{-3t} \\ -1+4\mathrm{e}^{-2t}-3\mathrm{e}^{-3t} \end{bmatrix}$

MATLAB 程序如下

$a=[0\quad 1;-6\quad -5];$

$s=sym(\acute{s});$

$sa=inv(s*eye(2)-a),$

$bu=[1/s;1/s];$

$x=sa*bu, \mathrm{ilaplace}(x)$

9.6　已知线性定常离散系统的差分方程为

$y(k+3)+3y(k+2)+2y(k+1)+y(k)=u(k+2)+2u(k+1)$

试列写系统的状态方程。

解　$y(k+3)+3y(k+2)+2y(k+1)+y(k)=u(k+2)+2u(k+1)$

$a_1=3, a_2=2, a_3=1, b_0=0, b_1=1, b_2=2, b_3=0$

$h_0=b_0=0, h_1=b_1-a_1b_0=1, h_2=(b_2-a_2b_0)-a_1h_1=2-3\times 1=-1$

$h_3=(b_3-a_3h_0)-a_2h_1-a_1h_2=$

$\qquad -2\times 1-3\times(-1)=-2+3=1$

$X(k+1)=AX(k)+Bu(k), y=CX(k)$

$$A=\begin{bmatrix} 0 & 1 & 0 \\ 0 & 0 & 1 \\ -1 & -2 & -3 \end{bmatrix}, \quad B=\begin{bmatrix} h_1 \\ h_2 \\ h_3 \end{bmatrix}=\begin{bmatrix} 1 \\ -1 \\ 1 \end{bmatrix}$$

$$C = \begin{bmatrix} 1 & 0 & 0 \end{bmatrix}$$

9.7 已知线性定常离散系统的差分方程为

$$y(k+2) + 3y(k+1) + 2y(k) = u(k)$$

试列写系统的状态方程,并求其解。已知 $u(t) = 1(t)$。

解 $y(k+2) + 3y(k+1) + 2y(k) = u(k)$

$u(t) = 1(t)$,$u(k) = 1$

$$A = \begin{bmatrix} 0 & 1 \\ -2 & -3 \end{bmatrix}, \quad B = \begin{bmatrix} 0 \\ 1 \end{bmatrix}, \quad C = \begin{bmatrix} 1 & 0 \end{bmatrix}$$

$$(zI - A)^{-1} = \begin{bmatrix} z & -1 \\ 2 & z+3 \end{bmatrix}^{-1} = \begin{bmatrix} \dfrac{z+3}{z^2+3z+2} & \dfrac{1}{z^2+3z+2} \\ \dfrac{-2}{z^2+3z+2} & \dfrac{z}{z^2+3z+2} \end{bmatrix}$$

$$(zI - A)^{-1} BU(z) = (zI - A)^{-1} \begin{bmatrix} 0 \\ 1 \end{bmatrix} \frac{z}{z-1} = (zI - A)^{-1} \begin{bmatrix} 0 \\ \dfrac{z}{z-1} \end{bmatrix} =$$

$$\begin{bmatrix} \dfrac{z}{(z^2+3z+2)(z-1)} \\ \dfrac{z^2}{(z^2+3z+2)(z-1)} \end{bmatrix} =$$

$$\begin{bmatrix} \dfrac{z}{3(z+2)} + \dfrac{z}{6(z-1)} - \dfrac{z}{2(z+1)} \\ \dfrac{-2z}{3(z+2)} + \dfrac{z}{6(z-1)} + \dfrac{z}{2(z+1)} \end{bmatrix} = X(z)$$

$$x(k) = Z^{-1} X(z) = \begin{bmatrix} \dfrac{1}{3}(-2)^k - \dfrac{1}{2}(-1)^k + \dfrac{1}{6} \\ -\dfrac{2}{3}(-2)^k + \dfrac{1}{2}(-1)^k + \dfrac{1}{6} \end{bmatrix}$$

9.8 试求取下列状态方程的离散化方程。

(1) $\dot{\boldsymbol{X}} = \begin{pmatrix} 0 & 1 \\ 0 & 0 \end{pmatrix} \boldsymbol{X} + \begin{pmatrix} 0 \\ 1 \end{pmatrix} u$

(2) $\dot{\boldsymbol{X}} = \begin{pmatrix} 0 & 1 \\ 0 & -2 \end{pmatrix} \boldsymbol{X} + \begin{pmatrix} 0 \\ 1 \end{pmatrix} u$

解 (1) $\dot{X} = \begin{bmatrix} 0 & 1 \\ 0 & 0 \end{bmatrix} X + \begin{bmatrix} 0 \\ 1 \end{bmatrix} u$ $\quad e^{At} = \begin{bmatrix} 1 & t \\ 0 & 1 \end{bmatrix}$

$$e^{At} B = \begin{bmatrix} 1 & t \\ 0 & 1 \end{bmatrix} \begin{bmatrix} 0 \\ 1 \end{bmatrix} = \begin{bmatrix} t \\ 1 \end{bmatrix} \quad \int_0^T e^{At} B \, \mathrm{d}t = \begin{bmatrix} \dfrac{1}{2}T^2 \\ T \end{bmatrix}$$

$$x(k+1) = A^*(T) \times (kT) + B^*(T) u(k)$$

$$A^*(T) = e^{AT} = \begin{bmatrix} 1 & T \\ 0 & 1 \end{bmatrix}, \quad B^*(T) = \int_0^T e^{AT} B \, \mathrm{d}T = \begin{bmatrix} \dfrac{1}{2}T^2 \\ T \end{bmatrix}$$

(2) $\dot{X} = \begin{bmatrix} 0 & 1 \\ 0 & -2 \end{bmatrix} X + \begin{bmatrix} 0 \\ 1 \end{bmatrix} u$, $e^{At} = \begin{bmatrix} 1 & \dfrac{1}{2}(1-e^{-2t}) \\ 0 & e^{-2t} \end{bmatrix}$

$$e^{At}B = \begin{bmatrix} \dfrac{1}{2}(1-e^{-2t}) \\ e^{-2t} \end{bmatrix}$$

$$\int_0^T e^{At}B\,dt = \begin{bmatrix} \dfrac{1}{2}(T + \dfrac{e^{-2T}-1}{2}) \\ \dfrac{1}{2}(1-e^{-2T}) \end{bmatrix}$$

$$X(k+1) = A^*(T)X(kT) + B^*(T)u(k)$$

$$A^*(T) = e^{AT} = \begin{bmatrix} 1 & \dfrac{1}{2}(1-e^{-2T}) \\ 0 & e^{-2T} \end{bmatrix}$$

$$B^*(T) = \int_0^T e^{At}B\,dt = \begin{bmatrix} \dfrac{1}{2}(T + \dfrac{e^{-2T}-1}{2}) \\ \dfrac{1}{2}(1-e^{-2T}) \end{bmatrix}$$

9.9 试判断下列二次型函数是否正定。

(1) $V(x) = -x_1^2 - 10x_2^2 - 4x_3^2 + 6x_1x_2 + 2x_2x_3$

(2) $V(x) = -x_1^2 + 4x_2^2 + x_3^2 + 2x_1x_2 - 6x_2x_3 - 2x_1x_3$

解 (1) $v(x) = -x_1^2 - 10x_2^2 - 4x_3^2 + 6x_1x_2 + 2x_2x_3 =$

$$[x_1 \, x_2 \, x_3] \begin{bmatrix} -1 & 3 & 0 \\ 3 & -10 & 1 \\ 0 & 1 & -4 \end{bmatrix} \begin{bmatrix} x_1 \\ x_2 \\ x_3 \end{bmatrix}$$

$$-1 < 0, \quad \begin{vmatrix} -1 & 3 \\ 3 & -10 \end{vmatrix} = 10 - 9 > 0$$

$$\begin{vmatrix} -1 & 3 & 0 \\ 3 & -10 & 1 \\ 0 & 1 & -4 \end{vmatrix} = -40 - (-1) - (-36) < 0$$

$v(x)$ 负定或

$$-v(x) = [x_1 \, x_2 \, x_3] \begin{bmatrix} 1 & -3 & 0 \\ -3 & 10 & -1 \\ 0 & -1 & 4 \end{bmatrix} \begin{bmatrix} x_1 \\ x_2 \\ x_3 \end{bmatrix}$$

$$1 > 0, \quad \begin{vmatrix} 1 & -3 \\ -3 & 10 \end{vmatrix} = 10 - 9 > 0$$

$$\begin{vmatrix} 1 & -3 & 0 \\ -3 & 10 & -1 \\ 0 & -1 & 4 \end{vmatrix} = 40 - 1 - 36 > 0$$

$-v(x)$ 正定，$v(x)$ 负定。

(2) $v(x) = -x_1^2 + 4x_2^2 + x_3^2 + 2x_1 x_2 - 6x_2 x_3 - 2x_1 x_3$

$-v(x) = x_1^2 - 4x_2^2 - x_3^2 - 2x_1 x_2 + 6x_2 x_3 + 2x_1 x_3$

$$p = \begin{bmatrix} 1 & -1 & 1 \\ -1 & -4 & 3 \\ 1 & 3 & -1 \end{bmatrix}, 1 > 0, \begin{vmatrix} 1 & -1 \\ -1 & -4 \end{vmatrix} = -4 - 1 < 0$$

$$\begin{vmatrix} 1 & -1 & 1 \\ -1 & -4 & 3 \\ 1 & 3 & -1 \end{vmatrix} = -4 - 3 - 3 - (-4) - 9 - (-1) < 0$$

故 $v(x)$ 不定

9.10 已知线性定常系统的状态方程为

$$\dot{\boldsymbol{X}} = \begin{pmatrix} -1 & -2 \\ 1 & -4 \end{pmatrix} \boldsymbol{X}$$

试用李雅普诺夫第二法判断系统平衡状态的稳定性。

解　$A = \begin{bmatrix} -1 & -2 \\ 1 & -4 \end{bmatrix}$，取 $Q = \begin{bmatrix} 1 & 0 \\ 0 & 1 \end{bmatrix}$

解方程 $A^T P + PA = -Q$ 得 $P = \begin{bmatrix} \dfrac{23}{60} & -\dfrac{7}{60} \\ -\dfrac{7}{60} & \dfrac{11}{60} \end{bmatrix}$

$\dfrac{23}{60} > 0, |P| = 0.0567$

P 是正定的，所以系统的平衡状态是大范围内渐近稳定的。

求 P 的 MATLAB 程序如下

$a = \begin{bmatrix} -1 & -2; 1 & -4 \end{bmatrix}; q = \begin{bmatrix} 1 & 0; 0 & 1 \end{bmatrix};$

$p = lyap(a', q)$

另一解法见第 1 篇第 8 章例 11

9.11 线性定常系统的状态方程为

$$\dot{\boldsymbol{X}} = \begin{pmatrix} -1 & 1 \\ 2 & 3 \end{pmatrix} \boldsymbol{X}$$

试应用李雅普诺夫第二法分析系统平衡状态的稳定性。

解　$A = \begin{bmatrix} -1 & 1 \\ 2 & 3 \end{bmatrix}$，取 $Q = \begin{bmatrix} 1 & 0 \\ 0 & 1 \end{bmatrix}$，解方程 $A^T P + PA = -Q$，得

$$P = \begin{bmatrix} 0.4 & -0.05 \\ -0.05 & -0.15 \end{bmatrix}$$

$0.4 > 0, |P| = -0.0625$，故系统不稳定。

9.12 已知线性定常离散系统的状态方程为

$x_1(k+1) = x_1(k) + 3x_2(k)$

$x_2(k+1) = -3x_1(k) - 2x_2(k) - 3x_3(k)$

$$x_3(k+1) = x_1(k)$$

试分析系统平衡状态的稳定性。

解　$A = \begin{bmatrix} 1 & 3 & 0 \\ -3 & -2 & -3 \\ 1 & 0 & 0 \end{bmatrix}$，求 A 的特征根的 MATLAB 程序如下。

$a = [1 \quad 3 \quad 0; -3 \quad -2 \quad -3; 1 \quad 0 \quad 0], eig(a)$

特征根为 $0.1173 \pm 2.6974i, -1.2346$。特征根在 z 平面单位圆外，系统不稳定。

又解　取 $Q = I, P$ 是对称阵，解方程 $A^T P A - P = -Q$

得 $P = \begin{bmatrix} -0.2463 & -0.2564 & -0.5 \\ -0.2564 & -0.6282 & -1.4615 \\ -0.5 & -1.4615 & -4.6538 \end{bmatrix}$

$-0.2463 < 0, P$ 不是正定的，故系统不稳定。

求 P 的 MATLAB 程序如下

$a = [1 \quad 3 \quad 0; -3 \quad -2 \quad -3; 1 \quad 0 \quad 0]; a1 = inv(a)$
$c = eye(3) * a1, p = lyap(a', -a1, c)$

9.13　已知线性定常离散系统的齐次状态方程为

$$\boldsymbol{X}(k+1) = \boldsymbol{A}\boldsymbol{X}(k) = \begin{bmatrix} 0 & 1 & 0 \\ 0 & 0 & 1 \\ 0 & \dfrac{K}{2} & 0 \end{bmatrix} \boldsymbol{X}(k)$$

试确定系统在平衡状态 $\boldsymbol{X}_e = 0$ 处渐近稳定时参数 K 的取值范围。

解　$A = \begin{bmatrix} 0 & 1 & 0 \\ 0 & 0 & 1 \\ 0 & \dfrac{K}{2} & 0 \end{bmatrix}$　$X(k+1) = AX(k)$　$(k > 0)$

$$|zI - A| = \begin{vmatrix} z & -1 & 0 \\ 0 & z & -1 \\ 0 & -\dfrac{K}{2} & z \end{vmatrix} = z^3 - \frac{K}{2}z = z\left(z^2 - \frac{K}{2}\right) = 0$$

$z_1 = 0, z_{2,3} = \pm\sqrt{\dfrac{K}{2}}$，令 $\sqrt{\dfrac{K}{2}} < 1, K < 2, K > 0$

故　$0 < K < 2$

又解　取 $Q = I$　$P = \begin{bmatrix} P_{11} & P_{12} & P_{13} \\ P_{12} & P_{22} & P_{23} \\ P_{13} & P_{23} & P_{33} \end{bmatrix}$

解方程 $A^T P A - P = -Q$ 得

$$
P = \begin{bmatrix} 1 & 0 & 0 \\ 0 & \dfrac{2+\dfrac{K^2}{4}}{1-\dfrac{1}{4}K^2} & 0 \\ 0 & 0 & \dfrac{3}{1-\dfrac{1}{4}K^2} \end{bmatrix}
$$

欲使 P 为正定,只要 $1-\dfrac{1}{4}K^2>0$,即 $K<2$。

第10章　线性系统的状态空间综合法

10.1　判断下述系统的状态能控性

(1) $\dot{\boldsymbol{X}}(t) = \begin{bmatrix} 1 & 1 & 0 \\ 0 & 1 & 0 \\ 0 & 1 & 1 \end{bmatrix} \boldsymbol{X}(t) + \begin{bmatrix} 0 \\ 1 \\ 0 \end{bmatrix} u(t)$

(2) $\dot{\boldsymbol{X}}(t) = \begin{bmatrix} 1 & 3 & 2 \\ 0 & 2 & 0 \\ 0 & 1 & 2 \end{bmatrix} \boldsymbol{X}(t) + \begin{bmatrix} 2 & 1 \\ 1 & 1 \\ -1 & -1 \end{bmatrix} \boldsymbol{U}(t)$

(3) $\boldsymbol{X}(k+1) = \begin{bmatrix} 1 & 0 & 0 \\ 0 & 2 & 0 \\ 0 & 0 & -1 \end{bmatrix} \boldsymbol{X}(k) + \begin{bmatrix} 1 \\ 0 \\ 2 \end{bmatrix} u(k)$

(4) $\boldsymbol{X}(k+1) = \begin{bmatrix} -2 & 1 & 0 \\ 0 & -2 & 0 \\ 0 & 0 & 1 \end{bmatrix} \boldsymbol{X}(k) + \begin{bmatrix} 0 & -1 \\ 1 & 0 \\ 2 & 0 \end{bmatrix} \boldsymbol{U}(k)$

(5) $\boldsymbol{X}(k+1) = \begin{bmatrix} -2 & 1 & 0 \\ 0 & -2 & 0 \\ 0 & 0 & -3 \end{bmatrix} \boldsymbol{X}(k) + \begin{bmatrix} 1 & 2 \\ 0 & 0 \\ 3 & 0 \end{bmatrix} \boldsymbol{U}(k)$

(6) $\boldsymbol{X}(k+1) = \begin{bmatrix} 1 & 3 & 2 \\ 0 & 2 & 0 \\ 0 & 1 & 3 \end{bmatrix} \boldsymbol{X}(k) + \begin{bmatrix} 2 & 1 \\ 1 & 1 \\ -1 & -1 \end{bmatrix} \boldsymbol{U}(k)$

解　可控性矩阵设为 $\boldsymbol{Q}_k$

(1) $\boldsymbol{Q}_k = \begin{bmatrix} 0 & 1 & 2 \\ 1 & 1 & 1 \\ 0 & 1 & 2 \end{bmatrix}$,$\mathrm{rank}(\boldsymbol{Q}_k)=2<3$,不可控。

(2) $\boldsymbol{Q}_k = \begin{bmatrix} 2 & 1 & 3 & 2 & 13 & 9 \\ 1 & 1 & 4 & 3 & 11 & 8 \\ -1 & -1 & -1 & -1 & 2 & 1 \end{bmatrix}$,$\mathrm{rank}(\boldsymbol{Q}_k)=3$,可控。

$$(3)\boldsymbol{Q}_k = \begin{bmatrix} 1 & 1 & 1 \\ 0 & 0 & 0 \\ 2 & -2 & 2 \end{bmatrix}, \text{rank}(\boldsymbol{Q}_k) = 2 < 3,\text{不可控}。$$

$$(4)\boldsymbol{Q}_k = \begin{bmatrix} 0 & -1 & 1 & 2 & -4 & -4 \\ 1 & 0 & -2 & 0 & 4 & 0 \\ 2 & 0 & 2 & 0 & 2 & 0 \end{bmatrix}, \text{rank}(\boldsymbol{Q}_k) = 3,\text{可控。对角线标准型},B\text{任一}$$

行不全为零,可控。

$$(5)\boldsymbol{Q}_k = \begin{bmatrix} 1 & 2 & -2 & -4 & 4 & 8 \\ 0 & 0 & 0 & 0 & 0 & 0 \\ 3 & 0 & -9 & 0 & 27 & 0 \end{bmatrix}, \text{rank}(\boldsymbol{Q}_k) = 2 < 3,\text{不可控。对角线标准型},B\text{第}$$

二行全为 0,不可控。

$$(6)\boldsymbol{Q}_k = \begin{bmatrix} 2 & 1 & 3 & 2 & 5 & 4 \\ 1 & 1 & 2 & 2 & 4 & 4 \\ -1 & -1 & -2 & -2 & -4 & -4 \end{bmatrix}, \text{rank}(\boldsymbol{Q}_k) = 2 < 3,\text{不可控}。$$

10.2 判断下述系统的输出能控性

$$(1)\ \dot{\boldsymbol{X}}(t) = \begin{pmatrix} 1 & 0 \\ -1 & 2 \end{pmatrix}\boldsymbol{X}(t) + \begin{pmatrix} 1 \\ 0 \end{pmatrix}u(t)$$

$$\boldsymbol{y}(t) = \begin{bmatrix} 0 & 1 \end{bmatrix}\boldsymbol{X}(t)$$

$$(2)\ \dot{\boldsymbol{X}}(t) = \begin{bmatrix} -3 & 1 & 0 \\ 0 & -3 & 0 \\ 0 & 0 & -1 \end{bmatrix}\boldsymbol{X}(t) + \begin{bmatrix} 1 & -1 \\ 0 & 0 \\ 2 & 0 \end{bmatrix}\boldsymbol{U}(t)$$

$$\boldsymbol{y}(t) = \begin{pmatrix} 1 & 0 & 1 \\ -1 & 1 & 0 \end{pmatrix}\boldsymbol{X}(t)$$

解 (1)$\text{rank}[CB \quad CAB] = \text{rank}[0 \quad -1] = 1,$可控,1 个输出量

$(2)\text{rank}(CB) = \text{rank}\begin{bmatrix} 3 & -1 \\ -1 & 1 \end{bmatrix} = 2,$可控(2 个输出变量)

$\text{rank}(CB) = \text{rank}[CB \quad CAB \quad CA^2B] = 2$

$$[CB \quad CAB \quad CA^2B] = \begin{bmatrix} 3 & -1 & -5 & 3 & 11 & -9 \\ -1 & 1 & 3 & -3 & -9 & 9 \end{bmatrix}$$

10.3 判断下述系统的状态能观性

$$(1)\quad \dot{\boldsymbol{X}}(t) = \begin{bmatrix} 1 & 3 & 2 \\ 0 & 2 & 0 \\ 0 & 1 & 3 \end{bmatrix}\boldsymbol{X}(t) + \begin{bmatrix} 2 & 1 \\ 1 & 1 \\ -1 & -1 \end{bmatrix}\boldsymbol{U}(t)$$

$$\boldsymbol{y}(t) = \begin{bmatrix} 1 & 0 & 0 \end{bmatrix}\boldsymbol{X}(t)$$

$$(2)\quad \dot{\boldsymbol{X}}(t) = \begin{bmatrix} -3 & 1 & 0 \\ 0 & -3 & 0 \\ 0 & 0 & -1 \end{bmatrix}\boldsymbol{X}(t) + \begin{bmatrix} 0 & 1 \\ -1 & 1 \\ 1 & 0 \end{bmatrix}\boldsymbol{U}(t)$$

$$\boldsymbol{y}(t) = \begin{bmatrix} 0 & 1 & 0 \\ 0 & 2 & 0 \end{bmatrix} \boldsymbol{X}(t)$$

(3) $\quad \dot{\boldsymbol{X}}(t) = \begin{bmatrix} -2 & 0 & 0 \\ 0 & 1 & 0 \\ 0 & 0 & 2 \end{bmatrix} \boldsymbol{X}(t) + \begin{bmatrix} 0 & -1 \\ 0 & 0 \\ 2 & 0 \end{bmatrix} \boldsymbol{U}(t)$

$$\boldsymbol{y}(t) = \begin{bmatrix} 1 & 0 & 1 \\ -1 & 1 & 0 \end{bmatrix} \boldsymbol{X}(t)$$

(4) $\quad \boldsymbol{X}(k+1) = \begin{bmatrix} a & 0 & 0 & 0 \\ 0 & b & 0 & 0 \\ 0 & 0 & c & 0 \\ 0 & 0 & 0 & d \end{bmatrix} \boldsymbol{X}(k) + \begin{bmatrix} 0 \\ 1 \\ 0 \\ 1 \end{bmatrix} u(k)$

$$\boldsymbol{y}(k) = \begin{bmatrix} 0 & 0 & 1 & 0 \end{bmatrix} \boldsymbol{X}(k)$$

解　可观性矩阵 Q_g

(1) $Q_g = \begin{bmatrix} 1 & 0 & 0 \\ 1 & 3 & 2 \\ 1 & 11 & 8 \end{bmatrix}$ $\quad \text{rank}(Q_g) = 3$，可观。

(2) $Q_g = \begin{bmatrix} 0 & 1 & 0 \\ 0 & 2 & 0 \\ 0 & -3 & 0 \\ 0 & -6 & 0 \\ 0 & 9 & 0 \\ 0 & 18 & 0 \end{bmatrix}$ $\quad \text{rank}(Q_g) = 1$，不可观。

(3) $Q_g = \begin{bmatrix} 1 & 0 & 1 \\ -1 & 1 & 0 \\ -2 & 0 & 2 \\ 2 & 1 & 0 \\ 4 & 0 & 4 \\ -4 & 1 & 0 \end{bmatrix}$ $\quad \text{rank}(Q_g) = 3$，可观。

(4) $Q_g = \begin{bmatrix} 0 & 0 & 1 & 0 \\ 0 & 0 & c & 0 \\ 0 & 0 & c^2 & 0 \\ 0 & 0 & c^3 & 0 \end{bmatrix}$ $\quad \text{rank}(Q_g) = 1 < 3$，不可观。

当 a, b, c, d 互不相等，由于 A 是对角线标准型，c 中有全零的列，故不可观。

10.4　给定二阶系统

$$\dot{\boldsymbol{X}}(t) = \begin{bmatrix} a & 1 \\ 0 & b \end{bmatrix} \boldsymbol{X}(t) + \begin{bmatrix} 1 \\ 1 \end{bmatrix} u(t)$$

$$\boldsymbol{y}(t) = \begin{bmatrix} 1 & -1 \end{bmatrix} \boldsymbol{X}(t)$$

a 和 b 取何值时，系统状态既完全能控又完全能观。

解 $Q_k = \begin{bmatrix} 1 & a+1 \\ 1 & b \end{bmatrix}$ $\mathrm{rank}(Q_k)=2$ 的充要条件是 $b-a-1 \neq 0$，即

$a-b \neq -1$

$Q_g = \begin{bmatrix} 1 & -1 \\ a & 1-b \end{bmatrix}$

$|Q_g| = 1-b+a \neq 0 \Rightarrow a-b \neq -1$

故 $a-b \neq -1$ 时，即可控又可观。

10.5 系统传递函数为

$$G(s) = \frac{K(s+a)}{s^3 + 6s^2 + 11s + 6}$$

（1）当 a 取何值时系统是既能控又能观的。

（2）当 $a=1$ 时，试选择一组状态变量，使系统是能控但是不能观的。

（3）当 $a=1$ 时，试选择一组状态变量，使系统是不能控但是能观的。

解 $G(s) = \dfrac{K(s+a)}{s^3+6s^2+11s+6} = \dfrac{K(s+a)}{(s+1)(s+2)(s+3)}$

（1）$a \neq 1, a \neq 2, a \neq 3$，系统可控又可观。

（2）$A = \begin{bmatrix} 0 & 1 & 0 \\ 0 & 0 & 1 \\ -6 & -11 & -6 \end{bmatrix}$，$B = \begin{bmatrix} 0 \\ 0 \\ 1 \end{bmatrix}$，$C = [Ka, K, 0] = [K, K, 0]$，可控不可观

（3）$A = \begin{bmatrix} 0 & 0 & -6 \\ 1 & 0 & -11 \\ 0 & 1 & -6 \end{bmatrix}$，$B = \begin{bmatrix} K \\ K \\ 0 \end{bmatrix}$，$C = [0 \quad 0 \quad 1]$，可观不可控。

（2）与（3）是对偶系统。

10.6 设连续系统的状态空间表达式为

$$\dot{X}(t) = \begin{pmatrix} 1 & 0 \\ 0 & -1 \end{pmatrix} X(t) + \begin{pmatrix} 1 \\ 0 \end{pmatrix} u(t)$$

$$y(t) = [0 \quad 1] X(t)$$

（1）判断状态的能控性和能观性。

（2）求离散化之后的状态空间表达式。

（3）判断离散化之后系统的状态能控性和能观性。

解 （1）系数矩阵是对角线规范型，输入矩阵有一行全为零，输出矩阵有一列全为零，故不可控，不可观。可控性矩阵是 $\begin{bmatrix} 1 & 1 \\ 0 & 0 \end{bmatrix}$，可观性矩阵是 $\begin{bmatrix} 0 & 1 \\ 0 & -1 \end{bmatrix}$，秩全是 1。

（2）离散化后，系数矩阵 $G = \begin{bmatrix} \mathrm{e}^T & 0 \\ 0 & \mathrm{e}^{-T} \end{bmatrix}$，输入矩阵 $H = \begin{bmatrix} \mathrm{e}^T-1 \\ 0 \end{bmatrix}$，输出矩阵 $c = [0 \quad 1]$，求 G 和 H 的 MATLAB 程序如下。

$a = [1 \quad 0; 0 \quad -1]; b = [1; 0]; t = sym(T'); [g,h] = c2d(a,b,t)$

（3）系数矩阵为对角线规范型，输入矩阵有 1 行全为零，输出矩阵有 1 列全为零，系统

不可控,不可观。

$$Q_k = \begin{bmatrix} e^T - 1 & e^T(e^T - 1) \\ 0 & 0 \end{bmatrix}$$

$$Q_g = \begin{bmatrix} 0 & 1 \\ 0 & e^{-T} \end{bmatrix}$$

Q_k 和 Q_g 的秩为 1。

10.7 系统的状态方程如下,如果状态完全能控,试将它们变成能控标准型。

$(1) \dot{\boldsymbol{X}}(t) = \begin{pmatrix} -1 & 0 \\ 0 & -2 \end{pmatrix} \boldsymbol{X}(t) + \begin{pmatrix} 2 \\ 5 \end{pmatrix} u(t)$

$(2) \dot{\boldsymbol{X}}(t) = \begin{bmatrix} -1 & 1 & 0 \\ 0 & -1 & 0 \\ 0 & 0 & -2 \end{bmatrix} \boldsymbol{X}(t) + \begin{bmatrix} 0 \\ 4 \\ 3 \end{bmatrix} u(t)$

解 一种方法是按书中方法先求变换矩阵,再求系数阵。另一种方法是先求特征多项式,再写出系数阵,控制阵都是标准型。

$(1)\ p = \begin{bmatrix} 0.5 & -0.2 \\ -0.5 & 0.4 \end{bmatrix}, A_1 = \begin{bmatrix} 0 & 1 \\ -2 & -3 \end{bmatrix}, B_1 = \begin{bmatrix} 0 \\ 1 \end{bmatrix}$

特征多项式 $= (s+1)(s+2) = s^2 + 3s + 2$

$(2)\ p = \begin{bmatrix} 0.25 & -0.25 & 1/3 \\ -0.25 & 0.5 & -2/3 \\ 0.25 & -0.75 & 4/3 \end{bmatrix} \quad A_1 = \begin{bmatrix} 0 & 1 & 0 \\ 0 & 0 & 1 \\ -2 & -5 & -4 \end{bmatrix},$

$B_1 = \begin{bmatrix} 0 \\ 0 \\ 1 \end{bmatrix}$

特征多项式 $= \begin{vmatrix} s+1 & -1 & 0 \\ 0 & s+1 & 0 \\ 0 & 0 & s+2 \end{vmatrix} = (s+1)^2(s+2) =$

$s^3 + 4s^2 + 5s + 2$

10.8 已知下列系统是状态完全能观的,试将它们化为能观标准型。

$(1)\quad \dot{\boldsymbol{X}}(t) = \begin{pmatrix} 3 & 2 \\ 1 & -1 \end{pmatrix} \boldsymbol{X}(t) + \begin{pmatrix} 1 \\ 2 \end{pmatrix} u(t)$

$\quad \boldsymbol{y}(t) = [1 \quad 1] \boldsymbol{X}(t)$

$(2)\quad \boldsymbol{X}(k+1) = \begin{bmatrix} 0 & 1 & 0 \\ 1 & 1 & 0 \\ 1 & 0 & -1 \end{bmatrix} \boldsymbol{X}(k) + \begin{bmatrix} 1 \\ 0 \\ 2 \end{bmatrix} u(k)$

$\quad \boldsymbol{y}(k) = [0 \quad 0 \quad 1] \boldsymbol{X}(k)$

解 $(1) T = \begin{bmatrix} \dfrac{1}{3} & \dfrac{1}{3} \\ -\dfrac{1}{3} & \dfrac{2}{3} \end{bmatrix} \quad A_1 = \begin{bmatrix} 0 & 5 \\ 1 & 2 \end{bmatrix}, B_1 = \begin{bmatrix} 0 \\ 3 \end{bmatrix}, C_1 = [0 \quad 1]$

$$特征多项式 = \begin{vmatrix} s-3 & -2 \\ -1 & s+1 \end{vmatrix} = s^2 - 2s - 3 - 2 = s^2 - 2s - 5$$

$$(2)\, T = \begin{bmatrix} 0 & 1 & 1 \\ 1 & 1 & 2 \\ 0 & 0 & 1 \end{bmatrix}, A_1 = \begin{bmatrix} 0 & 0 & 1 \\ 1 & 0 & 2 \\ 0 & 1 & 0 \end{bmatrix}, B_1 = \begin{bmatrix} -3 \\ -1 \\ 2 \end{bmatrix}, C_1 = \begin{bmatrix} 0 & 0 & 1 \end{bmatrix}$$

$$特征多项式 = \begin{vmatrix} S & -1 & 0 \\ -1 & s-1 & 0 \\ -1 & 0 & s+1 \end{vmatrix} = s(s^2-1) - (s+1) = s^3 - 2s - 1$$

10.9 系统的状态空间表达式如下,试求传递函数。

$$(1)\, \dot{\boldsymbol{X}}(t) = \begin{pmatrix} 1 & 1 \\ 2 & -1 \end{pmatrix} \boldsymbol{X}(t) + \begin{pmatrix} 1 \\ 2 \end{pmatrix} u(t)$$

$$\boldsymbol{y}(t) = \begin{bmatrix} 1 & 1 \end{bmatrix} \boldsymbol{X}(t)$$

$$(2)\, \dot{\boldsymbol{X}}(t) = \begin{bmatrix} 0 & 1 & 0 \\ 0 & 0 & 1 \\ -6 & -11 & -6 \end{bmatrix} \boldsymbol{X}(t) + \begin{bmatrix} 0 \\ 1 \\ -3 \end{bmatrix} u(t)$$

$$\boldsymbol{y}(t) = \begin{bmatrix} 4 & 5 & 1 \end{bmatrix} \boldsymbol{X}(t)$$

解 $(1)\, G(s) = \dfrac{3s+3}{s^2-3} = \dfrac{Y(s)}{U(s)}$

$(2)\, \dfrac{Y(s)}{U(s)} = G(s) = \dfrac{2s^2 + 8s + 6}{s^3 + 6s^2 + 11s + 6}$

10.10 设受控系统传递函数为

$$\frac{Y(s)}{U(s)} = \frac{10}{s(s+2)(s+5)}$$

试用状态反馈使闭环极点配置在 $-4, -1 \pm j1$。

解 $\dfrac{Y(s)}{U(s)} = \dfrac{10}{s(s+2)(s+5)} = \dfrac{10}{s^3 + 7s^2 + 10s}$

$$A = \begin{bmatrix} 0 & 1 & 0 \\ 0 & 0 & 1 \\ 0 & -10 & -7 \end{bmatrix}, B = \begin{bmatrix} 0 \\ 0 \\ 1 \end{bmatrix}, K = \begin{bmatrix} 8 & 0 & -1 \end{bmatrix}$$

求 K 的 MATLAB 程序如下

$a = \begin{bmatrix} 0 & 1 & 0; 0 & 0 & 1; 0 & -10 & -7 \end{bmatrix}, b = \begin{bmatrix} 0; 0; 1 \end{bmatrix}$

$p = \begin{bmatrix} -4, -1+i, 1-i \end{bmatrix}, k = \mathrm{place}(a, b, p)$

或 $k = \mathrm{acker}(a, b, p)$

10.11 离散系统的状态方程为

$$\boldsymbol{X}(k+1) = \begin{pmatrix} 1 & 0.1 \\ 0 & 1 \end{pmatrix} \boldsymbol{X}(k) + \begin{pmatrix} 0.005 \\ 0.1 \end{pmatrix} u(k)$$

试用状态反馈使闭环极点配置在 0.6 和 0.8。

解 $K = \begin{bmatrix} 8 & 5.6 \end{bmatrix}$

10.12 已知线性系统的状态方程和输出方程为

$$\dot{\boldsymbol{X}}(t) = \begin{bmatrix} 0 & 1 \\ -3 & -4 \end{bmatrix} \boldsymbol{X}(t) + \begin{bmatrix} 0 \\ 1 \end{bmatrix} u(t)$$

$$\boldsymbol{y}(t) = \begin{bmatrix} 2 & 0 \end{bmatrix} \boldsymbol{X}(t)$$

试设计一观测器,使观测器的极点配置在 $s_1 = s_2 = -10$。

解 $G = \begin{bmatrix} 8 \\ 16.5 \end{bmatrix}$,求 G 的 MATLAB 程序如下

$a = \begin{bmatrix} 0 & 1; -3 & -4 \end{bmatrix}; b = \begin{bmatrix} 0;1 \end{bmatrix}; c = \begin{bmatrix} 2 & 0 \end{bmatrix}; a1 = a'; b1 = c'; c1 = b';$

$p = \begin{bmatrix} -10 & -10 \end{bmatrix}; K = \mathrm{acker}(a1, b1, p); g = k'$

10.13 已知离散系统如下

$$\boldsymbol{X}(k+1) = \begin{bmatrix} 0 & -0.16 \\ 1 & -1 \end{bmatrix} \boldsymbol{X}(k) + \begin{bmatrix} 0 \\ 1 \end{bmatrix} u(k)$$

$$\boldsymbol{y}(k) = \begin{bmatrix} 0 & 1 \end{bmatrix} \boldsymbol{X}(k)$$

试设计状态观测器,使观测器的极点为 $0.5 \pm j0.5$。

解 $G = \begin{bmatrix} 0.34 \\ -2 \end{bmatrix}$

10.14 线性系统的状态方程与输出方程为

$$\dot{\boldsymbol{X}}(t) = \begin{bmatrix} 0 & 1 \\ 0 & -5 \end{bmatrix} \boldsymbol{X}(t) + \begin{bmatrix} 0 \\ 100 \end{bmatrix} u(t)$$

$$\boldsymbol{y}(t) = \begin{bmatrix} 1 & 0 \end{bmatrix} \boldsymbol{X}(t)$$

状态 $x_1(t)$ 和 $x_2(t)$ 不可测。试设计一状态观测器,并用观测器估计出的状态进行状态反馈,使系统的闭环极点为 $-5 \pm j4$,观测器的极点为 $-20, -25$。

解 系统反馈矩阵 $K = \begin{bmatrix} 0.41 & 0.05 \end{bmatrix}$,观测器反馈矩阵 $G = \begin{bmatrix} 40 \\ 300 \end{bmatrix}$。

10.15 系统的状态空间表达式如下

$$\dot{\boldsymbol{X}}(t) = \begin{bmatrix} 1 & 0 \\ 0 & 0 \end{bmatrix} \boldsymbol{X}(t) + \begin{bmatrix} 1 \\ 1 \end{bmatrix} u(t)$$

$$\boldsymbol{y}(t) = \begin{bmatrix} 2 & -1 \end{bmatrix} \boldsymbol{X}(t)$$

试设计降维观测器,使观测器的极点为 -10。

解 降维观测器方程 $\dot{W} = A_0 W + K_1 U + K_2 y$,变换阵为 Q。

$G = 10$, $K_1 = -9$, $K_2 = -100$, $A_0 = -10$,

$$Q = \begin{bmatrix} 0 & 1 \\ 2 & -1 \end{bmatrix}, \quad Q^{-1} = \begin{bmatrix} 0.5 & 0.5 \\ 1 & 0 \end{bmatrix}$$

10.16 系统的状态空间表达式如下

$$\dot{\boldsymbol{X}}(t) = \begin{bmatrix} -1 & 0 & 0 \\ 0 & 1 & 1 \\ 0 & 0 & 1 \end{bmatrix} \boldsymbol{X}(t) + \begin{bmatrix} 1 & 0 \\ 0 & 1 \\ 0 & 1 \end{bmatrix} \boldsymbol{U}(t)$$

$$\boldsymbol{y}(k) = \begin{bmatrix} 1 & 0 & 0 \\ 0 & 1 & 1 \end{bmatrix} \boldsymbol{X}(t)$$

试设计降维观测器,使观测器的极点为 -3。

解　$G = [0 \quad 4]$，$K_1 = [0 \quad -7]$，$K_2 = [0 \quad -16]$，$A_0 = -3$

$$Q = \begin{bmatrix} 0 & 0 & 1 \\ 1 & 0 & 0 \\ 0 & 1 & 1 \end{bmatrix}, \quad Q^{-1} = \begin{bmatrix} 0 & 1 & 0 \\ -1 & 0 & 1 \\ 1 & 0 & 0 \end{bmatrix}$$

补 充 题

1. 图 1 表示一个导弹发射架控制系统,用来控制导弹发射架的方位转角 θ。图中 M 表示直流电动机。简述系统的工作原理,说明它属于什么类型的控制系统,指出它的参考输入信号、被控变量、反馈信号、控制变量以及测量元件、执行元件。

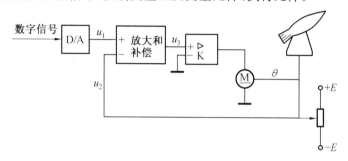

图 1

解 当导弹发射架的实际位置与指定位置不一致时,$u_2 \neq u_1$,$u_3 \neq 0$,放大器输出的电压带动直流电动机转动,使 $u_2 \rightarrow u_1$,$u_3 \rightarrow 0$。转到指定位置时,$u_1 = u_2$,$u_3 = 0$,电机停转。该系统是角位置伺服系统,参考输入是电压 u_1,被控变量是转角 θ,反馈信号是电位器电压 u_2,控制变量是电压 u_3。测量元件是电位器,执行元件是直流电动机。

2. 图 2 表示一个机床控制系统,用来控制切削刀具的位移 x。说明它属于什么类型的控制系统,指出它的控制器、执行元件和被控变量。

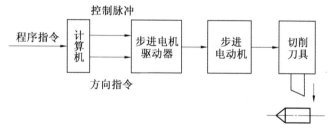

图 2

解 程序控制系统,控制器是计算机,执行元件是步进电动机,被控变量是刀具位移 x。

3. 判定下列方程描述的系统是线性定常系统、线性时变系统还是非线性系统。式中 $r(t)$ 是输入信号,$c(t)$ 是输出信号。

(1) $c(t) = 3r(t) + 6\dfrac{\mathrm{d}r(t)}{\mathrm{d}t} + 5\displaystyle\int_0^t r(\tau)\mathrm{d}\tau$

(2) $c(t) = 2r(t) + t\,\dfrac{\mathrm{d}^2 r(t)}{\mathrm{d}t^2}$

(3) $c(t) = \big[r(t)\big]^2$

（4）$c(t) = 5 + r(t)\cos \omega t$

（5）$\dfrac{\mathrm{d}^3 c(t)}{\mathrm{d}t^3} + 3\dfrac{\mathrm{d}^2 c(t)}{\mathrm{d}t^2} + 6\dfrac{\mathrm{d}c(t)}{\mathrm{d}t} + c(t) = r(t)$

（6）$t\dfrac{\mathrm{d}c(t)}{\mathrm{d}t} + c(t) = r(t) + 3\dfrac{\mathrm{d}r(t)}{\mathrm{d}t}$

解 （1）线性定常系统；（2）线性时变系统；（3）非线性系统；（4）线性时变系统；（5）线性定常系统；（6）线性时变系统。

4. 图 3 是液体加热器。冷液体进入箱内被加热和搅拌均匀后流出。箱内液体的温度就是热液体出口温度 $\theta(t)$。液体比热为 c，流量（单位时间内流过的液体质量）是常值 q，箱内液体质量是 m，液体入口温度是常值 θ_0。以热液体的出口温度 $\theta(t)$ 为输出量，以加热器单位时间内产生的热量 $h(t)$ 为输入量，求系统微分方程和传递函数。

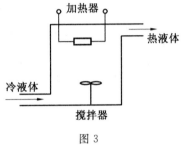

图 3

解 $\mathrm{d}t$ 时间内加热器产生的热量是 $h(t)\mathrm{d}t$，热液体带走的热量是 $cq[\theta(t) - \theta_0(t)]\mathrm{d}t$，液体温度上升 $\mathrm{d}\theta(t)$，故有

$$h(t)\mathrm{d}t - cq[\theta(t) - \theta_0(t)]\mathrm{d}t = cm\,\mathrm{d}\theta(t) \Rightarrow$$

$$cm\,\frac{\mathrm{d}\theta(t)}{\mathrm{d}t} + cq\theta(t) = h(t) + cq\theta_0 \quad \text{（微分方程）}$$

求传递函数时，取 $cq\theta_0 = 0$，$[cms + cq]\theta(s) = H(s)$

$$\frac{\theta(s)}{H(s)} = \frac{1}{cms + cq} = \frac{K}{Ts + 1}，\text{其中 } K = \frac{1}{cq}，T = \frac{m}{q}$$

5. 将非线性方程 $y = \ddot{x} + 0.5\dot{x} + 2x + x^2$ 在 $x = 0$ 处线性化。

解 $y = \ddot{x} + 0.5\dot{x} + 2x$

6. 将非线性方程 $u(t) = a\ddot{x}(t) + b\cos \theta(t)\ddot{\theta}(t) - c[\dot{\theta}(t)]^2 \sin \theta(t)$，在 $\theta = 0, \dot{\theta} = 0, \ddot{\theta} = 0$ 附近线性化。

解 $u(t) = a\ddot{x}(t) + b\ddot{\theta}(t)$

7. 图 4 表示一个电炉。输入量是加在电炉丝上的电压 u_r，输出量是炉温 θ_c。电炉丝的电阻是 r。电炉的热阻是 R，热容量是 C，环境温度是 θ_i。求电炉的动态微分方程，并求出在工作点 u_{r0} 处线性化的微分方程和对应的传递函数。

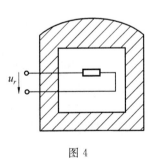

图 4

解 设单位时间内电炉丝产生的热量是 q_i，电炉装置向外传出的热量是 q_0，$\mathrm{d}t$ 时间内炉内温升是 $\mathrm{d}\theta_c$，则有

$$C\mathrm{d}\theta_c = (q_i - q_0)\mathrm{d}t，q_0 = \frac{\theta_c - \theta_i}{R}$$

消去 q_0 得 $RC\dfrac{\mathrm{d}\theta_c}{\mathrm{d}t} + \theta_c = Rq_i + \theta_i$，因 $q_i = 0.24\dfrac{u_r^2}{r}$

可得

$$RC\frac{\mathrm{d}\theta_c}{\mathrm{d}t}+\theta_c=0.24\frac{R}{r}u_r^2+\theta_i$$

上式是系统的非线性微分方程。在 u_{r0} 处线性化得

$$RC\frac{\mathrm{d}\theta_c}{\mathrm{d}t}+\theta_c=\frac{0.48R}{r}u_{r0}u_r+\theta_i+a$$

式中 a 是与工作点有关的常数。令 $\theta_i=0,a=0$，取拉氏变换得

$$(RCs+1)\theta_c(s)=\frac{0.48R}{r}u_{r0}U_r(s)$$

设 $T=RC,K=0.48Ru_{r0}/r$，得

$$\frac{\theta_c(s)}{U_r(s)}=\frac{K}{Ts+1}$$

8. 国民收入、管理政策、私人投资、商品生产、纳税、消费者开支等经济关系可用图 5 表示。设 $G_1(s)=C+Ds,G_2(s)=1/(Ts+1),G_3(s)=-(A+Bs)$，求期望国民收入 $R(s)$ 与实际国民收入 $C(s)$ 之间的传递函数。

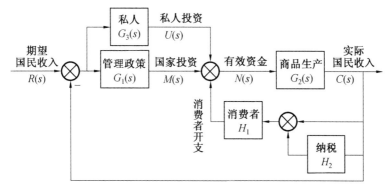

图 5

解 $\dfrac{C(s)}{R(s)}=\dfrac{(D-B)s+C-A}{(T+D-B)s+1-H_1+H_1H_2+C-A}$

9. 最小相位单位负反馈系统的开环对数幅频特性如图 6 所示。写出开环传递函数 $G(s)$，求出幅值穿越频率 ω_c 及相位裕度 γ。

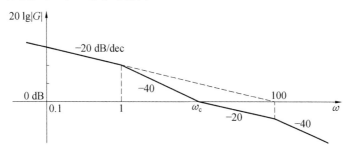

图 6

解　$G(s) = \dfrac{100(\dfrac{1}{\omega_c}s + 1)}{s(s+1)(\dfrac{1}{100}s + 1)}$

在 $1 \leqslant \omega \leqslant \omega_c$ 时,$G(s) = \dfrac{100}{s^2}$,$20\lg|G| = \dfrac{100}{\omega^2} \Rightarrow \dfrac{100}{\omega_c^2} = 1 \Rightarrow \omega_c = 10$

$$G(s) = \frac{100(0.1s + 1)}{s(s+1)(0.01s + 1)}$$

$\gamma = 180° + \arctan 0.1 \times 10 - 90° - \arctan 10 - \arctan 0.01 \times 10 = 45°$

10. 系统框图见图 7。$G_0(s)$ 是系统固有部分的传递函数,$H_c(s)$ 是反馈补偿网络。

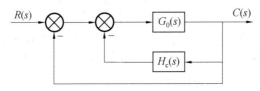

图 7

设 $G_0(s) = \dfrac{100}{s(0.1s + 1)(0.0067s + 1)}$

要求 $\sigma_p \leqslant 23\%$,$t_s \leqslant 0.6\text{s}$,求 $H_c(s)$。

解　$H(s) = \dfrac{0.0167s^2}{0.2s + 1}$

11. 系统框图如图 7,设 $G_0(s) = \dfrac{440}{s(0.025s + 1)}$,要求 $\sigma_p \leqslant 18\%$,$t_s \leqslant 0.3\text{s}$,求 $H_c(s)$。

解法 1　$\sigma_p = 18\% \Rightarrow \zeta = 0.48$,取 $\zeta = 0.5$

$$t_s = \frac{4}{\zeta\omega_n} = 0.3 \Rightarrow \zeta\omega_n = 13.3 \Rightarrow \omega_n = 27$$

取 H_c 为常数　　$\dfrac{G_0}{1 + G_0 H_c} = \dfrac{440}{s(0.025s + 1) + 440H_c}$

$$\frac{C(s)}{R(s)} = \frac{440}{0.025s^2 + s + 440(1 + H_c)} = \frac{17600}{s^2 + 40s + 17600(1 + H_c)}$$

$\zeta\omega_n = 20 > 13.3$ 符合要求。

取 $\zeta = 0.5 \Rightarrow \omega_n = 40$,$17600(1 + H_c) = 40^2$,$H_c = -0.91$

解法 2　取 $H_c = Ks$

$$G(s) = \frac{G_0}{1 + G_0 H_c} = \frac{17600}{s(s + 40 + 17600K)}$$

$$\omega_n = \sqrt{17600} = 133, 2\zeta\omega_n = 40 + 17600K$$

取 $\zeta = 0.5 \Rightarrow \zeta\omega_n = 0.5 \times 133 = 66.3 > 13.3$

$$40 + 17600K = 2\zeta\omega_n = 133 \Rightarrow K = 0.005$$

$$H_c(s) = 0.005s$$

解法 3　　　　　　　　　　$H_c(s) = \dfrac{0.002s^2}{0.1s + 1}$

12. 系统框图如图 7，设 $G_0(s) = \dfrac{20}{s(0.9s+1)(0.007s+1)}$，要求 $\sigma_p \leqslant 25\%$，$t_s \leqslant 2.6\mathrm{s}$，求 $H_c(s)$。

解 $H_c(s) = \dfrac{0.63\,s^2(0.1s+1)}{Ts+1}$

数字仿真表明，$T=3.5$ 时，$\sigma_p = 16.3\%$，$t_s = 2.2\mathrm{s}$；$T=4$ 时，$\sigma_p = 18\%$，$t_s = 1.75\mathrm{s}$。

13. 系统框图见图 8，图中 $H_c(s)$ 是反馈补偿网络，设

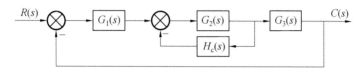

图 8

$$G_1(s) = \frac{5000}{0.014s+1}, \quad G_2(s) = \frac{12}{(0.1s+1)(0.02s+1)}, \quad G_3(s) = \frac{0.0025}{s}$$

要求 $\sigma_p \leqslant 35\%$，$t_s \leqslant 1\mathrm{s}$，求 $H_c(s)$。

解 $H_c(s) = \dfrac{0.238s}{0.25s+1}$

14. 设 $G(s) = \dfrac{K(T_2 s+1)}{s(T_1 s+1)(T_3 s+1)}$，$T_1 > T_2 > T_3$。写出对数幅频特性渐近线各段直线所对应的传递函数和对数幅频特性表达式。

解

ω	0	$\sim$	$1/T_1$	$\sim$	$1/T_2$	$\sim$	$1/T_3$	$\sim$	∞
$G(s)$		$\dfrac{K}{s}$		$\dfrac{K}{T_1 s^2}$		$\dfrac{KT_2}{T_1 s}$		$\dfrac{KT_2}{T_1 T_3 s^2}$	
$20\lg \mid G(j\omega)\mid$		$20\lg \dfrac{K}{\omega}$		$20\lg \dfrac{K}{T_1 \omega^2}$		$20\lg \dfrac{KT_2}{T_1 \omega}$		$20\lg \dfrac{KT_2}{T_1 T_3 \omega^2}$	

附 录 4

哈尔滨工业大学控制原理研究生考试试题
(1995～1997 及 2001)

4.1 1995 年试题

1. 试求下图所示系统的闭环传递函数 $\Phi(s) = \dfrac{Y(s)}{R(s)}$。（10 分）

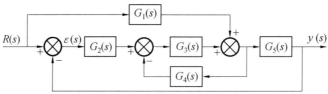

2. 为了提高控制系统的控制精度，可以采用复合控制，如下图所示。试求 T_d 为何值时能全部消除由控制信号 $r(t) = t$ 引起的稳态误差 ε_{ss} ($\varepsilon_{ss} = \lim\limits_{t \to \infty} \varepsilon(t)$)。（10 分）

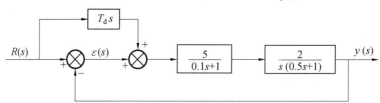

3. 最小相位的单位反馈系统的开环对数幅频特性如下图所示。试求该系统的单位阶跃响应的超调量 σ_p 和过渡过程时间 t_s。（10 分）

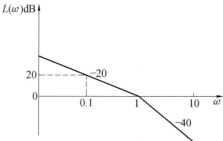

4. 一个负反馈系统的开环幅相特性图如下图所示。它是在系统的开环放大倍数（开环增益）$K = 500$ 时画出来的。已知系统开环时是稳定的。确定 K 在什么范围内变化时系统闭环时也是稳定的。答题时应有说明或计算公式。（10 分）

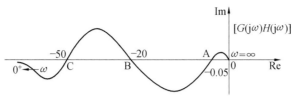

（注：图中 A 点坐标为 -0.05，B 点为 -20，C 点为 -50。）

5. 控制系统如下图所示。试绘制该系统的根轨迹的大致图形，要求列出绘制根轨迹所需要的各有关数据的计算过程。（10分）

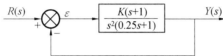

6. 控制系统如下图所示，试分析该系统的 ω_c（剪切频率），γ（相位稳定裕量）。（10分）（注：可利用所附的半对数纸来答题）。

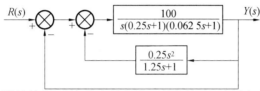

7. 具有饱和放大器的控制系统的方块图如下图所示，试用相平面法分析该系统，并要求画出 $c(0)=1$，$\dot{c}(0)=0$ 时的相轨迹。（10分）

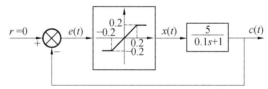

8. 线性离散系统的方块图如下图所示，试求其单位阶跃响应 $c^*(t)$，并画出 $c^*(t)$ 曲线（取前五个采样周期）。（10分）

$$\begin{array}{ccc} R(s) & \dfrac{1-\mathrm{e}^{-T_0 s}}{s} & \dfrac{1}{s+1} \end{array}\ C(s)$$

注：$Z\left[\dfrac{1}{s}\right]=\dfrac{z}{z-1}$，$\quad Z[a^n]=\dfrac{z}{z-a}$，$\quad Z\left[\dfrac{1}{s+a}\right]=\dfrac{z}{z-\mathrm{e}^{-aT_0}}$

9. 设系统的状态方程为

$$\dot{X}=\begin{pmatrix} 0 & 1 \\ -1 & -1 \end{pmatrix} X$$

试应用李亚普诺夫第二法分析系统平衡状态的稳定性（要求有分析过程）。（10分）

10. 已知系统的状态空间表达式为

$$\dot{X}=\begin{pmatrix} 0 & 1 \\ -1 & -2 \end{pmatrix} X+\begin{pmatrix} 1 \\ -1 \end{pmatrix} u$$

$$Y=(1\quad 0)X$$

试分析该系统的能控性与能观测性。（10 分）

4.2 1996 年试题

1.（1）简化下面方块图,求闭环传递函数 $\Phi(s) = \dfrac{C(s)}{R(s)}$（5 分）

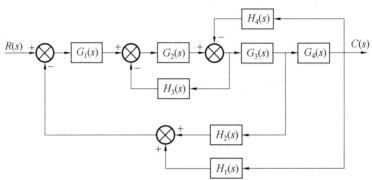

（2）非最小相位系统有一个开环极点在[s]平面右半面($p=1$),下面三图是该系统在不同开环增益下的开环李氏图,试判断每一种情况下闭环负反馈系统是否稳定,并说明理由。（5 分）

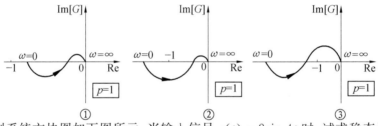

2. 控制系统方块图如下图所示,当输入信号 $r(t) = 2\sin 4t$ 时,试求稳态误差。

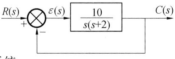

3. 对于下图所示的控制系统:

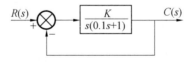

（1）画出根轨迹;

（2）当 $K = 10$ 时,求出系统的超调量 σ_p 和过渡过程时间 t_s;

（3）在上述闭环主导极点基本不变的情况下,欲使系统在输入信号 $r(t) = t$ 时,稳态误差 $e_{ss} = 0.02$,应附加什么零、极点对系统进行校正?（10 分）

4. 在下图所示系统中,$K = 10$、$T = 1$,J 是一个变量,要求:

（1）画出以 J 为变量的参数根轨迹的大致图形(要求标出根轨迹计算中的各特征数据,且计算中必须包括出射角的计算);

（2）求出欲使系统稳定的 J 的取值范围。（10 分）

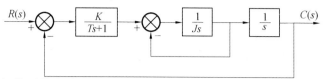

5. 已知最小相位系统的渐近开环对数幅频特性如下图所示,要求:

(1) 求出该系统的开环传递函数(包括各系数的值);

(2) 求出该系统的相位裕度和幅值裕度。

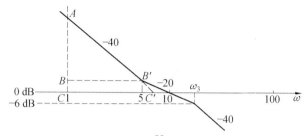

6. 下图所示系统采用 PI($G_c(s) = K_p + \dfrac{K_I}{s}$) 校正,该系统校正后满足以下要求:

(1) 当 $r(t) = 1(t)$ 时,稳态误差为零;

(2) 超调量 $\sigma_p \leqslant 20\%$。

试求校正参数 K_p 和 K_I 的值。(10 分)

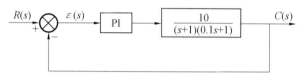

7. 对下图所示非线性控制系统:

(1) 计算自振荡的振幅和频率;

(2) 试给出一种能消除自振荡的校正装置形式。(10 分)

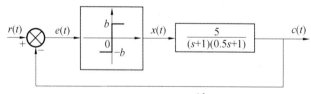

(图中所示非线性特性的描述函数为 $N(A) = \dfrac{4b}{\pi A}$, $b = 1$)

8. (1) 写出下两图所示线性离散系统输出 $C(z)$ 的表达式;

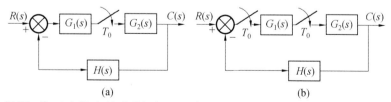

(a)   (b)

(2) 选择题:将正确答案填在题后( )内。

① 若线性离散系统的三个闭环极点在[W]平面上的位置为 -0.8;$0.1 \pm j$;0.6,则系

统（ ）。（2分）

    A. 稳定   B. 临界稳定   C. 不稳定

    ②I型线性离散系统，跟踪斜坡信号时，当采样周期 T_0 减小时，跟踪精度（ ）。
（2分）

    A. 提高   B. 下降   C. 不变

    9. 控制系统的状态方程为

$$\dot{X} = AX = \begin{pmatrix} 0 & 1 \\ 2 & -1 \end{pmatrix} X$$

试求状态转移矩阵 $\Phi(t)$。（10分）

    10. 已知单输入、单输出线性定常连续系统的开环传递函数为 $\dfrac{Y(s)}{U(s)} =$

$\dfrac{1}{s(s+2)(s+3)}$，试确定状态反馈矩阵 F，将闭环极点配置在 $S_{1,2} = -1 \pm j, S_3 = -6$ 的位置上。（10分）

4.3 1997 年试题

    1. 控制系统的结构如下图。

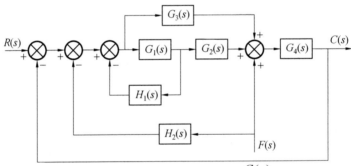

    (1) 当 $F(s) = 0$ 时，求系统的闭环传递函数 $\Phi(s) = \dfrac{C(s)}{R(s)}$；

    (2) 系统中的 $H_2(s)$ 应满足什么关系，能使干扰 $F(s)$ 对输出 $C(s)$ 没有影响？（10分）

    2. 一单位负反馈闭环控制系统，其开环传递函数为：

$$G(s) = \frac{K}{s(Ts+1)(2s+1)} \quad (K>0, T>0)$$

    (1) 为使闭环系统稳定，K 和 T 应满足什么关系？试在 K-T 图中画出使闭环系统稳定的参数区域；

    (2) 若闭环系统处于临界稳定，持续振荡频率为 $\omega = 1 (1/s)$，求 T 和 K 的值。（10分）

    3. 下图所示的控制系统中，$G_0(s) = \dfrac{1}{s(s+6)}$

    (1) 采用串联 P、I、D 校正时，$H(s) = 0$，并有

$$G_c(s) = 1 + \frac{0.5}{s} + 0.0625s$$

    在本试题提供的坐标纸图 a 中绘出 $0 \leqslant K < +\infty$ 的根轨迹大致图形，标出根据法则

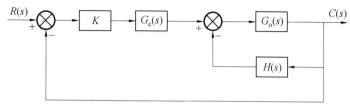

可以算得的各特征数据;若要求系统的超调量 $\sigma = 16\%$,在根轨迹上标出相应的闭环主导极点的位置;

（2）采用反馈校正时,$G_c(s) = 1$,$H(s) = K_1 s$,并设 $K = 50$。在本试题提供的坐标纸图 b 中绘出 $0 \leqslant K_1 < +\infty$ 的根轨迹的大致图形,标出根据法则可以算得的各特征数据;若要求系统的超调量 $\sigma = 4.3\%$,在根轨迹上标出闭环极点的位置,并求出相应的 K_1 值。（10分）

4. 设一单位负反馈系统的开环传递函数为

$$G(s) = \frac{1}{s(s+1)}$$

（1）试计算该系统的相角裕度 γ 和幅值裕度 K_g;

（2）在开环传递函数 $G(s)$ 中再串联一个滞后环节 $e^{-\tau s}$ 后,若要求此时系统的相角裕度为 $\gamma \geqslant 45°$,试计算出允许的最大 τ 值。（10分）

5. 一闭环系统的开环对数频率特性（Bode 图）见图。

（1）用 Nyguist 判据判断该闭环系统是否稳定,并说明判断的依据;

（2）求出能保证该闭环系统稳定的开环放大倍数 K 的取值范围（可以由图中求取必要的数据）。（10分）

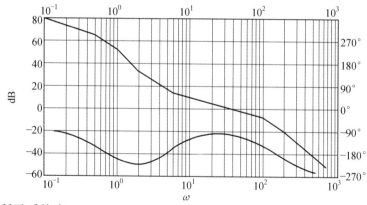

6. 下图所示系统中

$$G_0(s) = \frac{K}{s(0.18s+1)(0.1s+1)}$$

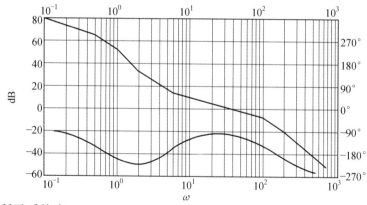

设采用串联滞后校正,校正环节具有如下形式的传递函数

$$G_c(s) = \frac{\alpha Ts + 1}{Ts + 1} (\alpha < 1)$$

要求校正以后系统具有以下性质：

① 为满足稳态误差的要求,应有 $K = 35$;

② 为使系统有足够的带宽,又能较好地抑制噪声,应有剪切频率 $\omega_c = 3 (1/s)$;

③ 为使系统能满足动态品质的要求,应有相角裕度 $\gamma \geqslant 40°$。

求校正环节的 T 和 α,并在坐标纸上绘出校正前、后的开环对数幅频特性。(注:为简化计算,本题可以利用对数幅频特性的渐近折线来求取必要的数据)。(10 分)

7. 具有死区继电器特性的非线性系统如下图所示,死区为 Δ,继电器的输出为 b。若线性部分的参数如图中所示,试求此系统不产生自持振荡的临界比值 b/Δ。

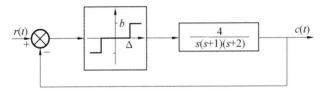

(注:死区继电器非线性特性的描述函数为)

$$N(A) = \frac{4b}{\pi A} \sqrt{1 - \left(\frac{\Delta}{A}\right)^2} \qquad (10 \text{ 分})$$

8. 线性离散控制系统如下图所示,试确定使系统稳定的 K 值范围。(10 分)

$$(注: Z\left(\frac{1}{s+a}\right) = \frac{z}{z - e^{-aT}}; \quad Z\left(\frac{1}{s^2}\right) = \frac{Tz}{(z-1)^2})$$

9. 单输入－输出线性定常系统的状态空间表达式为

$$\dot{X}(t) = \begin{bmatrix} 0 & 1 \\ -6 & -5 \end{bmatrix} X(t) + \begin{bmatrix} 0 \\ 1 \end{bmatrix} u(t)$$

$$y(t) = \begin{bmatrix} -5 & -3 \end{bmatrix} X(t) + \dot{u}(t)$$

(1) 试将上述模型变换成对角线标准型;

(2) 求系统的传递函数。(10 分)

10. 两个线性定常系统的状态方程分别为

Ⅰ
$$\dot{X}(t) = \begin{bmatrix} 2 & 0 & 0 \\ 0 & 2 & 0 \\ 0 & 0 & 1 \end{bmatrix} X(t) + \begin{bmatrix} 1 \\ 1 \\ 1 \end{bmatrix} u(t)$$

Ⅱ
$$\dot{X}(t) = \begin{bmatrix} 0 & 1 & 0 \\ 0 & 0 & 1 \\ 0 & -2 & -3 \end{bmatrix} X(t) + \begin{bmatrix} 0 \\ 0 \\ 1 \end{bmatrix} u(t)$$

(1) 选出一个可以实施状态反馈的系统,设计状态反馈阵 F,要求反馈系统的特征值为：$\lambda_1 = -5, \lambda_{2,3} = -1 \pm j$；

（2）画出具有状态反馈的闭环系统状态变量图。

4.4 2001 年试题

1. 以下每小题中有五个答案。请选出正确的答案，并将题号和答案写在答题纸上。（每小题 4 分，5 小题共 20 分）。

（1）单位负反馈控制系统的开环传递函数 $G(s) = \dfrac{100}{s(s+10)}$，在单位加速度信号作用下，系统的稳态误差为

(a) 0.1　　(b) 0.01　　(c) 0　　(d) 0.09　　(e) ∞

（2）已知某最小相位系统的开环传递函数的 Nyquist 图如图 1 所示，该系统为

(a) 0 型系统　　(b) Ⅰ 型系统

(c) Ⅱ 型系统　　(d) 有静差系统

(e) 以上答案都不对。

（3）非线性控制系统中非线性部分的负倒描述函数 $-\dfrac{1}{N(A)}$ 和线性部分的频率特性 $G_0(j\omega)$ 如图 2 所示，则该系统

(a) a 点的自持振荡是稳定的。

(b) a,b 点的自持振荡是稳定的。

(c) c 点的自持振荡是稳定的。

(d) c,d 点的自持振荡是稳定的。

(e) a,b,c,d 点的自持振荡都是稳定的。

（4）某二阶系统无零点，其闭环极点的分布如图 3 所示，在单位阶跃信号作用下，系统的超调量 σ_p 为

(a) $\sigma_p = 36.7\%$

(b) $\sigma_p = 17.7\%$

(c) $\sigma_p = 16.3\%$

(d) 无法确定 σ_p

(e) 以上答案都不对

（5）线性离散系统如图 4 所示，则 $\dfrac{C(z)}{R(z)}$ 为

(a) $\dfrac{G_1(z)G_2(z)}{1 + G_1(z)G_2H(z)}$

(b) $\dfrac{G_1(z)G_2(z)}{1 + G_1G_2H(z)}$

(c) $\dfrac{G_1(z)G_2(z)}{1 + G_1(z)G_2(z)H(z)}$

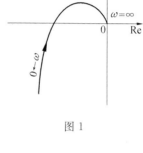

图 1

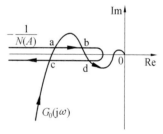

图 2

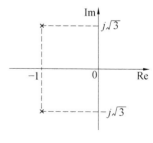

图 3

(d) $\dfrac{G_1G_2(z)}{1+G_1(z)G_2(z)H(z)}$

(e) 以上答案都不对

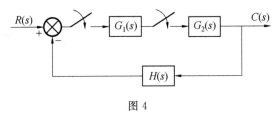

图 4

2. 控制系统的方框图如图 5 所示。

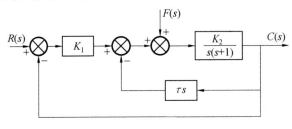

图 5

要求：(1) 在 $f(t)=0$，$r(t)$ 为单位阶跃信用下，系统的超调量 $\sigma_p=16.3\%$，过渡过程时间 $t_s=0.8$ s(按 $\Delta=2\%$ 计算)；

(2) $f(t)$ 为单位阶跃信号作用时，由 $f(t)$ 引起的稳态误差 $|e_{ss}|=0.1$。试确定 K_1，K_2，τ 的值。(15 分)

3. 单位负反馈控制系统的开环传递函数为

$$G(s)=\frac{K(s+b)}{s(s+a)}$$

(1) 在坐标纸上，绘制 $a=2,b=3,0\leqslant K<\infty$ 的根轨迹图(要求在图上标出各特征数据)；(7 分)

(2) 若要求系统的开环增益为 $10(s^{-1})$，阻尼比为 0.5，无阻尼自振频率为 2rad/s，试确定 a,b,K 的值。(8 分)

4. 控制系统的方框图如图 7 所示，其中 $G_0(s)=\dfrac{40}{s(s-2)}$

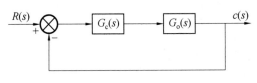

图 7

(1) 在坐标纸上，绘制 $G_0(s)$ 的渐近对数幅频特性和对数相频特性的大致图形；(3 分)

(2) 根据绘制的对数幅频特性和相频特性，判断 $G_c(s)=1$ 时闭环系统的稳定性(给出分析、判断过程)；(2 分)

(3) 设计 $G_c(s)$，使系统的闭环极点为 $-1\pm\mathrm{j}1$。(5 分)

5. 离散时间系统如图 10 所示，其中 $D(z) = \dfrac{1}{z+0.5}$，$K > 0$，求使系统稳定的 K 的取值范围（已知 $z\left(\dfrac{1}{s}\right) = \dfrac{z}{z-1}$，$z\left(\dfrac{1}{s+a}\right) = \dfrac{z}{z-e^{-aT}}$）。（10 分）

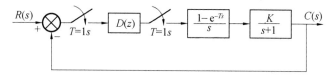

图 10

6. 线性定常系统的状态空间表达式为

$$\dot{x} = \begin{bmatrix} 0 & 1 \\ -2 & -3 \end{bmatrix} x + \begin{bmatrix} 0 \\ 1 \end{bmatrix} u$$
$$y = \begin{bmatrix} 1 & 0 \end{bmatrix} x$$

（1）判断该系统的能控性和能观性；（3 分）

（2）若 $u = 0$，判断该系统在原点的稳定性。（2 分）

7. 线性定常系统的状态空间表达式为

$$\dot{x} = \begin{bmatrix} 0 & 1 \\ 2 & -1 \end{bmatrix} x + \begin{bmatrix} 0 \\ 1 \end{bmatrix} u$$
$$y = \begin{bmatrix} 1 & 0 \end{bmatrix} x$$

（1）设计状态反馈阵，使系统的闭环极点为 $-1 \pm j2$；（5 分）

（2）若系统的状态是不可测量的，试设计一个全维状态观测器，并使观测器的极点为 -4，-5；（5 分）

（3）画出具有状态反馈和状态观测器的系统的状态变量图。（5 分）

附录 5　附录 4 的参考答案

4.1　1995 年试题答案

1. $\Phi(s) = \dfrac{Y(s)}{R(s)} = \dfrac{G_5(G_1 + G_2G_3)}{1 + G_2G_3G_5 + G_3G_4}$

2. $T_d = \dfrac{1}{10}$

3. $t_s = 6\mathrm{s}$,　$\sigma_p = 16.3\%$

4. $25 < K < 10\,000, K < 10$

5. 3 支根轨迹,起于 $0,0,-4$,一支终止于 $-1,2$ 支趋于 ∞。渐近线交实轴于 -1.5,夹角 $90°$。实轴上根轨迹的分离点是 0。

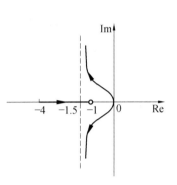

6. 作 $G(s) = \dfrac{100}{s(0.25s+1)(0.0625s+1)}$ 的对数幅频特性 $L_G(\omega)$,作 $H(s) = \dfrac{0.25s^2}{1.25s+1}$ 的对数幅频特性 $L_H(\omega)$,再作 $G(s)H(s)$ 的对数幅频特性 $L_{GH}(\omega) = L_G(\omega) + L_H(\omega)$。当 $0.04 < \omega < 32$ 时,$L_{GH}(\omega) > 0\mathrm{dB}$,求此段的 $L_{GH}(\omega)$ 对 ω 轴的对称图形。由此求系统的等效开环对数幅频特性。$\omega_c = 4.8, \gamma = 70.5°$。

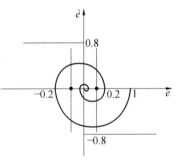

7. $|e| < 0.2$ 时,奇点是 $\dot{e} = e = 0$,稳定焦点
$e > 0.2$,水平渐近线 $\dot{e} = -0.8$
$e < -0.2$,水平渐近线 $\dot{e} = 0.8$

题 7 图

8. $c(0) = 0$,　$c(1) = 0.632$,　$c(2) = 0.465$
　$c(3) = 0.509$,　$c(4) = 0.498$,　$c(5) = 0.5006$

9. 取 $Q = I, P = \begin{bmatrix} \dfrac{3}{2} & \dfrac{1}{2} \\ \dfrac{1}{2} & 1 \end{bmatrix}$,正定,大范围渐近稳定。

10. $\operatorname{rank}(B\ AB) = \operatorname{rank}\begin{pmatrix} 1 & -1 \\ -1 & 1 \end{pmatrix} = 1 < 2$,不完全能控;

$\operatorname{rank}\begin{pmatrix} C \\ CA \end{pmatrix} = \operatorname{rank}\begin{pmatrix} 1 & 0 \\ 0 & 1 \end{pmatrix} = 2$,状态完全能观测。

4.2 1996年试题答案

1. (1) $\Phi(s) = \dfrac{G_1 G_2 G_3 G_4}{1 + G_3 G_4 G_4 + G_2 G_3 + G_1 G_2 G_3 H_2 + G_1 G_2 G_3 G_4 H_1}$

(2)(1) 不稳， (2) 稳， (3) 不稳

2. $e_{ss}(t) = 3.58 \sin(4t + 26.5°)$

3. (1)

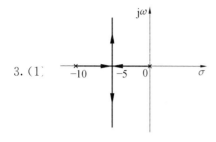

(2) $\sigma_p = 16.3\%$，$t_s = 0.8s(\Delta = 0.02)$

$t_s = 0.6$ s $(\Delta = 0.05)$

(3) 要求放大系数 $K = 50$，$\dfrac{z_0}{p_0} = \dfrac{50}{10} = 5$，可取

$p_0 = -0.05$，$z_0 = -0.25$

4. (1) $G(s) = \dfrac{Js^2(s+1)}{s^2 + s + 10}$，开环零点是：$0, 0, -1$；开环

极点是：$-0.5 \pm j\sqrt{10}$，∞，出射角 $= 9°$，与虚轴交于 $\pm 3j$。

(2) $0 < J < \dfrac{1}{9}$

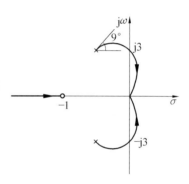

5. $G(s) = \dfrac{50(0.2s+1)}{s^2(0.05s+1)}$

$\omega_c = 10$，$\gamma = 36.86°$，$K_g = \infty$。

6. 若对消 $s+1$，则 $K_I = K_p = 1.19$。若对消 $0.1s+1$，

则 $K_I = 0.119$，$K_p = 0.0119$。

7. (1) $-\dfrac{1}{N(A)}$ 是整个负实轴，如图。求出 $G(j\omega)$ 与

负实轴交点得自振荡的频率 $\omega = \sqrt{2}$，振幅 $A = 2.13$。

(2) 取 $G_c(s) = s+1$ 或 $G_c(s) = 0.5s+1$，或使非线性

为带死区的非线性。

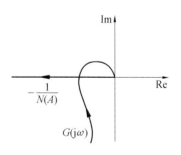

8. (1) 图(a) $C(z) = \dfrac{RG_1(z)G_2(z)}{1 + G_2 HG_1(z)}$，

图(b) $C(z) = \dfrac{R(z)G_1(z)G_2(z)}{1 + G_1(z)G_2 H(z)}$

(2) ①C ， ②A

9. $\Phi(t)=\dfrac{1}{3}\begin{bmatrix} 2\mathrm{e}^t+\mathrm{e}^{-2t} & \mathrm{e}^t-\mathrm{e}^{-2t} \\ 2\mathrm{e}^t-2\mathrm{e}^{-2t} & \mathrm{e}^t+2\mathrm{e}^{-2t} \end{bmatrix}$

10. $F=(12\quad 8\quad 3)$

4.3　1997年试题答案

1. (1) $\Phi(s)=\dfrac{C(s)}{R(s)}=\dfrac{G_4(G_1G_2+G_3)}{1+G_1H_1+G_1G_2G_4+G_3G_4}$

(2) $H_2(s)=\dfrac{1+G_1H_1}{G_1G_2+G_3}$

2. (1) 利用劳思判据可求出 $K-\dfrac{1}{2}<\dfrac{1}{T}$，双曲线下方是 K 和 T 的可取值域。

(2) 将 $s=\mathrm{j}\omega$ 代入闭环特征方程可求得 $T=1/2, K=5/2$。

3. (1) $\theta=60°$，　(2) $\theta=45°, K_1=4$

4. (1) $\omega_c=0.79, \gamma=52°, K_g=\infty$，　(2) $\tau\leqslant 0.154s$

5. (1) 稳定，　(2) $K<1.41$ 及 $100<K<5623$

6. $\alpha=0.1$，　$T=33.3$

7. 设线性部分 $G(\mathrm{j}\omega)$ 的奈氏图与负实轴交于 a 点，非线性特性的 $-\dfrac{1}{N(A)}$ 拐点为 d。

当 $a=d$ 时，系统处于自持振荡的临界状态。可求得 $a=-\dfrac{6}{9}$。由 $\dfrac{\mathrm{d}}{\mathrm{d}A}\left[-\dfrac{1}{N(A)}\right]=0$，求得

$d=-\dfrac{\pi\Delta}{2b}$，所以临界条件为 $\dfrac{b}{\Delta}=\dfrac{3}{4}\pi$。

8. $0<K<2.394$

9. (1) $\dot{X}(t)=\begin{bmatrix} -2 & 0 \\ 0 & -3 \end{bmatrix}X(t)+\begin{bmatrix} 1 \\ -1 \end{bmatrix}u(t)$

$y(t)=\begin{bmatrix} 1 & 4 \end{bmatrix}X(t)+u(t)$

(2) $G(s)=\dfrac{s^2+2s+1}{s^2+5s+6}$

10. (1) 系统 Ⅱ 为可控规范型，$F=\begin{bmatrix} 10 & 10 & 4 \end{bmatrix}$

参 考 书 目

[1] 李友善. 自动控制原理[M](修订版). 北京:国防工业出版社,1989.

[2] 夏德黔. 反馈控制理论[M]. 哈尔滨:哈尔滨工业大学出版社,1984.

[3] 孙虎章. 自动控制原理[M]. 北京:中央广播电视大学出版社,1984.

[4] 陈小琳. 自动控制原理例题习题集[M]. 北京:国防工业出版社,1982.

[5] 符 曦. 自动控制理论习题集[M]. 北京:机械工业出版社,1983.

[6] 汪谊臣. 自动控制原理习题集[M]. 北京:冶金工业出版社,1983.

[7] 鄢景华. 自动控制原理[M]. 哈尔滨:哈尔滨工业大学出版社,2001.

[8] 梅晓榕. 自动控制原理[M]. 北京:科学出版社,2002.